JN221298

この 1 冊ですべてわかる

データサイエンスの基本

The Basics of Data Science

滋賀大学データサイエンス学部 [編著]
Shiga University, Faculty of Data Science

ジャーナリスト　　　　　公益財団法人 日本数学検定協会
宮本さおり・中村　力 [協力]
Miyamoto Saori　　Nakamura Chikara

日本実業出版社

2019年に政府によってAI戦略2019が出されましたが、その際に教育改革の目標として以下のようなものが掲げられました。

- すべての高等学校卒業生（約100万人卒／年）が、データサイエンス・AIの基礎となる理数素養や基本的情報知識を習得。
- 文・理系を問わず、すべての大学・高専生（約50万人卒／年）が、課程にて初級レベルの数理・データサイエンス・AIを習得。
- 多くの社会人（約100万人／年）が、基本的情報知識と、データサイエンス・AIなどの実践的活用スキルを習得できる機会をあらゆる手段を用いて提供。

これから5年の間に、小学生から社会人まで、様々な形で「数理・データサイエンス・AI」に関する教育やリスキリングが急速に進み、「データサイエンス」も、まさに現代社会において「読み・書き・そろばん」の中の一つとなりつつあります。

これと並行して、「データサイエンティスト」という言葉もよく使われるようになりました。データサイエンティストというと、大量のデータを集め、ハイスペックな計算機を使って、難しい分析手法を当てはめて分析する人、そんなイメージを持っている方も多いと思います。もちろん、プロのデータサイエンティストは、日々そんなことをしています。しかし一方で、データサイエンスは、社会の誰もが使いこなす（べき）道具になりつつある現在、多くの「素人」データサイエンティストにとって、

(1) 手軽に入手可能なデータで
(2) 普通のパソコンやタブレットを使用して
(3) シンプルな分析手法を当てはめて、何らかの知見を得る

といったことが出来れば充分でしょう。

滋賀大学データサイエンス学部は、2017 年創設の日本最初のデータサイエンス学部であり、文科省の「数理・データサイエンス・AI教育強化」の拠点校として、日本のデータサイエンス教育をリードしてきました。それまでの間、全く高校で勉強してこなかったデータサイエンスに関して（しかも、4 人に 1 人は文系の学生です）、4 年間で素人だった学生をプロの卵にまで成長させる教育を実践してきました。

この本の**第1部（第1章から第7章まで）**である「**手軽なデータ分析の実例**」でのデータ分析は、滋賀大学データサイエンス学部の学生たち、特に3年生以下の学生の日々の演習課題発表から生まれたもので、まさに前ページの（1）から（3）までの行為をそのまま再現する形になっています。比較的簡単に入手できるデータ（いわゆる「オープンデータ」や、簡単な「スクレイピング」、「インターネット調査」によって入手されたデータなど、これらの用語は各章の【解説】のページで解説していますので、そちらをご覧ください）を使って、10行程度の短いプログラミングで分析をしています。

このような簡単な分析でも、新しい発見や仮説が得られること、あるいは、これまでの「常識」が改めて確認されて、データに基づいた説得力のある事実として提示出来るようになることがよくあります。データに基づく根拠のある議論・実践をしていくことは重要なことですが、データの収集・分析に大きなコスト（時間や金銭的な費用）がかかると、そんな理想的なことも言っていられません。低コストでデータを集めて、迅速に処理することが出来るようになることがとても大事です。

一方で、時間と費用をかけて、質の良いデータを大量に集めて、確度の高い分析をする必要性が生じる場合があります。特に、その分析結果に基づいて行う意思決定が非常に重要なものである場合です。

この本の**第2部（第8章と第9章）**である「**本格的なデータ分析の実例**」では、時間、あるいは費用をかけて集めた偏りの少ないデータを基に、詳細な分析をしています。ここでは逆に、グラフや図による可視化が中心で、それほど複雑な統計手法を使っていません。良いデータを集めれば、複雑な手法を用いずとも深い分析が出来ることを、実例を通して知ってもらえれば幸いです。

この本のすべての章で、分析にあたって必要な最低限の知識は、別途各章の【解説】ページで紹介しています。RまたはPythonのプログラムコードもつけていますので、データ分析をパソコン上で再現しながら学習することも可能です[*1]。Google Colaboratory[*2]などを使えば、自分のパソコンにRやPythonが使える環境がなくとも、Webブラウザー上で手軽にコードを動かすことも出来ます。

第2部の第10章では、実社会におけるデータサイエンスの利活用の現状について、企業・地方自治体等の例を踏まえながら概説しています。

また、第1部末のP161には社会で活躍するデータサイエンティストを目指す学生（滋賀大学データサイエンス学部を卒業して、現在は筑波大学人間総合科学学術院博士前期課程在学中）にインタビューした生の声を掲載しています。将来データサイエンティストを目指す学生さんは参考にしてください。

最後に、データ分析にまつわる重要な点として、「領域知識」の重要性について触れておきたいと思います。

我々が手に入れるデータには実に様々なデータがありますが、そうしたデータが生まれる仕組みや背景に関する知識のことを、領域知識と呼びます。例えば、野球のデータを分析する時に、野球のルールや、打率や防御率といったデータの定義が、この領域知識になります。もし、野球を一度も見たこともやったこともない人が、そのようなデータを充分に分析出来るでしょうか。恐らくかなり難しいでしょうし、そもそも誤った分析になることも充分考えられます。

この本で紹介しているデータの分析方法（理論とコードの書き方）と、領域知識は車の両輪のようなもので、どちらかが不充分だと良い分析を生み出すことが出来ません。この本を手に取った皆さんの中には、すでに充分な領域知識をお持ちの方も多いと思いますが、データ分析によって、さらに領域知識を深める、あるいは修正していくということが大事かと思います。

本書製作にあたり、日頃より、滋賀大学データサイエンス学部の学生たちが、様々なデータの利活用に際してお世話になっている企業様より、大変有難いご協力を賜りましたことに、心より御礼申し上げます。

本書の趣旨をご理解いただき、ご協力及びご支援をいただきました企業様を、ご紹介させていただきます。（順不同、敬称略）

- ●株式会社矢野経済研究所 　●株式会社 True Data
- ●株式会社インテージ 　●株式会社日本リサーチセンター

その他、多くの皆様方より多大なるご協力を賜りましたことに、心より感謝申し上げます。ありがとうございました。

この本によって、データ分析を皆様にとってより身近なものとして感じていただければ幸いです。

2024年5月

滋賀大学データサイエンス学部

椎名 洋

（注）本書のデータ、内容は 2022 年〜 2024 年の執筆時のものです。なお、図やグラフはコンピュータの画面上で再現されるものとは異なる場合があります。

＊1　分析に使われているデータの一部は、日本実業出版社のホームページからダウンロード可能です。
＊2　「Google Colaboratory の使い方」に関しては、解説記事がネット上にありますので、検索してみてください。

第 5 章

事例 **観光スポットの人気を高める方策**
〜スクレイピング、テキスト解析、決定木分析を知る〜

第 6 章

事例 **経済発展と環境保護の関係**
〜重回帰分析を知る〜

各章執筆者

カバーデザイン ◆ 秋元真菜美（志岐デザイン事務所）
本文デザイン・DTP ◆ 初見弘一
本文イラスト（P94）◆ 横井智美
編集協力 ◆ 本多一美

第 1 章

事 例

「聖地」としての大津市
～オープンデータを知る～

「聖地」としての大津市

　データサイエンスは、データから新たな知見を引き出し、価値を創造する科学として定義されることが多い。実際の活用場面では、人間・組織の意思決定をデータに基づき行うという形をとることになる。

　人間・組織の意思決定には、夕食に何を食べるかといった各個人レベルのものから、製造会社の億単位の生産計画・実行といった、より大規模なものまで様々なものがある。

　前者であれば、この料理は以前とても美味しかったという経験[1]が意思決定に大きく影響するであろうし、後者であれば、これまでの実際の生産結果（どんな原料を用いて、どんな条件下で生産したかなど）に関する過去のデータが大事な意思決定の材料となる。

　影響の大きさにおいて、自治体・国家の政策決定は最大クラスの意思決定であり、それをデータ（エビデンスという言い方もされる）に基づいて実行することを「EBPM（エビデンス・ベースト・ポリシー・メイキング：証拠に基づく政策立案）」と呼ぶ。政策立案のためには、各種の信頼性の高いデータが必要であり、その実行は容易ではないが、現在日本でも、政府レベルで、各自治体でのEBPM実行を後押しする試みが様々に行われている[2]。

　この章では、一例として滋賀県の大津市を取り上げる。大津市は、滋賀県の南西部に位置する、県内最大人口（約35万人）の市であり、県庁所在地でもある。大津市は住民を増やし、観光客を増やすことを目的として、限られた行政経営資源（財源、職員、施設など）を最大限に活用すべく、積極的にEBPMに取り組んでいる。

　その先進的な取り組みが評価され、2021年に「Data StaRt Award 第6回〜地方公共団体における統計データ利活用表彰〜 特別賞」を受賞している。

　この章では、アニメや映画の「聖地」として観光客を呼び込むだけの充分な魅力が大津市に存在することを、各種の**オープンデータ**（【解説】P18を参照）を使いながら、説明することにする。施策立案のためには、住民の意向聴取や大規模な社会調査・実験などが必要になることも多いが、施策のアイデア出しのレベルで、根拠としてオープンデータを使えば、時間・金銭的な節約になる。

---

[1]　データとは、単に数量を意味するのではなく、このような経験も含まれる。ただし、それがどの程度客観的で説得力があるかどうかは別の問題である。

[2]　例えば、「地方公共団体のためのデータ利活用支援サイト」https://www.stat.go.jp/dstart/ を参照

滋賀県大津市の位置と大きさの目安（出所：Map-It マップイット（c））

1．課題とターゲット層

　今回の分析では、課題を「大津市に観光客を呼び込む」こととする。この際、ターゲット層を絞ることは施策を明確化するための1つの方法である。ここでは、いわゆる「オタク」をそのターゲットにすることを提案する。

「オタク」の定義、実際にどんな人がオタクにあたるのかについては、様々な考えがあるが、株式会社矢野経済研究所の推定[3]（出典：株式会社矢野経済研究所「「オタク」に関する消費者アンケート調査（2023年）」〈2023年11月30日発表〉）によると、各分野の「オタク」の人数を拡大推計したところ、「漫画」オタクの人数が約674万人となり本調査対象の30分野の中で最も多い結果となった。次いで、「アニメ」オタクが約657万人、「アイドル」オタクが約429万人、「家庭用・コンシューマーゲーム」オタクが約318万人、「スマートフォンゲーム」オタクが約288万人であった。また、オタクを自認する分野に対する1年間の消費金額について、10,000

＊3　2023年7月に日本国内在住の15歳から69歳までの男女10,000名にインターネット消費者アンケート調査を実施し、「オタク」を自認する、もしくは第三者から「オタク」と認知されていると回答した回答者数（複数回答）をもとに各分野の「オタク」の人数を拡大推計した。1人当たり年間消費金額は、アンケート回答の年間消費金額から平均値を算出した。回答者数（n数）が少ないことから、一部参考値となる分野もある。

円から50,000円未満と回答した人が最も多く、1人当たりの年間平均消費金額（30分野全体）は44,154円（0円と回答した人を含む集計）であった。

これだけ多くの人数と消費パワーを持つオタク層をうまく観光客として誘致することが出来れば大きな経済効果が望める。

2．聖地巡礼の影響力

オタク層の中でも非常にボリュームのあるのは、アニメオタクや漫画オタクであるが、こうしたオタク層と観光を結び付ける一つの行動は、いわゆる聖地巡礼である。アニメや漫画の物語の舞台や、ゆかりのある場所を訪れることを聖地巡礼と呼ぶことはすっかり定着し、各地での町おこしにも活用されているが、それは実際どの規模なのかデータから定量的に見ていく。

「アニメ聖地巡礼者の行動分析」（岩崎、2021）[4]によると、聖地巡礼に訪れた回数は、下の表1のようになっている。

【表1：聖地巡礼の回数】

1回	2回	3回	4回	5回	6回	7回	8回	9回	10回以上	合計
54人	44人	32人	16人	20人	12人	6人	4人	7人	13人	208人
26.0%	21.2%	15.4%	7.7%	9.6%	5.8%	2.9%	1.9%	3.4%	6.3%	100%

調査対象者208人のうち、4分の3近くが2回以上巡礼を行っており、4回以上行った人が約40％に達する。10回以上巡礼した人も、6.3%存在する。聖地巡礼は一度行うと二度、三度と行いたくなる、すなわちリピーターになる傾向が強いことがわかる（岩崎、2021）[4]。

また、具体的な経済効果を推定したものとしては、株式会社日本政策投資銀行地域企画部「コンテンツと地域活性化」（2017年5月）の試算[5]がある。このレポートは、一つの例として埼玉県久喜市を取り上げているが、同市を舞台としたアニメ『らき☆すた』が2007年テレビ放映以来10年間で久喜市にもたらした経済波及効果は約31億円で、消費など最終需要により誘発された雇用者数は約316名という試算結果になっている。レポートのまとめ[6]でも、「聖地巡礼」は、地域の交流人口の増加及び地域経済へのインパクト面で大きな潜在力を有すると述べられている。

＊4　「アニメ聖地巡礼者の行動分析：─関与度と行動動機─」岩崎達也, 関東学院大学経済経営研究所年報 43, 15-27, 2021-03
＊5　https://www.dbj.jp/topics/region/industry/files/0000027774_file2.pdf　のP.30
＊6　同上 P.40

3．聖地としての大津市

　ここからは、聖地としての大津市の実績やその可能性について考える。まず、実際に大津市がアニメや映画の舞台になったことで、人を呼びこむことに繋がったと思われる例を、RESAS（【解説】オープンデータP18を参照）を使って見ていこう。

　大津市にある近江神宮は毎年、競技かるたの日本一を競う「競技かるた名人位・クイーン位決定戦」が行われ、「かるたの殿堂」と称される神社である。

出所：近江神宮「（公社）びわこビジターズビューロー」

　RESASには、特定の市町村を目的地として設定した経路検索の月別回数を可視化する機能がある（詳しい手順は【解説】P23を参照のこと）。近江神宮を目的地として検索した検索回数の推移（次ページの図1）を見ると、交通手段を自動車に指定した時、2018年4月の休日の合計検索回数が181回となっており、それ以前に比べてかなり大きな回数を記録している。

　競技かるたを題材にした「ちはやふる -結び-」が2018年3月に劇場公開され、当作品内で登場する近江神宮は、「ちはやふる」オタクにとって聖地とされている。劇場公開の翌月に検索回数が最大になっているのは、映画を見た人が訪れようと考え、近江神宮までの経路検索をしたことが要因であると考えられる。

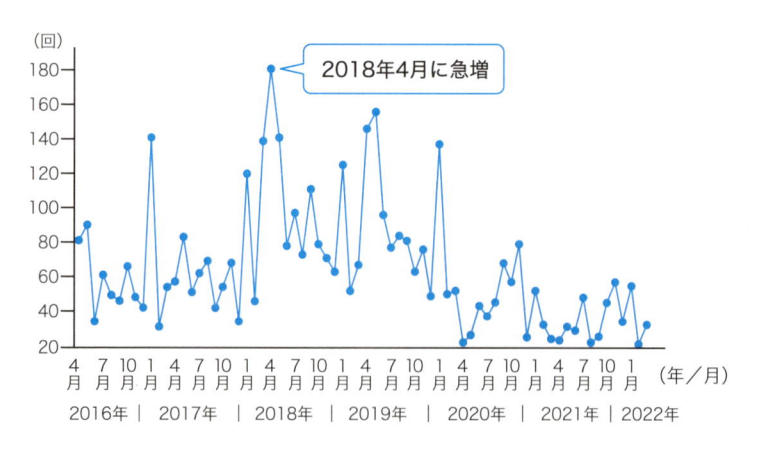

【図1：近江神宮が目的地の対象になった検索回数の推移】

大津市には、近江神宮以外にもアニメの聖地とされる場所が比較的多いことを
データから見てみよう。「聖地巡礼マップ」(https://seichimap.jp/) というサイトは、
アニメの舞台になった全国の場所を紹介している。大津市と同じく県庁所在地かつ
中核市に指定されている都市を比較対象として選定し、聖地巡礼マップに登録され
ている聖地の数をカウントしたのが下の図2になる。大津市に23か所の聖地が存
在している。

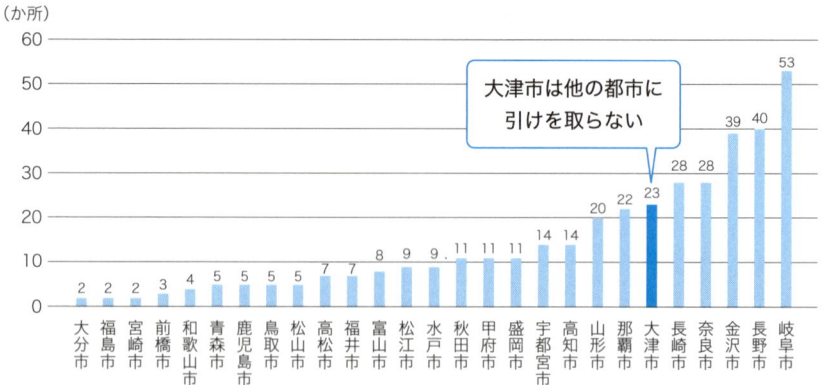

【図2：聖地の数の比較】

「ちはやふる」の他に「中二病でも恋がしたい！」「グランベルム」など多くのア
ニメ作品の聖地が、大津市に存在する。例えば、「べるぜバブ」では作者の田村隆
平氏の母校である滋賀県立石山高等学校が主人公の通う石矢魔高校として聖地と

なっている。また「曇天に笑う」では琵琶湖西岸に位置し、滋賀県指定名勝に指定されている唐崎神社が、主人公の居住する曇神社として聖地となっている。

出所：石山高校（同校ホームページ http://www.ishiyama-h.shiga-ec.ed.jp/ から転用）

出所：唐崎神社「（公社）びわこビジターズビューロー」

　一方で、聖地巡礼のリピート率が高く、何度も同じ土地を訪れることから、聖地以外の魅力も必要不可欠になってくる。聖地巡礼に行った際、巡礼以外に地域で行うことは何かを調べたアンケート調査の結果[7]（次ページの表2）を見てみよう。

＊7　森口弘章「アニメの聖地巡礼は地域に何を与えるか―ファン調査・現地調査と活動経験から―」https://www.andrew.ac.jp/gakuron/pdf/gakuron32-2.pdf　P.9 より引用

【表2：聖地巡礼の際、巡礼以外に地域で行うこと（複数回答）】

	質問項目	回答数（全22人）	割合
1	地域の観光名所を観光する	16	73%
2	名産・特産物を飲食する	13	59%
3	名産・特産物を購入する	10	45%
4	地域の方と交流する	6	27%
5	その他（自由回答）	2	9%

　最も多い回答が地域の観光名所を観光することであり、名産や特産物の飲食、購入も割合が高い。大津市はユネスコ世界文化遺産として有名な延暦寺や琵琶湖の絶景とレジャーが楽しめるびわ湖バレイなど観光名所もあるが、世界的な集客力を誇る京都は、大津から在来線で10分の距離でもある。

　大津の地理的な位置、特に本州の三大都市圏（東京、名古屋、大阪周辺）からの近さも、観光客誘致に有利な条件である。名古屋、東京から大津までの所要時間は、それぞれ「のぞみ」と在来線利用で57分〜59分、2時間33分〜2時間40分であり、神戸、大阪からは、在来線新快速でそれぞれ70分、40分で大津に到着出来る。

　RESASのデータを使って、以上のことを確認してみよう。RESASには、ある市町村に宿泊した人がどこから来たかを年間累計数で見る機能がある（操作方法は【解説】P23を参照）。

　大津市に、コロナ前の2019年に宿泊した人が、どこから来たかを示すグラフが下記図3である。

【図3：大津市における日本人宿泊者の出発地】

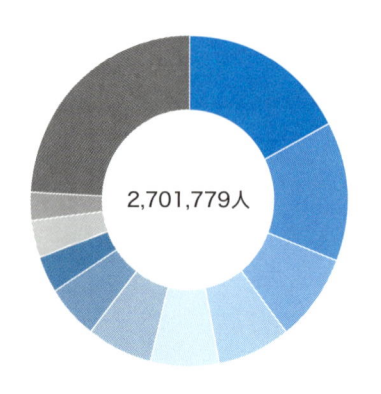

2,701,779人

- 1位 大阪府 466,504人(17.27%)
- 2位 東京都 373,316人(13.82%)
- 3位 兵庫県 227,562人(8.42%)
- 4位 愛知県 203,376人(7.53%)
- 5位 京都府 191,362人(7.08%)
- 6位 神奈川県 179,313人(6.64%)
- 7位 埼玉県 138,086人(5.11%)
- 8位 滋賀県 102,786人(3.80%)
- 9位 千葉県 96,090人(3.56%)
- 10位 奈良県 70,521人(2.61%)
- その他 652,863人(24.16%)

一方、P14の図２の中で聖地の数でトップの岐阜市に関して、RESASを用いて同じ分析を行った結果が、下の図４になる。

（P14の図２）

【図４：岐阜市における日本人宿泊者の出発地】

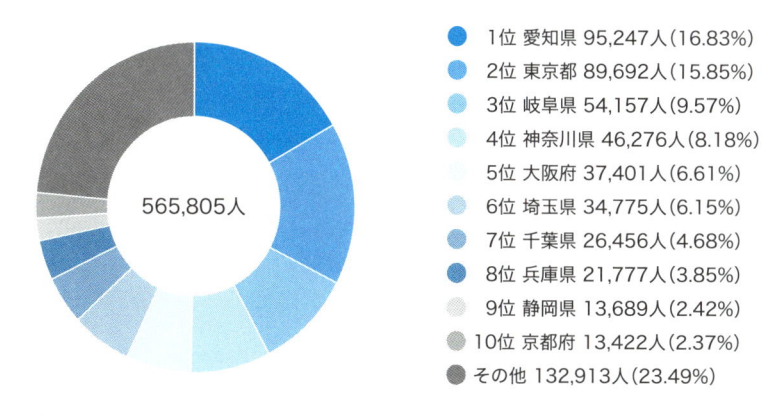

- 1位 愛知県 95,247人（16.83%）
- 2位 東京都 89,692人（15.85%）
- 3位 岐阜県 54,157人（9.57%）
- 4位 神奈川県 46,276人（8.18%）
- 5位 大阪府 37,401人（6.61%）
- 6位 埼玉県 34,775人（6.15%）
- 7位 千葉県 26,456人（4.68%）
- 8位 兵庫県 21,777人（3.85%）
- 9位 静岡県 13,689人（2.42%）
- 10位 京都府 13,422人（2.37%）
- その他 132,913人（23.49%）

565,805人

　2019年に、滋賀県大津市に宿泊した延べ宿泊者数は2,701,779人であるのに対し、岐阜市は565,805人であり、大津市のほうが4倍以上の宿泊者を集めている。岐阜市の場合は、地元の岐阜県と、同じ中京圏の愛知県からの宿泊者が、149,404人と多いのに比べ、関西圏（大阪府、兵庫県、京都府）の合計が72,600人で相対的にかなり少ない。

　一方、大津市の場合、1位の大阪府、3位の兵庫県、5位の京都府、10位の奈良県という関西圏に属する自治体の合計が955,949人、2位の東京都、6位の神奈川県、7位の埼玉県、9位の千葉県という関東圏の自治体の合計が786,805人、そして4位の愛知県という中京圏の自治体が203,376人と本州の三大都市圏から満遍なく泊まりに来ていることが大きな特徴である。

　大津は、京都から在来線で10分であり、京都・大阪観光とセットで聖地巡礼を楽しめるという大津のメリットが、これらの数字に表れていると言えるだろう。

4．まとめ

- ●大津市に観光客を誘致することを課題に、「オタク」の方たちが聖地として大津市を訪れてくれる可能性について考察した。
- ●聖地巡礼が大きな経済的効果を持つことを先行調査・研究から確認した。
- ●大津市の聖地としての実績、豊富な聖地の数、一般的な観光地としての魅力、これらを**オープンデータ**から確認した。

オープンデータ

現代が「ビッグデータ」の時代と呼ばれるように、莫大な量のデータが世界中で、一刻一刻、生まれている。その多くは、データ生成に携わった[1]人・組織のみが閲覧・利用し、場合によってはそのデータから莫大な商業的な利益を手にする場合もある。

一方で、データを誰しもが簡単に無償で利用出来るような形が好ましい場合もあり、そのような形のデータをオープンデータと呼ぶ。データをオープンにすることが比較的早くから求められた例の一つが科学分野のデータであり、論文の結果の再現性の担保や、再利用による新しい知見の創造が、学問の発展を促すという考えに基づいている。

もう一つの代表的な例が、政府や地方公共団体の持つデータのオープン化である。日本でも、官民データ活用推進基本法（平成28年法律第103号）において、国及び地方公共団体はオープンデータに取り組むことが義務付けられた。これによって「国民参加・官民協働の推進を通じた諸課題の解決、経済活性化、行政の高度化・効率化等」が期待されている[2]。

現段階で、政府、地方公共団体がどのようなオープンデータを用意しているかの一覧については、デジタル庁が整備、運営するポータルサイト（https://www.digital.go.jp/resources/open_data）が参考になるが、代表的なオープンデータサイトとして次のようなものがある。

● **独立行政法人 統計センター**
SSDSE（Standardized Statistical Data Set for Education, 教育用標準データセット）https://www.nstac.go.jp/use/literacy/ssdse/
● **総務省統計局・独立行政法人統計センター**
政府統計の総合窓口(e-Stat) https://www.e-stat.go.jp/
● **国土交通省気象庁ホームページ 各種データ・資料**
https://www.jma.go.jp/jma/menu/menureport.html

---

[1] 複数、場合によっては非常に多数の人がデータ生成に「携わっている」ことがあり、その場合データが誰のものかという難しい問題が生じる。
[2] デジタル庁のHP（https://www.digital.go.jp/resources/open_data/）を参照

- 内閣官房デジタル田園都市国家構想実現会議事務局と経済産業省
  地域経済分析システム（RESAS：リーサス）https://resas.go.jp/
- RAIDA デジタル田園都市国家構想 データ分析評価プラットフォーム
  デジタルサイエンス　https://raida.go.jp/

　ここでは、前ページの教育用標準データセット（SSDSE）（第4章「生活時間の分析」で使用）とP23の地域経済分析システム（RESAS）（この章の本文で使用）を簡単に紹介しよう。

—— 教育用標準データセット（SSDSE）——

　このデータセットは、教育機関において、学生がデータ分析を試みる際の練習材料とすることを目的として公開されている。5つの種類（SSDSE-市区町村、SSDSE-県別推移、SSDSE-家計消費、SSDSE-社会生活、SSDSE-基本素材）に分かれ、データの解説PDFと共にExcel形式とCSV形式のデータをダウンロード出来る。データの内容は年度ごとに更新され、過去のデータも公開されている。データの出典は、総務省統計局による調査である。2022年7月28日時点で公開されている教育用標準データセットの名称、最新ファイル名、内容は、下の表1の通りである。

【表1：教育用標準データセットの内訳】

名称	最新版ファイル名	内容
SSDSE-市区町村	SSDSE-A-2022	1741市区町村×多分野124項目
SSDSE-県別推移	SSDSE-B-2022	47都道府県×12年次×多分野107項目
SSDSE-家計消費	SSDSE-C-2022	47都道府県庁所在市×家計消費226項目
SSDSE-社会生活	SSDSE-D	47都道府県×男女別×社会生活119項目
SSDSE-基本素材	SSDSE-E-2022v2 NEW	47都道府県×多分野90項目

　ここでは、SSDSE-社会生活（SSDSE-D-2021.xlsx）をダウンロードして、社会生活のいくつかの項目について、都道府県別ランキング表を作成してみよう。

　SSDSE-社会生活は、総務省統計局「社会生活基本調査」を元に、都道府県別の自由時間活動・生活時間データを集めたデータセットである。このデータの元とな

る「平成28年社会生活基本調査」の５Ｗ１Ｈについて確認すると以下のようになる。

- When：2016年10月20日時点
- Where：全国47都道府県の調査区（全国で約7,300調査区）
- Who：総務省統計局
- What：調査区内にある世帯のうちから，無作為に選定した約8万8千世帯の10歳以上の世帯員約20万人を対象に社会生活を調査した結果
- Why：統計法に基づく基幹統計『社会生活基本統計』を作成するため
- How：調査票Ａ又は調査票Ｂを用いて、調査員が調査世帯ごとに10月上旬から中旬に調査票を配布し，10月下旬に調査票を取集

　エクセル形式のデータは、下の図１のようなデータで、縦は146行、横は122列ある（下の表は一部の表記）。

【図１：SSDSE-D-2021.xlsx のデータレイアウト】

SSDSEのID情報（SSDSE-D-2021）　地域情報　男女の別情報　地域コード　都道府県　データ項目（119）

項目情報 項目コード→	SSDSE-D-	Code	prefecture	MA00	MB00	MB01	MB011		MH51	MH52
項目名→	男女の別	地域コード	都道府県	推定人口（10歳以上）	0_学習・自己啓発・訓練の総数	1_外国語	11_英語		出勤（有業者、平日）	仕事からの帰宅（有業者、平日）
	0_総数	R00000	全国	113300	36.9	12.9	11.9		8:24	18:53
	0_総数	R01000	北海道	4756	31.0	10.2	9.3		8:27	18:37
	0_総数	R02000	青森県	1152	24.8	6.3	6.0		8:09	18:30
	0_総数	R03000	岩手県	1135	29.0	7.3	6.5		8:09	18:24
	0_総数	R46000	鹿児島県	1424	29.2	7.1	6.6		8:19	18:23
	0_総数	R47000	沖縄県	1231	33.8	12.3	11.6		8:34	18:44
	1_男	R00000	全国	55207	36.5	13.4	12.6		8:04	19:31
	1_男	R01000	北海道	2239	30.3	9.9	9.2		7:58	19:17
	1_男	R02000	青森県	540	25.0	6.2	6.1		7:54	19:02
	1_男	R03000	岩手県	548	27.7	7.5	6.8		7:48	18:46
	1_男	R46000	鹿児島県	669	27.1	6.4	6.3		7:52	18:32
	1_男	R47000	沖縄県	603	33.5	12.0	11.7		8:30	19:19
	2_女	R00000	全国	58093	37.4	12.5	11.2		8:52	17:59
	2_女	R01000	北海道	2518	31.6	10.4	9.3		9:07	17:43
	2_女	R02000	青森県	611	24.6	6.4	6.0		8:29	17:51
	2_女	R03000	岩手県	587	30.2	7.1	6.2		8:37	17:55
	2_女	R46000	鹿児島県	755	31.0	7.6	6.9		8:53	18:11
	2_女	R47000	沖縄県	627	34.1	12.7	11.5		8:38	17:57

項目情報（左側）：全国＋47都道府県、男女の別（総数・男・女）

SSDSE-社会生活には、「平成28年社会生活基本調査」の生活行動に関する結果、生活時間に関する結果、平均時刻に関する結果が収録されている。生活行動では、調査時の年齢が10歳以上の人たちにおける過去1年間の各活動の有無を調べ、各活動について行動者率（活動した人の割合、％）が記載されている。

　A列「男女の別」が「0_総数」、すなわち男女の合計である行番号4の北海道から行番号50の沖縄県までの47都道府県のデータを使うことにする。E列「0_学習・自己啓発・訓練の総数」からP列「7_その他」のデータを用いて、列ごとに、都道府県順位を作成してみよう[3]。

　列ごとの上位5位までの都道府県をまとめたのが次ページの表2である。例えば、滋賀県の順位は上から順に、「7_その他」では1位、「4_家政・家事」では2位、「5_人文・社会・自然科学」では3位、「0_学習・自己啓発・訓練の総数」、「21_パソコンなどの情報処理」、「22_商業実務・ビジネス関係」では5位である。

　滋賀県は、2015年に実施された国勢調査のインターネット回答率で全国1位を記録した（全国平均36.9％に対して滋賀県48.4％）。また、滋賀県出身の商人は近江商人[4]と呼ばれ、商い（ビジネス）に熱心な地域性がある。こうした事実と上記の調査結果の結び付きを探求するのも面白いテーマとなるだろう。

＊3　例えば、EXCEL の rank 関数を使うと簡単に順位を求めることができる。
＊4　近江商人の流れを組む企業には、伊藤忠商事・丸紅、西武グループ、髙島屋など多くの企業がある。

【表 2：平成 28 年総務省統計局「社会生活基本調査」における
生活行動に関する結果：行動者率（%）の上位 5 位の都道府県】

項 目	順 位				
	1 位	2 位	3 位	4 位	5 位
0_ 学習・自己啓発・訓練の総数	東京都	神奈川県	千葉県	京都府	滋賀県
1_ 外国語	東京都	神奈川県	京都府	千葉県	愛知県
11_ 英語※	東京都	神奈川県	千葉県	京都府	愛知県
12_ 英語以外の外国語	東京都	神奈川県	埼玉県	千葉県	奈良県
2_ 商業実務・ビジネス関係（総数）	東京都	神奈川県	埼玉県	千葉県	奈良県
21_ パソコンなどの情報処理	東京都	奈良県	神奈川県	千葉県	滋賀県
22_ 商業実務・ビジネス関係	東京都	神奈川県	埼玉県	千葉県	滋賀県
3_ 介護関係	和歌山県	長野県	愛媛県	岡山県	宮城県
4_ 家政・家事 （料理・裁縫・家庭経営など）	東京都	滋賀県	大阪府	神奈川県	福岡県
5_ 人文・社会・自然科学 （歴史・経済・数学・生物など）	東京都	京都府	滋賀県	千葉県	神奈川県
6_ 芸術・文化	東京都	京都府	神奈川県	千葉県	奈良県
7_ その他	滋賀県	神奈川県	奈良県	岡山県	佐賀県

※「11_ 英語」では、東京都と神奈川県が 1 位で同順位

─── 地域経済分析システム（RESAS）───

　RESASは、地方創生の取り組みを情報面から支援するために経済産業省と内閣官房デジタル田園都市国家構想実現会議事務局が提供しているウェブシステムである。誰でも無料で使用することが出来、オープンデータとして様々な官民ビッグデータが集計されており、サイト内で簡単にグラフを作成することが出来る。

　本文の分析では、近江神宮を目的地とした経路検索の回数の推移を可視化（P14の図1）した。これは、株式会社ナビタイムジャパンがRESAS用に提供した「経路検索条件データ」を使っている。本文の図1を作成するための具体的な手順は以下のようになる。

（1）RESASの画面を開き、左上のマップ選択画面から「観光マップ」を選択。

（2）サブメニューの「目的地分析」を選択し、調べたい都道府県として滋賀県、市町村として大津市を設定。

（3）平日か休日か、また、移動手段として、自動車か公共交通かを適宜選択。

（4）「目的地検索ランキングを表示」ボタンを押す。

（5）「推移を見る」のボタンを押す。

　以上のような操作の結果、デフォルトでは、検索回数上位5位までの場所に関する折れ線グラフしか出てこないので、下位の場所の場合は、右側のメニュー「検索ランキング下位の目的地を追加する」から選ぶ必要がある。

　本文では、大津市、岐阜市の宿泊者がどの地域から来ているのかを都道府県別に示したグラフ（P16の図3、P17の図4）も、RESASを用いて作成した。具体的な手順は以下のようになる。

（1）RESASの画面を開き、RESASの画面を開き、左上のマップ選択画面から「観光マップ」を選択。

（2）サブメニューの「from-to分析(宿泊者)」を選択。

（3）調べたい都道府県名と表示年を設定。

（4）「居住都道府県別に見る」のボタンを押す。

　RESASの他の機能を使って、本文に関連した事項を可視化してみよう。本文では、日本人滞在客がどこから来たかを分析したが、外国人の場合、どこの国から来ている観光客が多いのだろうか。

（1）RESASの「観光マップ」を選択

（2）サブメニューの「外国人訪問分析」を選択

（3）「滋賀県」を選択（※残念ながら、市町村レベルの選択は出来ない）

（4）「都道府県単位で表示する」を選択
（5）「表示年・四半期」、「国・地域」、「訪日目的」を適宜選択
（6）「指定した都道府県で分析する」ボタンを押す

　この操作で以下の図が得られる。2019年の1年間に、観光・レジャー目的で滋賀県に滞在した外国人の上位10ヶ国を示している。

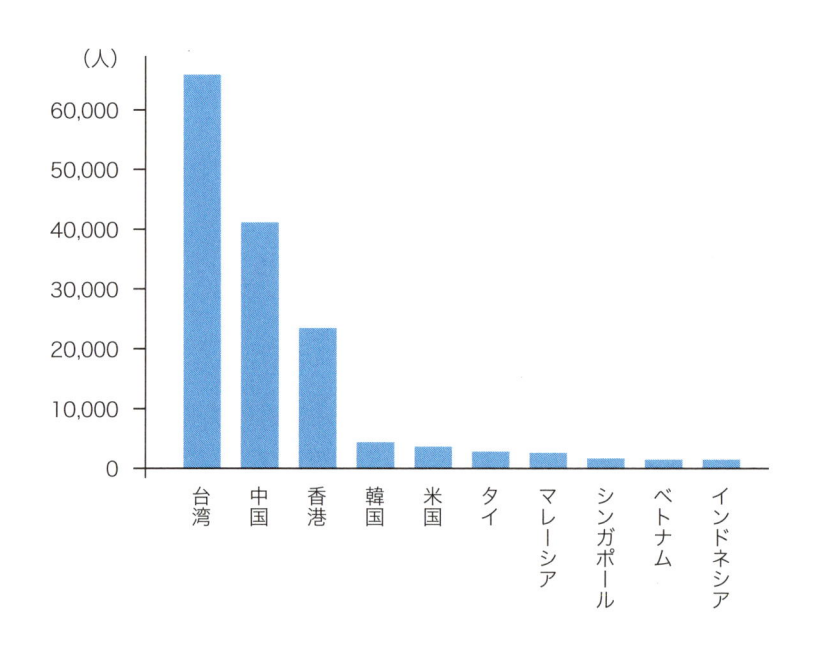

　県レベルの分析になるが、滋賀県を訪れている外国人は、台湾、中国、香港から来ている人が圧倒的に多いことがわかる。

　また、本文で世界的な観光地の京都との地理的な近さを、大津市のポテンシャルの一つとして挙げたが、このことをデータで確認してみよう。
（1）RESASの「観光マップ」を選択
（2）サブメニューの「外国人移動相関分析」を選択
（3）「滋賀県」を選択（※残念ながら、市町村レベルの選択は出来ない）
（4）「都道府県単位で表示する」を選択
（5）「表示年・期間」、「旅行目的」を適宜選択
（6）「グラフを表示」ボタンを押す
　この操作で次ページの図が得られる。

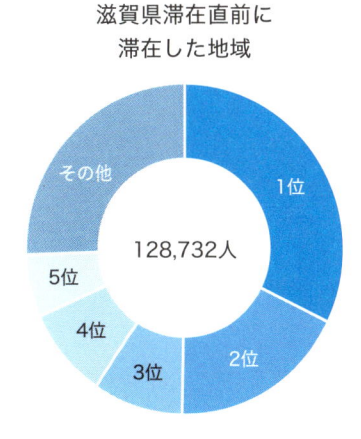

滋賀県滞在直前に
滞在した地域

128,732人

● 1位 京都府 41,551人(32.28%)
● 2位 大阪府 23,265人(18.07%)
● 3位 兵庫県 11,765人(9.14%)
● 4位 奈良県 11,671人(9.07%)
　 5位 滋賀県 7,587人(5.89%)
● その他 6位以下(25.55%)

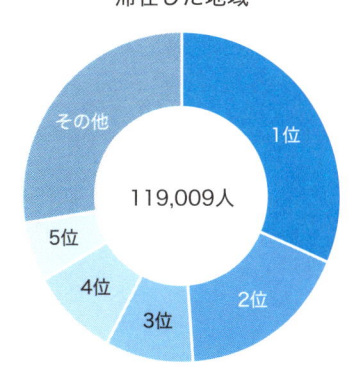

滋賀県滞在直後に
滞在した地域

119,009人

● 1位 京都府 29,681人(24.94%)
● 2位 大阪府 29,098人(24.45%)
● 3位 兵庫県 11,131人(9.35%)
● 4位 愛知県 8,087人(6.80%)
　 5位 滋賀県 7,587人(6.38%)
● その他 6位以下(28.08%)

　2019年の1年間、観光・レジャー目的で滋賀県に滞在した外国人が、その直前、直後に滞在した都道府県を示している（凡例は上位5都道府県のみ記している）。予想通り、京都、大阪との結び付きが非常に強いことがデータからもわかる。

第 2 章

事 例

化粧水の分析
～個票データと集計データなどを知る～

化粧水の分析

　化粧品は工場製品の一つであるが、下の図にあるように、コストに占める工場原価の割合（多くの工場製品で5割以上）が比較的に低く、逆に販売促進費や広告費が大きなウェイトを占めている。

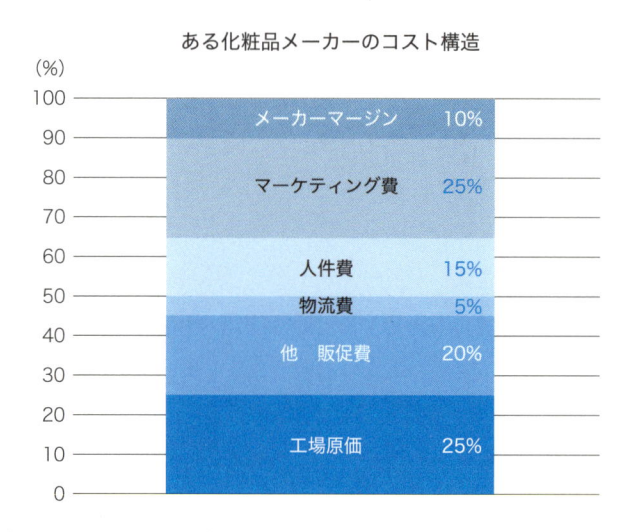

ある化粧品メーカーのコスト構造

出典：「経済産業省　化粧品産業ビジョン検討会報告書」
（https://www.meti.go.jp/press/2021/04/20210426004/20210426004-1.pdf）
P4より抜粋、一部加工して作成し引用
［三菱UFJモルガン・スタンレー証券株式会社提供（各社資料より作成）］

　消費者へのアピールのために、各社がしのぎを削っていることがわかるが、一方で、「化粧品市場は常にブランド同士の戦いで、複数のブランドが乱立し、一つのブランドの市場シェアは3％に満たない」（同検討会報告書P6より抜粋）。

　このような激しいシェアの奪い合いのある化粧品市場で、上位を占めている製品にはどのような特徴があるのだろうか。今回は、化粧品の中で売り上げの約半数を占めるスキンケア市場（次ページのグラフを参照）の中でも、化粧水に商品を絞る。化粧水は、皮膚を保湿し、整え、滑らかにする役割を果たす。基本的に洗顔後のスキンケアとして最初に化粧水を使用し、追加として美容液やクリームを使用するため、スキンケア商品の中で最もベーシックな商品と言える。

そのような化粧水市場で上位を占める製品を、ネットで公表されている**集計デー
タ**（【解説】P41を参照）を基に考察してみる。何が市場シェア向上に繋がるかを
明確にするためには、より精緻な**個票データ**（【解説】P41を参照）が必要であるが、
その収集のための時間的・経済的なコストは大きい。今回は、何らかの仮説発見を
目標に、集計データから、性別、年代、価格、リピート率という観点で、市場シェ
ア率上位の製品を分析することにする。

Webサイトで利用可能な集計データをグラフを用いて可視化することで、高度
な統計の知識がなくとも、データの特徴を捉えやすい。そして、**領域知識**（【解説】
P43を参照）を用いることで、データの特徴から仮説を導くことが出来る（「**仮説
発見**」（【解説】P42を参照））。領域知識とは、対象物そのものの知識や、対象物に
関連する知識である。自身の経験と深く結び付いている場合は、経験知ともいう。
今回の分析では、化粧品そのものに関する知識、あるいは化粧品を買うという行動
に関する知識がこれにあたる。

化粧品の製品カテゴリー別市場構成比（2022年度）

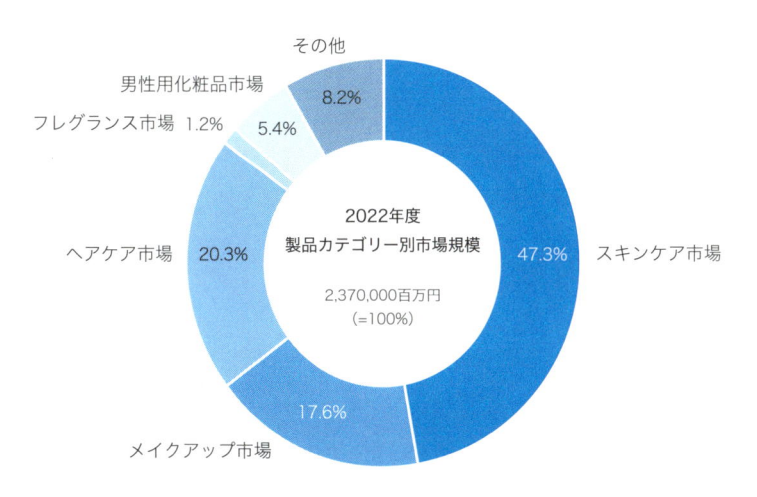

注 . ブランドメーカー出荷金額ベース

出典：株式会社矢野経済研究所「化粧品市場に関する調査（2023年）」（2023年9月13日発表）

分析には、「ウレコン」サイト（https://urecon.jp/）のデータを使用する。これ
は、True Data社の扱う日本最大級の消費者購買情報（ID-POS）を統計化したデー
タ（【解説】個票データと集計データ P41を参照）を閲覧できるサイトであり、ヒッ

ト商品や購入者の特徴を無料で調べることが出来る[1]。

1．シェア率の高い製品

　まず、化粧水の市場シェア率上位10位の製品を概観していく。ここでの市場シェアとは、購入された商品個数の割合であり、集計期間は2022年8月1日～2022年10月31日である。下の表1が、化粧水の市場シェア率ランキング上位の10商品である。1位はナチュリエハトムギ化粧水である。2位から10位までは、約0.5％の差の中で順位付けされている一方で、この化粧水は、2位のメラノCC薬用しみ対策美白化粧水しっとりタイプつめかえ用170mlとの差は2.92％であり、化粧水市場において圧倒的なシェア率を持っていると言える。ナチュリエハトムギ化粧水のコンセプトとして、たっぷり使える、さっぱりとした使用感という2点があるが、これがシェア率が高い要因ではないかと考える。また、上位10商品のうち、半数がつめかえ用商品という点から、後に「3. 価格・リピート率に基づく分析（P37）」で見るようにリピーターを獲得している商品が、やはり売り上げに繋がることが見てとれる。

【表1：化粧水の市場シェア率ランキング】

順位	商品名	市場シェア率
1位	ナチュリエ ハトムギ化粧水 500ml	4.84%
2位	メラノCC 薬用しみ対策 美白化粧水 しっとりタイプ つめかえ用 170ml	1.92%
3位	肌ラボ極潤 ヒアルロン液 詰替 170ml	1.79%
4位	メイクキープミスト EX 85ml（コーセー）	1.64%
5位	メラノCC 薬用しみ対策 美白化粧水 170ml	1.60%
6位	メラノCC 薬用しみ対策 美白化粧水 つめかえ用 170ml	1.53%
7位	メラノCC 薬用しみ対策 美白化粧水 しっとりタイプ 170ml	1.42%
8位	オードムーゲ薬用ローション〈ふきとり化粧水〉160ml	1.41%
9位	肌ラボ白潤プレミアム 薬用浸透美白化粧水 しっとりタイプ つめかえ用 170ml	1.39%
10位	肌ラボ白潤プレミアム 薬用浸透美白化粧水 つめかえ用 170ml	1.27%

出所：True Data「ウレコン」

＊1　化粧品には、化粧品専門店、百貨店、通販、量販店、訪問販売など様々な販路が存在している。このサイトの扱うデータは、スーパーマーケットやドラッグストアの購買データであることに注意が必要である。

下の表2ではこれらの商品を特徴によって、分類している。特徴によって分類を行ったのは、化粧水を購入する際には肌質や肌のコンディションに応じて、商品を選ぶため、それぞれの化粧水の特徴を考慮する必要があるからである。ここでは、商品名、成分、商品の売りにしている要素等の特徴に基づき、「保湿系」「美白系」「ニキビ」「ハトムギ」「メイク」の5つに分類した。なお、ベスト10に入っている商品はないが、「敏感肌」というジャンルも存在する。（「3. 価格・リピート率に基づく分析（P37）」を参照のこと）。

【表2：商品特徴による分類】

特徴	商品名
保湿化粧水	肌ラボ極潤 ヒアルロン液 つめかえ用 170ml
美白化粧水	メラノCC 薬用しみ対策 美白化粧水 170ml ／つめかえ用 170ml メラノCC 薬用しみ対策 美白化粧水 しっとりタイプ 170ml ／つめかえ用 170ml 肌ラボ白潤プレミアム 薬用浸透美白化粧水 しっとりタイプ つめかえ用 170ml 肌ラボ白潤プレミアム 薬用浸透美白化粧水　つめかえ用 170ml
ニキビ化粧水	オードムーゲ薬用ローション〈ふきとり化粧水〉160ml
ハトムギ	ナチュリエ ハトムギ化粧水 500ml
メイク用	メイクキープミスト EX 85ml（コーセー）

出所：True Data「ウレコン」

　この分類に関して、補足する。まず、化粧水の種類について説明する。化粧水は、大きく「柔軟化粧水」「ふきとり化粧水」「収れん化粧水」「美白化粧水」「ニキビ用化粧水」「無添加化粧水」に分類出来る。
「柔軟化粧水」は、乾燥対策を目的としており、保湿成分やエイジングケア成分が含まれている。ここでは「保湿化粧水」と呼ぶ。「ふきとり化粧水」は、クレンジングで落とし切れていないメイクや洗顔で落ちなかった汚れや皮脂を取り除く役割を果たしている。「収れん化粧水」は過剰な皮脂を取り除き、毛穴を引き締める役割を果たし、皮脂の分泌を抑えるために、酸化亜鉛やクエン酸、タンニン酸などが含まれている。「美白化粧水」は、しみ・そばかすを防ぐことを目的に、美白成分を含んでいる。「ニキビ用化粧水」は、殺菌作用、抗菌作用のある成分が配合されている。「無添加化粧水」はアルコールフリー、無添加と言われ、敏感肌の人に優しい成分となっている。

今回のシェア率上位10商品の特徴として、前ページの化粧品の種類に基づく「保湿化粧水」「美白化粧水」「ニキビ用化粧水」、そして、前述の種類とは別の観点から「ハトムギ」「メイク用」をピックアップした。都合5つのカテゴリーに分類された。

　まず、シェア1位のナチュリエ ハトムギ化粧水は、ハトムギが有効成分となっており、商品名、成分内容からもハトムギを売りにしていることから「ハトムギ」化粧水として分類する。続いて、メラノCC薬用しみ対策 美白化粧水、肌ラボ白潤プレミアム 薬用浸透美白化粧水に関しては、それぞれビタミンC誘導体、トラネキサム酸による効果として、美白肌を売りにしている商品のため「美白化粧水」として分類する。肌ラボ極潤 ヒアルロン液に関しては、ヒアルロン酸の効果として、潤った肌を売りにしているため、「保湿化粧水」と分類する。オードムーゲ薬用ローション〈ふきとり化粧水〉に関しては、抗炎症成分や殺菌成分が有効成分であり、ニキビや肌荒れ防止を売りにしている商品のため、「ニキビ用化粧水」として分類する。最後に、メイクキープミストEX（コーセー）に関しては、使用用途としてメイク後にメイクのキープ力を高めるための商品のため、「メイク用」として分類する。

　地域ごとのシェア率に特徴が見られるかどうかについても　触れておく。ほぼ、どの地域も全国のランキングと一致していたが、「ピュアナチュラル エッセンスローションUV 詰替 200ml」に関しては、中部地方では6位、他の地域では25位以下となっている。流通の影響が売り上げに反映しているのか。今回の分析ではそこまでの情報を得る事は出来なかったが、このような観点においても調査する必要があると考える。

　美容口コミサイトで有名な「＠コスメ」と、今回使用したウレコンのランキングを比較したが、双方の人気上位商品は全く異なっていた。これは、両方で対象となっている商品の範囲が違うこと、そして、購入した人のうち口コミを書く人は一部であることからくる違いが原因であろう。購入データからの順位と口コミサイトの評価順位は、別軸で捉えるべきだと考える。

2．性別・年齢層による分析

　この節では、市場シェア上位商品を購買者の性別や年齢層に基づき考察してみよう。

　近年の化粧品市場は、男性の購入者が増えている[*2]。男性化粧品の市場規模は、

＊2　出典：「インテージ 知るギャラリー」2021年5月24日公開記事
　　（https://gallery.intage.co.jp/mens-skincare2020/）インテージ SCI を用いて分析。

2020年も前年比104%で2016年からの5年間で112%伸長し（株式会社インテージ調べ）、その中でもスキンケアなどの基礎化粧品への関心が近年特に高まっている（下の図1）。そのため、男性を獲得していくことが売り上げ向上にとって重要である。

【図1：男性による化粧品市場規模の推移（カテゴリー別推計）】

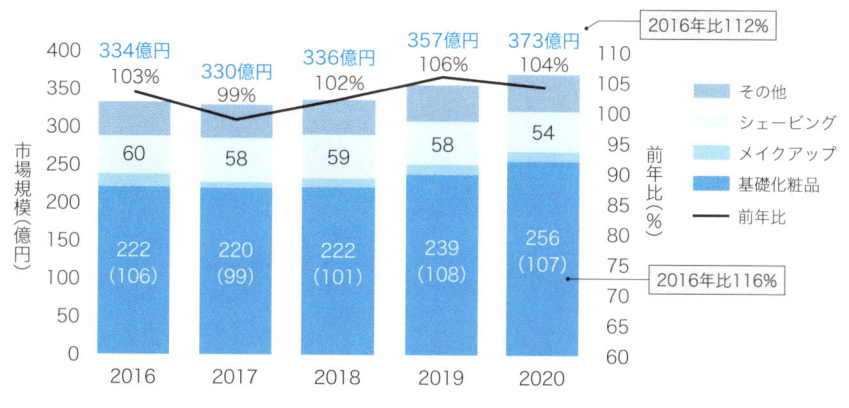

※データソース：SCI 2016年1月〜2020年12月（金額ベース）
※本人使用目的のみ。代理購買などの他人使用は除く。
※（ ）内は基礎化粧品の前年比（%）

出典：「インテージ 知るギャラリー」2021年5月24日公開記事

【図2：男女購買率比較＊3】

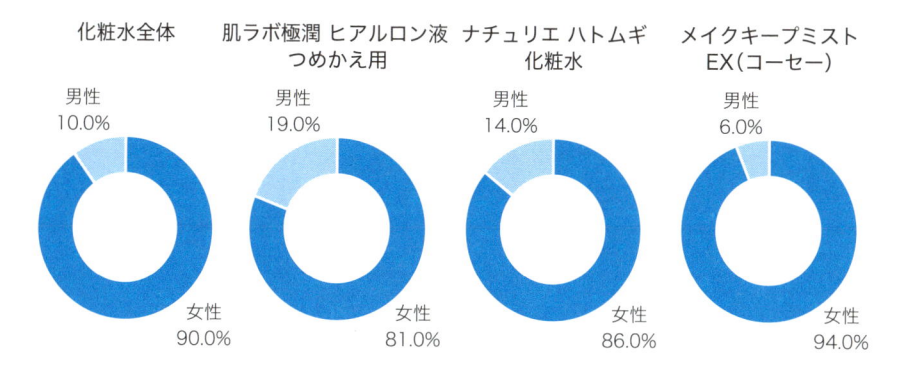

出所：True Data「ウレコン」

＊3　True Data「ウレコン」にて自動的に作成されたグラフを使用している。

まず、シェア率上位の化粧品を男女比から検討していく。図2（前ページ）の左側のグラフにあるように、化粧水市場全体における購買者の男女比は男性10％、女性が90％である。シェア率ランキング上位10商品の中で男女比に特徴のある商品を見ていこう。まず、肌ラボ極潤 ヒアルロン液 つめかえ用は、男性が19％と化粧水市場全体の男女比と比べて、約2倍となっている。ナチュリエハトムギ化粧水も男性14％と市場全体の男性の割合を上回った。両者は、他商品に比べ、男性にも浸透している商品だと言える。

　　一方で、メイクキープミストEXは、市場全体の男性の割合を下回った。メイク後に化粧持ちを良くするための商品であるため、女性の割合が多いのは自然な結果である。その他の商品においては、市場全体の男女比と大差なかった。

　　一方、量に関しては、以下のような事実がある。オードムーゲ薬用ローション〈ふきとり化粧水〉に関しては、容量160mlの場合は男性10％と市場全体と変わらないが、容量200ml（ただし、こちらは薬用保湿化粧水）、容量500mlの場合についてはそれぞれ16％、14％と男性の購買割合が市場全体に比べて高い結果となった。アベンヌウオーターについても、50mlが8％、150mlは10％、300mlは12％という結果である。このように、容量が多いと男性の購買割合が高い傾向にあるのではないかと考えられる。「男性には、保湿を売りにしていることをアピールし、容量が大きめの商品のほうが購入されやすい」という仮説（仮説1）が浮かび上がる（【解説】仮説発見P42を参照）。

　　次に、年齢層から考察してみよう。

【図3：年齢層別購入割合*⁴】

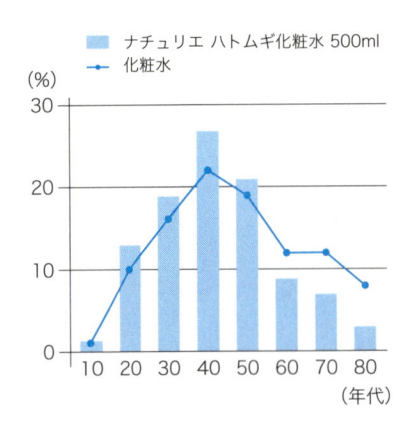
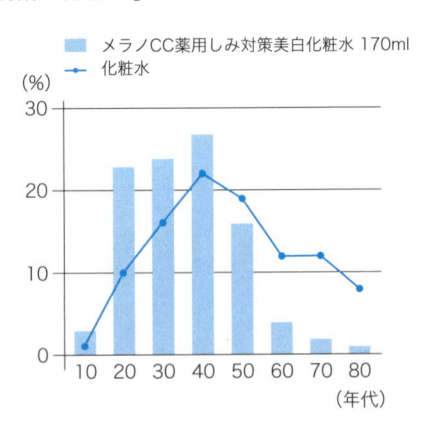

＊4　True Data「ウレコン」にて自動的に作成されたグラフを使用している。

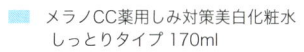

メラノCC薬用しみ対策美白化粧水
しっとりタイプ 170ml

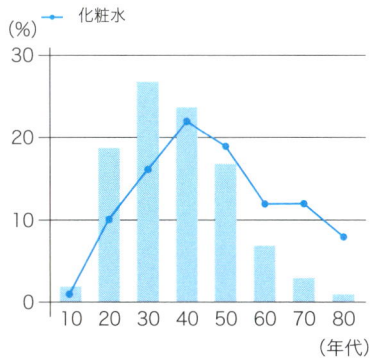

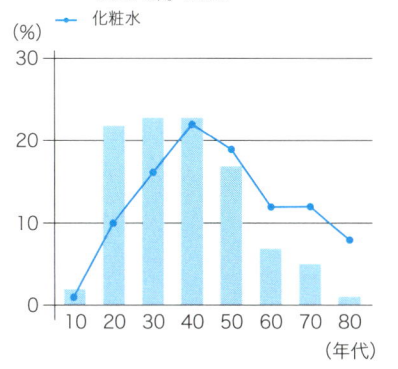

肌ラボ白潤プレミアム薬用浸透美白化粧水
つめかえ用 170ml

メイクキープミストEX 85ml（コーセー）

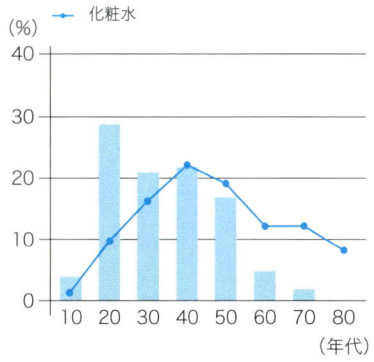

オードムーゲ薬用ローション
〈ふきとり化粧水〉160ml

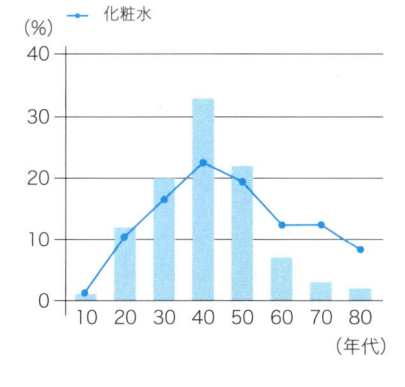

肌ラボ極潤ヒアルロン液 詰替 170ml

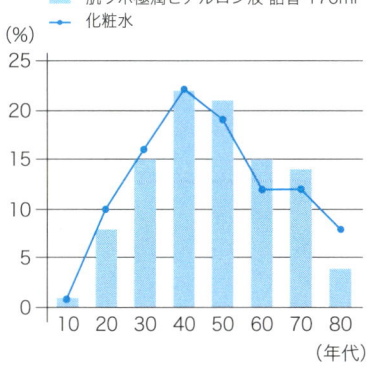

出所：True Data「ウレコン」

図3（P34、P35）では、7つの化粧水について、化粧水市場全体の年齢層別購入率を折れ線グラフ、当該商品の年齢層別購入率を棒グラフで表している[*5]。まず、市場全体として40代が化粧水を購入する人が最も多い（20％前後）ことがわかる。10代、20代と年齢を経るにつれて、化粧品にかける額が増えていき、40代でピークを迎えその後減少していくという一般的な傾向が背後にあると思われるが、今回の調査対象が化粧品販路の一部（P30の脚注[*1]を参照）ということが反映している可能性がある。

　「ハトムギ」「美白系」「ニキビ系」の化粧水は、購入層の多い40代の市場平均と同等かそれを上回る購入率になっており、特に「ニキビ系」のオードムーゲ薬用ローション〈ふきとり化粧水〉が、30％以上の購買率で7商品の中で最も高い。これに関しては、2つの理由が可能性として考えられる。1つ目は「40代に肌荒れに悩む人が多い」、2つ目は「小学生高学年〜高校生の子供を持つ親世代のため、思春期のニキビに悩む子供のために購入している」である。いずれの理由にしても「ニキビ用化粧水市場でシェア率上位の商品になるためには、40代の購買層を獲得することが重要な要素」であるという仮説（仮説2.0）が浮かび上がる。

　「美白系」の化粧水（P34、P35のグラフでは3つが該当）は、20代、30代、40代の購買率において、化粧水市場全体の平均購買率を上回っている。これらの商品は、20代から40代の年齢層に受け入れられているがゆえに、シェア上位になっていると推測出来る。ここから、「20代から40代の年齢層が重要視している項目の1つが〈美白〉効果」だという仮説（仮説2.1）が出てくる。なお、シェア率ランキング上位10商品において、「美白系」化粧水6商品のうち4商品がつめかえ用商品であり、リピーターを獲得している商品である。ビタミン、トラネキサム酸という各商品が売りにしている有効成分によって、購入者は美白効果を実感していると推測される。

　続いて、「メイク用」のメイクアップミストEX（コーセー）は、20代、30代の購買率において、化粧水市場全体での平均購買率を上回っている。特に、20代の購買者が30％近い割合を占めており、化粧水市場全体での20代の購買率10％に比べ顕著に高い。この世代の購買がこの商品を支えている。

　最後に、「保湿」化粧水の肌ラボ極潤 ヒアルロン液は、60、70代の購買率において化粧水市場全体の購買率を上回っており、60、70代に高く評価されている商品であると言える。ここからは、「保湿効果を前面に出すことが、60、70代の年齢層の購買を高めることになる」という仮説（仮説2.2）が出てくる。

[*5] 化粧品、あるいは特定の商品を購入した人全体のうち、各年代が占める割合。

このように、年齢層から化粧水市場をみると、化粧水の購入機会が増える「40代」を獲得することが売上増加のための基本戦略であるが、一方で、40代以外の強みとなる年齢層を作ることも1つの戦略だと考えられる。年齢ごとに解決したい肌悩みを研究し、各年齢層に刺さるコンセプトを見つけていくことの重要性が再認識できる。

3．価格・リピート率に基づく分析

　まず、価格面から見ていこう。

　シェア率ランキング上位10商品は、メイクキープミストEX（コーセー）を除いて、すべて1000円以下の低価格商品となっている。ウレコンのデータから求めた化粧水市場の平均単価が約1400円であることから、シェア率の重要な要素の一つは「低価格」だといえるのではないかと推測できる。特に、ナチュリエハトムギ化粧水はランキング上位10商品の中で最も安い538円（税込、調査時の価格）である。容量も500mlと最も大容量で、他商品に比べて2倍以上の量であることから、極めてお買い得感が高くなっているのがわかる。

　シェア率上位30位までの商品の価格帯を見たところ、下のような分布になった。

【図４：シェア率上位 30 商品の価格帯分布＊⁶】

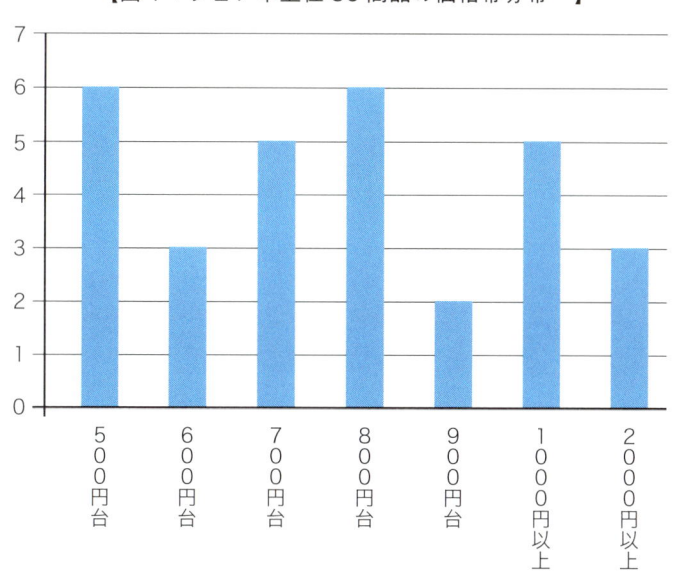

出所：True Data「ウレコン」

＊6　この分布は、2023/1/1 から 3/31 のデータに基づいている。

3分の2以上の商品が、1000円以下の価格であることがわかる。個別商品の名称は省くが、市場全体の平均価格を上回っているのは、すべて「保湿化粧品」あるいは「敏感肌用化粧水」である。ここからは、「保湿・敏感肌用の製品は価格が高くなりがち、あるいは逆に高くても需要がある」という仮説（仮説3）が浮かび上がる。

　次に、リピート率の観点から見てみよう。

【表3：市場シェア上位10商品のリピート率】

順位	商品名	リピート率	シェア率
1位	肌ラボ白潤プレミアム 薬用浸透美白化粧水 つめかえ用 170ml	11.06%	10位
2位	肌ラボ極潤 ヒアルロン液 つめかえ用 170ml	10.92%	3位
3位	オードムーゲ薬用ローション〈ふきとり化粧水〉160ml	10.91%	8位
4位	メラノCC 薬用しみ対策 美白化粧水 つめかえ用 170ml	10.17%	6位
5位	メラノCC 薬用しみ対策 美白化粧水 しっとりタイプ つめかえ用 170ml	10.02%	2位
6位	肌ラボ白潤プレミアム 薬用浸透美白化粧水 しっとりタイプ つめかえ用 170ml	9.11%	9位
7位	ナチュリエ ハトムギ化粧水 500ml	7.14%	1位
8位	メラノCC 薬用しみ対策 美白化粧水 170ml	2.39%	5位
9位	メイクキープミスト EX 85ml（コーセー）	2.31%	4位
10位	メラノCC 薬用しみ対策 美白化粧水 しっとりタイプ 170ml	1.94%	7位

出所：True Data「ウレコン」

　上の表3は、シェア率上位の10商品を「リピート率」で降順に並べたものである。ここで、リピート率は2022年8月1日から2022年10月31日の3ヶ月間のうち「2回以上購入した人÷購入者数」で算出している。

　比較対象となる、ウレコンのデータにおける化粧水市場全体のリピート率は、7.35%である。化粧水市場のリピート率ランキングについて、化粧水市場全体を上回ったのは、薬用化粧水のオードムーゲ薬用ローション〈ふきとり化粧水〉を除き、すべてつめかえ用商品であった。つめかえ用商品は、リピーター用の商品であるが、その商品をさらに2回（3ヶ月以内に）買うということは、最初の購買（つめかえ用でない商品）を合わせれば、3回以上の購買があることになり、これらの商品がかなり継続的にファンを獲得していることが想像できる。

ナチュリエハトムギ化粧水に関しては、市場全体の平均リピート率と比べるとわずかに下回っている。シェア率ランキング1位だが、平均リピート率が低い要因を考えると、3ヶ月間で2回以上購入した人という期間の定義が要因となっている可能性が示唆される。というのも、ナチュリエハトムギ化粧水は、容量が500mlであり、リピート率の上位商品が200ml前後の容量であることを考慮すると、3ヶ月間のうちに使い切らない人が多数いるため、リピート率を算出した時に低い数値となったのではないかと考えられる。メイクキープミストEX（コーセー）も同様に、メイク時のみの使用、1度に使用する量が少ないことを考慮すると、容量や使用頻度のリピート率の数値で判断しにくいと考える。

　シェア率100位以内の商品の中で、リピート率で上位10位の商品を並べたのが下の表4である。

【表4：シェア率100位以内でのリピート率のランキング】

順位	商品名	リピート率	シェア率ランキング	シェア率
1位	ノブ A アクネローション 100ml	20.52%	89位	0.32%
2位	ジュレリッチリュール モイストローションⅢ ミニトリートメントクリーム付 120ml（数量限定）※現在、この限定セットの販売はなし	14.61%	91位	0.32%
3位	明色美顔水 薬用化粧水 90ml	12.93%	83位	0.35%
4位	ネイチャーコンク薬用 クリアローションつめかえ用 180ml	12.65%	39位	0.58%
5位	カルテ HD モイスチュアローション 150ml	12.51%	13位	1.03%
6位	ミノンアミノモイスト モイストチャージ ローションⅡ もっとしっとりタイプ 130ml	12.01%	81位	0.35%
7位	オードムーゲ薬用ローション〈ふきとり化粧水〉 160ml	11.95%	30位	0.70%
8位	エリクシールアドバンスドローション T Ⅱ つめかえ用 150ml	11.94%	79位	0.36%
9位	ちふれ保湿化粧水 とてもしっとりタイプ 詰替用 150ml	11.63%	16位	0.94%
10位	エリクシールホワイト クリアローション T Ⅱ つめかえ用 150ml（生産修了）	11.51%	49位	0.53%

出所：True Data「ウレコン」

リピート率で10%を超える商品でも、必ずしもシェア率が高くないものが多く、リピート率が高いことがストレートにシェア率の高さには結び付かないことがわかる。1位のノブ Ａアクネローション、3位の明色美顔水 薬用化粧水、7位のオードムーゲ薬用ローション〈ふきとり化粧水〉は、ニキビ化粧品である。「ニキビ化粧品は、継続的な使用に結び付きやすい」という仮説（仮説4）も考えられる。

4．売上を伸ばすための施策

　性別、年齢、価格、リピート率から、化粧水市場シェア率上位10の製品を見てきたが、この分析で得られた仮説が正しい場合に、それが売り上げを伸ばすことに、どのように繋がるのかを、まとめてみる。

①特に男性化粧品と銘打つ商品でない場合、女性購買層がベースとなるが、保湿機能や大容量を売りにした場合、男性購買層を惹き付けることで、全体の売り上げが伸びる可能性がある（仮説1、P34参照）。

②女性購買客の中心世代である40代の顧客層を獲得することは、シェア率拡大の基本路線（仮説2.0、P36参照）だが、例えば、美白効果を強めて20代から40代の若い層をターゲットにする（仮説2.1、P36参照）、あるいは保湿を売りにして60、70代に強く働きかける（仮説2.2、P36参照）など、他の世代にもアピールしていくことで、全体の売り上げを伸ばす戦略も考えられる。

③ドラックストア・スーパーマーケットの販路でシェアを拡大するには、お得感のある商品（値段は1000円以下、大容量）にすることが重要である。ただし、保湿・敏感肌向けの商品は、高めの値段設定でも支持を得る可能性がある（仮説3、P38参照）。

④リピーターを獲得して製品を高頻度で購入してもらうという戦略のためには、ニキビ用のように、自然と継続的に購入してくれる可能性の高い商品を開発する方法もある（仮説4、P40参照）。

5．まとめ

- ●商品（化粧水）購買の**集計データ**を公表しているサイトで市場シェアの上位を占める商品に着目し、各化粧水の特徴がどこにあるかを、**領域知識**から洗い出した。
- ●性別、年齢、リピート率からこれらの商品を分析して、市場シェアが高くなる要因に関して**仮説発見**を行った。

個票データと集計データ

　データには、様々な種類のものがあるが、ある１つの対象（個体と呼ぶ）に関して、いくつかの値（変数と呼ぶ）を計測しているとみなせることが多い。例えば、何人かの人の身長・体重・腹囲を計測した場合、一人ひとりの人が個体となり、身長・体重・腹囲の一つひとつが変数となる。特にこれらのデータは、下の図のように１行（表の横方向）で一つの個体を表し、１列（表の縦の方向）で１つの変数を表すことが多く、このような表形式のデータは、構造化データと呼ばれる。

氏 名	身長（cm）	体重（kg）	腹囲（cm）
Aoyama Taro	174	70	86
Ishida Koji	168	54	80
Minami Kana	156	43	75
Murakami Koji	182	76	92

　このデータのように、個体の一つひとつについて、各変数が明示的に記述されているものを、個票データと呼ぶ。一方、集団としての計測対象者全体に関する値、例えば平均（身長・体重・腹囲の各平均）だけがわかっていて、一つひとつの個体の値は不明な場合を集計データと呼ぶ。集計値としては、平均ではなく、合計であったり、あるいは男女別だったり、様々な集計方法があるが、集団全体に関するデータという意味では同じである。

　個票データは、集計データに比べて情報量が多く、多くの分析手法が適用可能であるので、出来れば個票データを使って分析を行いたい。しかしながら、多くの個体、あるいは多くの変数を含む個票データの収集には高いコストがかかる場合が多い。また、「オープンデータ」（第１章のP18を参照）の多くは、商用価値や秘匿性の理由から、集計データとして公表されているものが多い。よって、集計データをうまく活用して、データの概略をつかみ、何らかの仮説発見を行い、仮説を確かめるためのより精緻な分析が必要な場合に、個票データ収集を試みるといった２段階のプロセスが重要になってくる。

仮説発見

データ分析は、単なる手段であって、何らかの価値創造を行うことが目的となっていることが多い。工場で不良品の率を下げたいという目的があり、そのためにデータを採取・計測・分析して、不良品率を下げるために何をすればよいかを見つけるという例を考えてみよう。最初に不良品率低下という目的に対する課題や問題（Problem）があり、時にはもっと具体的に、不良品の原因

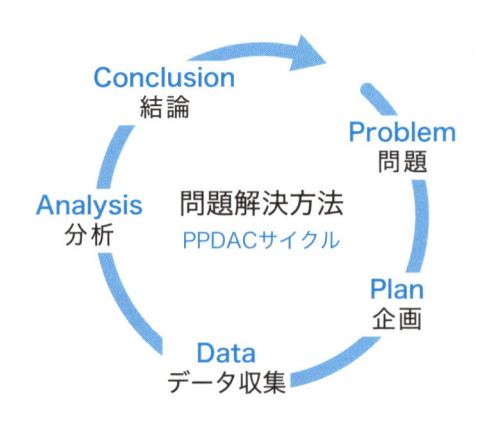

問題解決方法
PPDACサイクル

は XX でないかという仮説がある場合もある。次にデータをどのように収集・分析するかの計画（Plan）を練って、実際にデータ（Data）を集め、分析（Analysis）し、最後に結論（Conclusion）を出すというプロセスを繰り返していくサイクルをPPDACサイクルと呼ぶ（右上の図参照）。このように、最初のスタート地点が、課題である分析は、課題駆動型分析と呼ばれる。

一方で、データがサイクルのスタート地点になることもあり、この場合は、データ駆動型分析と呼ばれる。この場合、データが課題解決のために計画的に採取されたものではない（No problem, No Plan）ので、分析から出てくる結論は、単に既存の知識の確認になったりすることも多い。新たな知見が得られることもあるが、多くの場合、当該データだけでは、充分なエビデンスにならず、仮説に留まることになる。

しかしながら、このような仮説発見は、次のサイクルのスタート地点になり得る。強固なエビデンスとなるためには、大規模な質の良い（個票）データを集める必要があるが、コストがかかるので、とりあえず安価な（場合によっては無料の）データを使って、仮説発見を行い、そこから本格的なPPDACサイクルを回していくというやり方もよく行われている。

領域知識の重要性

　データ分析において、データが生まれる仕組みを理解しておくことは非常に重要である。データが生まれる仕組みに関する知識を領域知識（ドメイン知識）と呼ぶ。領域知識は、グルーピング（個体や変数をグループに分けること）や、変数間の関連性の把握（どの変数と変数が関係が深いか）等において重要な役割を果たす。領域知識が全くない場合でも、データだけに基づいて分析作業を進めることは可能だが、「誤った」分析結果になってしまう可能性は高くなる。既存の領域知識をひっくり返すような新たな知見をデータから得ることもあるので、領域知識が常に正しいとは限らないが、多くの場合、分析のための強力なガイドラインとなる。

　今回の化粧水を例にしてみよう。今回、市場シェア率の高い化粧水を、P31の表2のようなカテゴリーに分類した。これらの分類は、これまでの化粧水使用経験から得られた領域知識に大きく依存している。これらの製品をすべて使用した経験があるわけではないが、これまでの化粧水の購買・使用経験から得た知識によって、商品名、パッケージの外観や広告の仕方等に基づき分類を行なっている（この分類が「正しい」かどうか、あるいは、分析に有効か否かは検証が必要であるが）。

　もう一つ化粧水の例で考えてみよう。ナチュリエハトムギ化粧水は、シェア率が化粧水市場で1位であるが、リピート率が全体平均よりを下回った（P38の表３）。P30の表1では、「商品名」の項目に容量の情報も含まれているが、もしこの情報がない場合、どうなるだろうか。初回購入されやすいが、リピート率が低い魅力のない商品という位置付けになる可能性がある。しかしながら、ナチュリエハトムギ化粧水を買ったり、店頭で見たことのある人ならば、具体的な容量の値はわからなくても、この商品が極めて大容量である（大容量であることを売りにしている）ことを領域知識として獲得しており、リピート率の定義から本文にあるような説明（「３．価格・リピート率に基づく分析」P37を参照）に辿り着くであろう。

　最後になるが、データ分析が多くの場合、説得のための手段であり、領域知識の有無が、相手を納得させられるかどうかに大きく影響してくるという事実にも触れておく。

第 3 章

事 例

年齢とお茶の味覚の関係
〜箱ひげ図、対応分析を知る〜

年齢とお茶の味覚の関係

　私たちは甘さ、辛さ、酸っぱさ、苦さなど様々な味覚を通して美味しいかどうかを感じることが出来る。このような味覚の要素同士には、近い関係に感じられるものもあれば、正反対の関係に感じられるものもある。これらの感じ方は人によって異なることは言うまでもなく、同じ人でも、日々の体調や何らかの病気などによって感じ方が変わることがある。新型コロナウィルスの症状の一つとして、味覚の変化・消失があることも報告されている。

　こうした短期間の間の味覚の変化とは別に、一方で長いスパンでの味覚の変化もある。誰しもが、幼い頃は苦手で食べられなかったものが大人になると食べられるようになったり、若い頃は美味しいと感じていたものが年齢を重ねるとそれほど美味しいと感じなかったりした経験があるはずだ。下のグラフは、「ハンバーガーなどのファストフード店をよく利用する」かどうかを尋ねた結果を年代別にまとめたものである[1]。年齢層が低いほど、ファストフードの利用率が高くなるが、これは味覚の変化による点も大きいと考えられる。

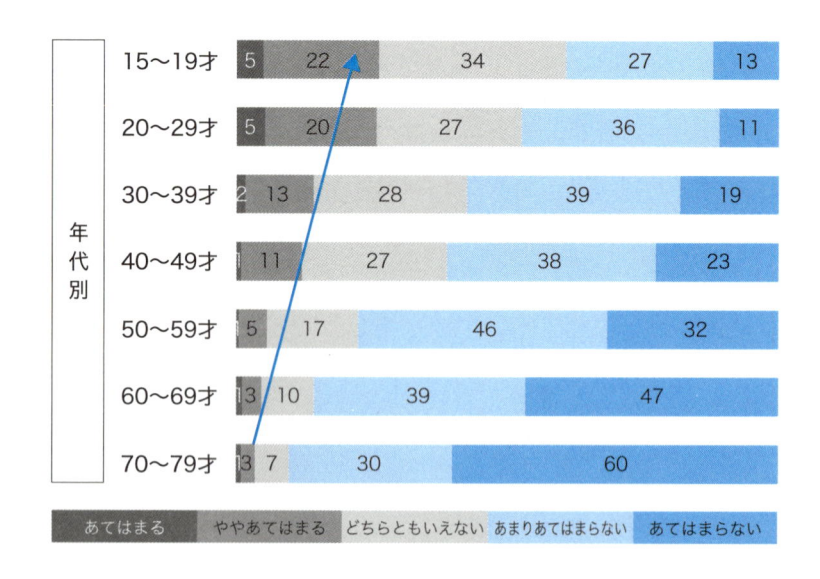

---

* 1　日本リサーチセンターによる「日本人の食」調査（2015 年度）による。詳しくは、https://www.nrc.co.jp/report/pdf/NRCrep_shoku5.pdf

年齢による味覚の変化にはいろんな側面があり、一つの変化として、味覚機能の変化がある。すなわち、ある種の味覚を感じやすくなったり、感じにくくなったりするという変化である。では、年齢によって感じやすい味覚、もしくは感じにくい味覚とはどのようなものだろうか。

　この章では、お茶を飲んだ時の味覚の感じ方の年代による違いを、データから分析した。お茶は、幅広い年齢層の日本人に普段からよく飲まれている飲料の一つであり、6つの味覚要素（甘み・旨み・苦み・渋み・味の濃さ・香りの強さ）を微妙なバランスで兼ね備えている。そのため、味覚機能の年齢による変化を計測するには好適である。特に、ペットボトルのお茶であれば、お茶の淹れ方や時間経過によるお茶自体の味の変化を極力抑えることが可能なため、試飲の際の実験条件を同一化できる点でも優れている。

　今回は、オープンデータである、ペットボトル茶に関する会場調査データ（滋賀大学調べ）の一部のデータを使用した[2]。具体的には、ペットボトル茶4ブランド「お〜いお茶 緑茶（伊藤園）」（※以降「お〜いお茶」と表記）「綾鷹（コカ・コーラ）」「伊右衛門（サントリー）」「生茶（キリン）」を実験対象者258名（20歳〜59歳の男女）に試飲してもらい、味を評価してもらったデータを使用する。対象者の年齢は、20代、30代、40代、50代がほぼ均等になるように選ばれている。

　下の表は例として、利用したデータの一部を取り出したものである。横方向が1人の回答になる。味覚の感じ方は、6つの味覚要素（甘み・旨み・苦み・渋み・味の濃さ・香りの強さ）について、それぞれ7段階（1はとても弱い/薄い、7はとても強い/濃い、4はふつう）で評価されている。以降、この各味覚要素に対する1から7までの評価を「味覚評価スコア」と呼ぶ。

実際に飲んだ緑茶【お〜いお茶】の味について、どのように感じましたか。

年齢(才)	甘み	旨み	苦み	渋み	味の濃さ	香りの強さ
26	7	7	5	5	5	5
24	5	3	7	6	6	5
24	4	3	2	2	3	3
23	4	5	5	4	5	5
24	4	5	5	5	5	4
25	3	5	5	4	4	5

＊2　このデータについては、第9章「ペットボトル茶の分析」で別の点から解析している。データの詳細については、第9章と、https://data.mdsc.hokudai.ac.jp/dataset/mdsc28　を参照のこと。

1．予備考察

　年齢と各味覚評価スコアについて何らかの関係があるかを見るために最も簡便な方法は、相関係数を求めることである。以下は、ペットボトル茶ブランド別の年齢と各味覚評価スコアとの相関係数の一覧である。

【表1：「お～いお茶」の年齢と各味覚評価スコアの相関係数】

甘み	旨み	苦み	渋み	味の濃さ	香りの強さ
-0.09	-0.10	0.02	-0.00	-0.05	-0.17

【表2：「綾鷹」の年齢と各味覚評価スコアの相関係数】

甘み	旨み	苦み	渋み	味の濃さ	香りの強さ
-0.05	0.02	0.05	0.10	0.04	0.01

【表3：「伊右衛門」の年齢と各味覚評価スコアの相関係数】

甘み	旨み	苦み	渋み	味の濃さ	香りの強さ
-0.10	-0.11	0.05	0.06	-0.04	-0.13

【表4：「生茶」の年齢と各味覚評価スコアの相関係数】

甘み	旨み	苦み	渋み	味の濃さ	香りの強さ
-0.03	-0.00	0.08	0.06	0.06	-0.02

どのブランドにおいても、相関はかなり弱い。

　各味覚評価スコアを固定した時に、年齢分布がどう変化するかを見るのも一つの方法である。例えば、「お～いお茶」の甘みに関して、スコアの高い人たちの年齢の分布と、低い人たちの年齢の分布に差があるのだろうか。分布を図示する簡便な方法としてよく使われるのが、**箱ひげ図**（【解説】P56を参照）である。

　グループ別の分布の違いを比較するために、グループごとの箱ひげ図を並べて示すのは基本的な方法である。次ページの2つの図は、「お～いお茶」の甘みと香りの強さに関して、評価スコア別[3]に年齢の分布を箱ひげ図にしている。

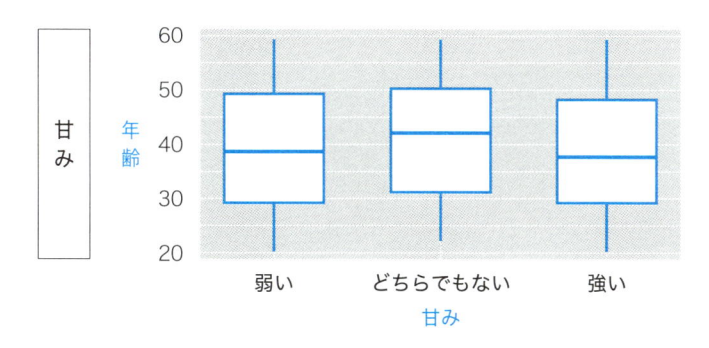

【図１：「お～いお茶」の甘みに関する評価別の年齢分布】

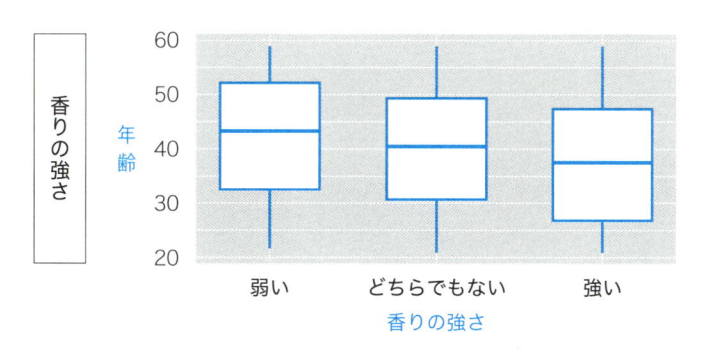

【図２：「お～いお茶」の香りの強さに関する評価別の年齢分布】

　紙面の都合上、他の味覚要素や他のブランドに関する結果は省略するが、どの場合も概ね図１のように、3つの評価間で、分布はほとんど同じになっている。以上の結果からわかるように、個々のブランドの個々の味覚要素に関して、年齢と味覚評価スコアの間に関連性はほとんど見られなかった。

2．年齢と味覚要素のクロス集計

　ここまでの分析を直観的に捉えると以下のようになる。話をわかりやすくするために「お～いお茶」ブランドについて考える。次ページの6つの図は、各味覚要素別に、各個人の年齢と味覚評価スコアを二次元の散布図にプロットしたものである。ここで、ある味覚要素について、仮に同年齢の2人の評価者が同じ評価スコアを回答した場合、散布図上の同じ座標に2つの点が重なっていることになる。

＊3　7段階の中には、その評価を与えた人が非常に少ない場合があり、年齢の分布を見る意味がない。そのためここでは、7段階を1～3, 4, 5～7の3段階（弱い、どちらでもない、強い）に集計し直したデータで箱ひげ図を作っている。

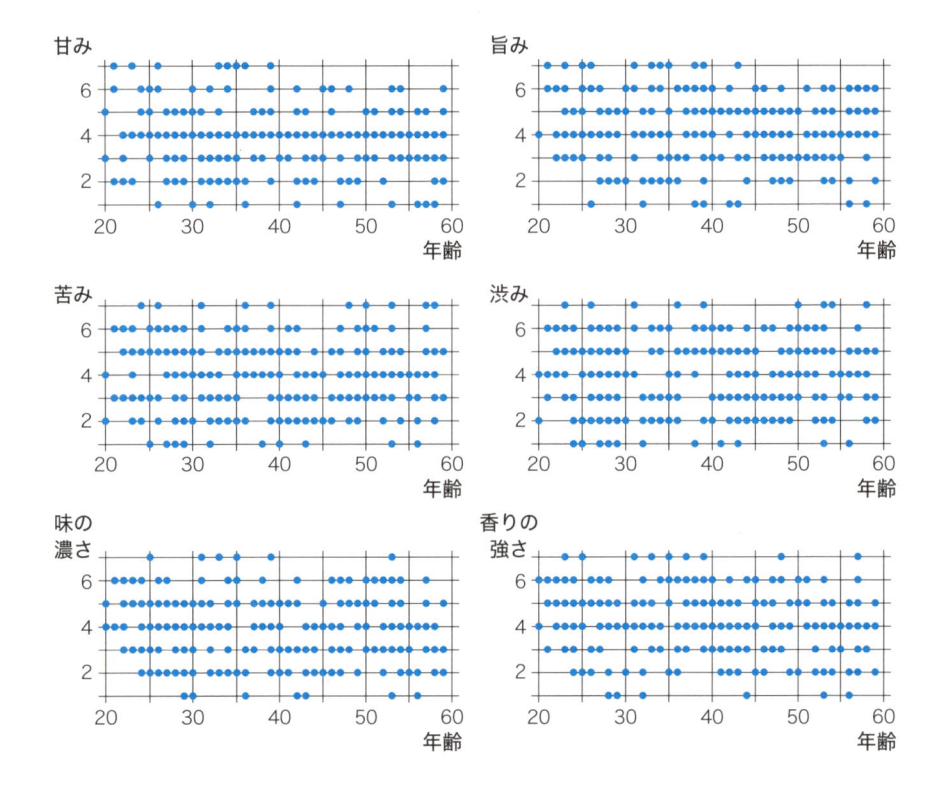

　上の図で見た相関係数や味覚評価スコアごとの年齢分布は、特定のお茶ブランドの特定の味覚要素について要約し可視化した結果である。しかしそのような集計では、年齢と味覚評価スコアに関連が見られなかった。そのため、この6つの図について、共通の横軸である年齢を4つの年代（20代、30代、40代、50代）に分け、よりシンプルな表を作ることを考える。

　具体的には、ある年代のある味覚に対する評価スコアの散らばり方を1つの数値に代表させる。そうすることで、年代×味覚（4×6＝24ブロック）のクロス集計表が出来上がる。

　例として、「お～いお茶」に関して、20代と甘みが交差するブロックの情報を1つの値に要約する作業をしてみよう。次ページの表5の第1列が、このブロック内の評価別の人数を示している。2列目の重みは味覚評価スコアそのものである。重みとは、ある基準に対してより重要であることを数値に反映させるためにかける数字のことである。ここでは甘みについての評価を示す数値を作成したいので、甘みが強いほど（甘みが強いと回答した人ほど）大きい数字をかける。第3列の重み付き得点は、人数に重みをかけたものである。

【表5：20代の「お〜いお茶」の甘み評価の結果と重み付き味覚評価スコア】

	甘み（人）	重み	重み付き得点
とても弱い	1	1	1
弱い	12	2	24
やや弱い	15	3	45
ふつう	21	4	84
やや強い	11	5	55
強い	6	6	36
とても強い	4	7	28
合計	70	28	273

　重み付き得点の合計を、重みの合計で割ったもの（273/28 ≒ 9.75）を、"重み付き平均味覚評価スコア"と呼ぶことにして、この数字を、このブロックの情報の要約値として使うことにする。"重み付き平均味覚評価スコア"の計算の仕方からわかるが、これは、「とても弱い」と評価した人は1/28というスコアを持ち、以下、より強い評価になるにしたがって、2/28、・・・、7/28というように持つスコアが上がっていき、全員が持つスコアを集計したものになる。他の年代や味覚について24通りの組み合わせに関して重み付き平均味覚評価スコアを求めると、下の表6のようになる。

【表6：「お〜いお茶」の年代×味覚要素に対する重み付き平均味覚評価スコア】

	甘み	旨み	苦み	渋み	味の濃さ	香りの強さ
20代	9.75	10.86	9.61	9.57	10.25	10.96
30代	8.89	9.57	9.64	9.71	9.14	10.04
40代	11.05	8.75	8.25	11.19	11.14	8.75
50代	10.52	11.76	8.68	8.57	8.64	8.18

　このように各ブランドごとに、年代×味のクロス集計表を作成するのではなく、4つの緑茶ブランドの味覚評価スコアをすべてまとめて、年代×味のクロス集計表を作るにはどうしたら良いだろうか。ここでは、次のような方法を採用した。

甘み	お〜いお茶	綾鷹	伊右衛門	生茶	合計(人)	重み	重み付き得点
とても弱い	1	2	2	1	6	1	6
弱い	12	7	5	10	34	2	68
やや弱い	15	12	14	15	56	3	168
ふつう	21	18	17	19	75	4	300
やや強い	11	21	19	15	66	5	330
強い	6	9	7	6	28	6	168
とても強い	4	1	6	4	15	7	105
合計	70	70	70	70	280	28	1145

上の表7では、4つのペットボトル茶ブランド一つひとつについて、20代×甘みのブロックに属する情報、すなわち評価別の人数を列挙している（第1列から第4列）。これらを評価スコア別に4ブランド分の合計をとったものが、第5列の「合計（人）」欄である。これ以降の計算は、個別のブランドと同様である。すなわち、合計欄に評価の重みをかけて、重み付き得点を計算し、その合計を重みの合計で割ったもの（$1145 \div 28 \fallingdotseq 40.89$）を重み付き平均味覚評価スコアと呼び、このブロック（20代×甘み）の要約値として使用する。同様にすべての組み合わせ（ブロック）について重み付き平均評価得点を算出したものが下の表8となる。

【表8：年代×味覚要素に対する重み付き平均味覚評価スコア】

	甘み	旨み	苦み	渋み	味の濃さ	香りの強さ
20代	40.89	44.75	40.39	40.96	44.43	44.89
30代	37.61	40.71	37.64	38.14	40.86	40.32
40代	36.64	39.75	36.25	36.85	39.36	37.85
50代	32.93	37.00	36.64	37.29	38.43	36.57

3．対応分析

表6（前ページ）や上の表8のような、年代と味覚要素の間のクロス集計表に、**対応分析**（コレスポンデンス分析）（【解説】P59を参照）にかけて可視化するのが、この節の目的である。**対応分析**（コレスポンデンス分析）は、クロス集計表の縦の項目と横の項目の関連性を可視化するのに使われることが多い。

まず、最初にすべてのブランドをまとめたクロス集計表である表8（前ページ）に対応分析を適用してみる。下の図3はその結果を示している。図の横軸及び縦軸は第1及び第2成分の値であり、年齢層と味覚要素との関係性を示している。各成分が元の関係性をどの程度説明出来ているかを示す数値を寄与率と呼ぶが、ここでは第1成分は85.4％、第2成分は14.1％であることが示されている。各成分の寄与率を合計した累積寄与率は99.4％となり、上位2つの特異値に対応する成分で充分に年齢層と味覚要素との関連性を示すことが出来る。

【図3：年代と味覚要素の間の対応分析】

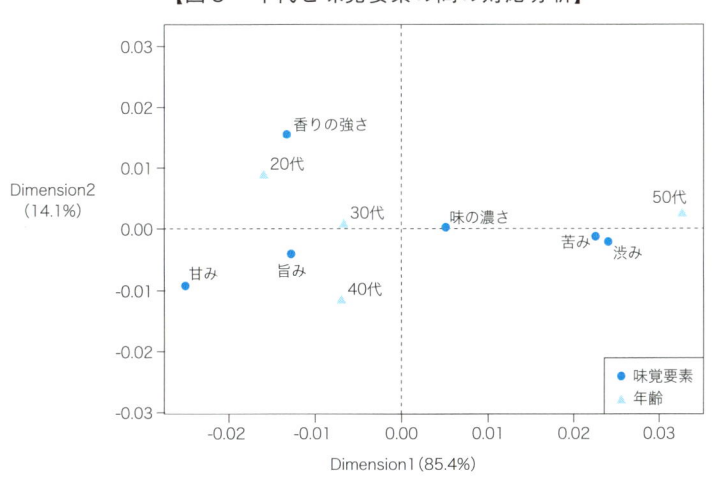

　上の図から以下のようなことが読み取れる。

- 年代別に見た時、50代は味覚に関して、40代以下の年代と大きく異なる。他の味覚に比べて相対的に（以下、単に"相対的に"と短縮する）甘みを感じることが少ない傾向があり、逆に相対的に苦みや渋みを感じる傾向が他の年代に比べて強い。
- 40代・30代・20代は、横軸（85.4％を占める第1成分）で見ると、近い位置にあるが、縦軸（14.1％を占める第2成分）方向で差が生まれている。他の味覚に比べて、香りの強さを相対的に感じることが、年代が高くなるにつれて減っていく傾向がある。
- 苦みと渋みは非常に似ているが、それ以外の味覚はお互いに離れた位置にある。
- 苦み・渋みの相対的な感じ方は50代、香りの相対的な感じ方は20代をそれぞれ特徴付ける。一方、味の濃さの相対的な感じ方に、年代による違いはあまりない。続いて、ブランド別に対応分析を行った結果が、次ページの図4である。

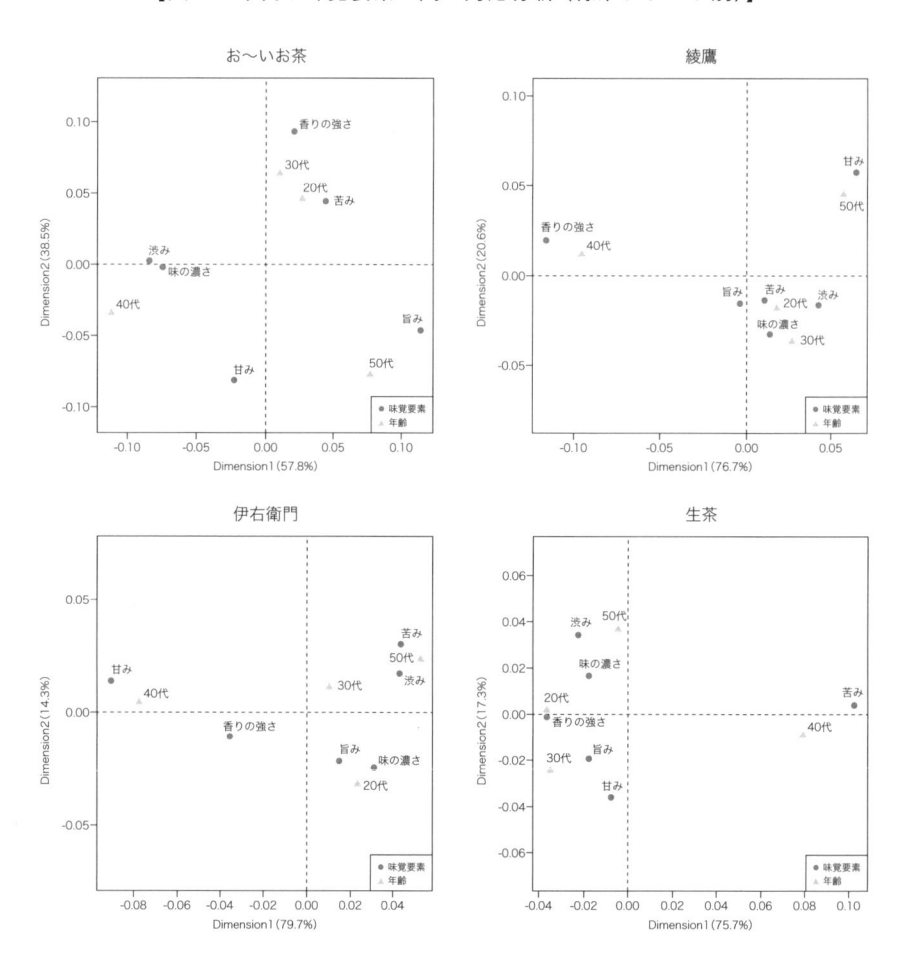

【図4：年代と味覚要素の間の対応分析（緑茶ブランド別）】

上の4つの図に共通しているのは、以下のような点である。

- 20代と30代は比較的どのブランドでも近い位置にあるが、20代・30代、40代、50代の3つグループは、かなり離れた位置にある。特に40代と50代は年齢的には近いにもかかわらず、どのブランドでもかなり離れた位置にある。加齢による味覚の変化は、40代や50代に急速に進むのではないかとの仮説が浮かび上がる。

- 甘みと香りの強さは、他の味覚要素と離れた位置にあることが多い。この2つは、他の味覚に比べて割と峻別しやすいのではないかという仮説が浮かび上がる。
  個別のブランドでは、次のようなことが観察できる。

〈お〜いお茶〉

- 第1成分の割合が他のブランドに比べて比較的低い。
- 渋みと味の濃さの位置はかなり近いが、それ以外の各味覚はどれも離れた位置にある。
- 20代・30代は、苦みや香りの強さを、40代は渋みや味の濃さを、50代は旨みを相対的に強く感じている。

〈綾鷹〉

- 甘みと香りの強さ以外は、かなり近い位置に集まっている。
- 50代が甘み、40代が香りの強さ、20代・30代がそれ以外の味覚を相対的に強く感じている。

〈伊右衛門〉

- 甘み、香りの強さ、苦み・渋み、旨み・味の濃さの4つのグループに分けられる。
- 40代は甘みを、50代は渋み・苦みを、20代は旨味・味の濃さを相対的に強く感じている。

〈生茶〉

- 苦みの位置が、他の味覚要素に比べて大きく離れている。
- 40代の人が苦みを相対的に強く感じている。

4．まとめ

- ペットボトル茶の味覚評価に関して、4つの年代（20代・30代・40代・50代）と各味覚（甘み、旨み、苦み、渋み、味の濃さ、香りの強さ）の間のクロス集計を作成し、これを**対応分析**によって可視化して整理した。

箱ひげ図

　データ分析の一つの目的は、データの要約であり、様々な要約の仕方がある。箱ひげ図は、データがどのように分布しているかを視覚的に示す便利な道具である。

　一番簡単なデータの要約は平均である。これは一つの数字でデータを「代表」させることにより、相手に簡単に情報を伝えられる反面、非常に多くの情報が失われてしまう。そこで、情報をある程度残しながら要約する方法としてよく使用されるのが、「五数要約」という方法である。データを小さい順から並べて、小さいほうから数えて四分の一の所にある（データ全体の数の四分の一の箇所にちょうど該当するものはない場合、その前後の数の平均をとる。以下同じ）ものを第一四分位数、下から二分の一、つまりちょうど真ん中にあるものを第二四分位数（または、中央値）、下から四分の三の所にあるものを第三四分位数と呼ぶ。これら3つの数字と、最小値、最大値の5つの数字をまとめて提示することを五数要約と呼ぶ。

　箱ひげ図は、五数要約を図示したものである。特に、比較したい複数のデータについて、それぞれの箱ひげ図を作り、並べて書くことで、それぞれのデータの分布にどのような違いがあるかを視覚的に表現することが出来る。

　まず、箱ひげ図を作ることから始めてみよう。ここでは、統計解析のソフトRに同梱されている標準データセットであるInsectSpraysを使用し箱ひげ図の作成をしてみる。InsectSpraysは複数の殺虫剤を用いた農業試験場での死んだ虫の数を調査したものである。A・B・C・D・E・Fの6種類の殺虫剤についてそれぞれ12回ずつ実験を行い、農業試験場で発見された死んだ虫の数を記録している。変数countには発見された死んだ虫の数が、変数sprayには使用された殺虫剤の種類が格納されている。下の表1は12回の実験で発見された死んだ虫の数の五数要約(最小値・第一四分位点・中央値・第三四分位点・最大値)を殺虫剤の種類ごとにまとめたものである。

【表1：InsectSprays における死んだ虫の数の五数要約】

	A	B	C	D	E	F
最小値	7	7	0	2	1	9
第一四分位数	11.5	12.5	1	3.75	2.75	12.5
中央値	14	16.5	1.5	5	3	15
第三四分位数	17.75	17.5	3	5	5	22.5
最大値	23	21	7	12	6	26

下のCode 1は、Rでの箱ひげ図の作成に使用したコードである。boxplot関数にデータを与えることで、箱ひげ図を出力する。data=InsectSpraysとして対象データの指定を行い、count ~ sprayとしてsprayの種類別にcountについての箱ひげ図を作成した結果である。

【Code 1】

```
boxplot(data=InsectSprays, count ~ spray)
```

【図1：Rにより作成した箱ひげ図】

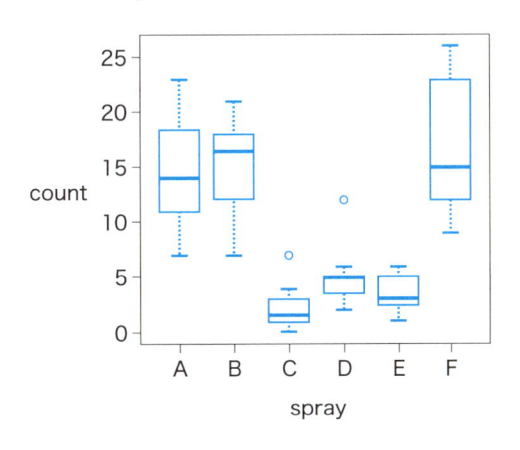

上の図1の結果を見てみよう。長方形の部分を「箱」と呼ぶ。箱の下底が第一四分位数、箱の中の太線が中央値(第二四分位数)、箱の上底が第三四分位数になる。白い丸が外れ値（他のデータに比べて、非常に大きかったり小さかったりするデータ）である。どの程度、大きい（あるいは小さい）データを外れ値とするかについては、様々な基準がある。Q_1：第一四分位数、Q_3：第三四分位数とした時に、IQR=Q_3-Q_1を四分位範囲偏差と呼ぶが、$Q\_1-1.5 \times IQR$ より小さいデータや、$Q\_3+1.5 \times IQR$を超えるデータを今回は外れ値としている。

箱の上下に伸びている点線ので描かれた部分を「ひげ」と呼ぶ。「ひげ」の描き方にもいくつかのルールがある。今回は、外れ値がない場合(A,B,E,F）は、ひげの端がそれぞれ最大値、最小値になるように、また、外れ値がある場合（C,D）は、外れ値を除いたものの中で、最大値、最小値をひげの端としている。各殺虫剤の効果を見る場合、平均値だけでも、A, B, Fの殺虫剤の効果がC, D, Eに比べて高いことは、おおよそわかるが、箱ひげ図を見ることで、全体の分布としても前者のほうが後者に比べて優れている（例えば、外れ値以外では、後者のグループで一番良い

ケースでも、前者の一番悪いケースに劣っている）ことがわかる。

　下のCode 2は、Python用の箱ひげ図作成コードである。今回の分析で扱うライブラリをimport関数によって呼び出す。ライブラリがインストールされていない場合は、pip install関数によってインストールする。pydatasetはPythonでRのデータセットを使用するためのライブラリ、seabornはグラフや図を描写するためのライブラリである。

　data関数によってpydatasetからInsectSpraysのデータを呼び出し、変数insectに格納する。sns.boxplot関数によって、引数yに指定したデータの箱ひげ図を、引数xに指定した要素ごとに作成した結果が、下の図2である。

【Code 2】

```
!pip install pydataset
from pydataset import data
import seaborn as sns

insect = data("InsectSprays")
sns.boxplot(x="spray", y="count", data=insect)
```

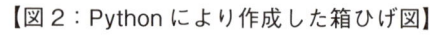

【図2：Pythonにより作成した箱ひげ図】

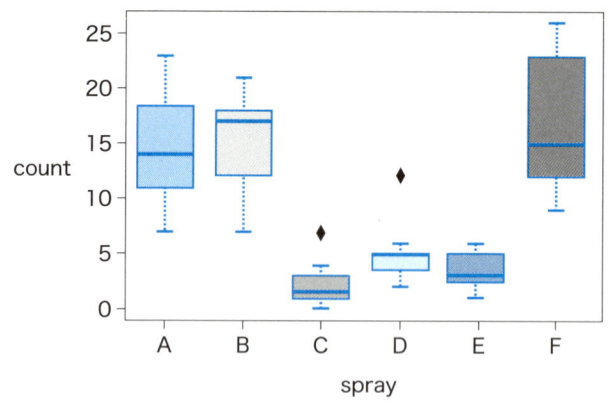

対応（コレスポンデンス）分析

コレスポンデンス分析が何をしようとしているかについては、いくつかの見方があるが、使い方としてはクロス集計表の縦方向のデータと横方向のデータの関連性を視覚化するための道具として使われることが多い[*1]。

ここでは、Rに内在するデータセットであるHairEyeColorを用いて説明する。HairEyeColorはデラウェア大学の統計学生592人の髪色・目の色・性別の分布を調査したものである。髪色はBlack・Brown・Red・Blond、目の色はBrown・Blue・Hazel・Greenの各4種別である。下の表1は男性、表2は女性のクロス集計表である。クロス集計表では、横方向の選択肢（表の左端のラベルであり、表1及び表2における髪色）は表側、縦方向の選択肢（表の最上段のラベルであり、表1及び表2における目の色）は表頭と呼ばれる。

【表1：HairEyeColor における男性のクロス集計表】

	Brown	Blue	Hazel	Green
Black	32	11	10	3
Brown	53	50	25	15
Red	10	10	7	7
Blond	3	30	5	8

【表2：HairEyeColor における女性のクロス集計表】

	Brown	Blue	Hazel	Green
Black	36	9	5	2
Brown	66	34	29	14
Red	16	7	7	7
Blond	4	64	5	8

コレスポンデンス分析を用いて、データセットHairEyeColorにおける髪色と目の色の関連性を図示することが出来る。

コレスポンデンス分析での最終的な図示までの手順や図のバリエーションには様々なものがあるが、一つの手順は次ページのようになる。

[*1] 数量化3類と呼ばれる手法があり、本質的には同じ分析であることが知られている。https://service.nikkei-r.co.jp/glossary/quantification-category-3 が、参考になる。

（1）クロス集計表を3つの表(左、真ん中、右)の積で表現する（特異値分解と呼ばれる手法を使う。真ん中の表の値は特異値と呼ばれ、他の2つの表において対応する値の重要度を示す。）。分解というのは、この3つの表(行列)を掛け算すると、元の表が再現されるためである。

（2）大きな特異値に対応する部分だけ使って、元の表を再現しても、ほぼ似たような表が出来ることが多い。特に、大きさ順に上から2つの特異値で充分近似出来ることもよくある。2つの大きな特異値に対応する左右の表の要素を成分と呼ぶ。1番大きな特異値に対応するものを第一成分、2番目に大きな特異値に対応するものを第二成分と呼ぶ。

（3）結果的に、横方向の選択肢一つひとつ（例えばBlack）には、第一成分と第二成分の2つの成分が付与され、縦方向の選択肢一つひとつ（例えばBrown）にも第一と第二の2つの成分が付与される。重要な点は、ある横の選択肢（例えばBlack）とある縦の選択肢（例えばBrown）が似たような成分を持つと、元の表の対応する箇所（2つの選択肢が交わる箇所）も大きくなる、つまり関連性が高くなるようになっている点である。

（4）標準化した第一成分と第二成分を、それぞれX軸、Y軸にとることで、縦の選択肢、横の選択肢の一つひとつを点とする散布図が描ける。これによって、縦の選択肢と横の選択肢の関連性が図によって表現出来る。

　対応分析は、縦の選択肢と横の選択肢の関連性に関してある程度の知見を得られる点、特に二次元による可視化で人にわかりやすく情報を伝えられるという点で役に立つ。しかし、標準化された成分が何を意味するかについては、主成分分析における主成分と同様、あるいはそれ以上に解釈が難しい。（主成分分析は対応分析と似た方法を用いる手法であるが、その目的には違いがある。対応分析は成分が何を意味するかよりも選択肢間の関係性「図における距離」に興味がある一方で、主成分分析は選択肢間の関係性をそれらの選択肢が共通して持つ成分の意味によって説明することに興味があるという違いがある。）

　ここからは、データセットHairEyeColorを使用し、対応分析の手法についてRとPythonの両方のプログラミングで実施してみよう。

```
install.packages("ca")
library(ca)
dat <- apply(HairEyeColor, c(1,2), sum)
dat.ca <- ca(dat)
plot(dat.ca)
legend("bottomright",
        legend=c("Hair","Eye"),
        pch=c(16,17),
        col=c("blue","red"))
```

　Code 1はRでの対応分析に使用したコードである。今回の対応分析ではcaパッケージを用いるため、library関数によってパッケージを呼び出す。パッケージがインストールされていない場合はinstall.packages関数によってインストールする。

　今回は性別を考慮せず髪色と目の色の関係性を視覚的に把握するため、P59の表1と表2を足し合わせたものを変数datに格納する。apply関数は行列型やデータフレーム型のデータの各行、各列に対して同種の演算を一括に行うための関数である。第1引数にはデータを代入する。第2引数には1か2または両方を与え、演算の対象を指定する。1であれば第一次元、2であれば第二次元、c(1,2)であれば両方の次元を固定して演算を行う。第3引数には適用する演算を与える。"sum"は、合計する演算なので、この場合は、髪色と目の色の一つひとつを組み合わせたものに対し、性別に関して合計をとっている。出来上がった、datはP59の表1と表2を合算したものであり、下の表3のようになっている。

【表3：HairEyeColor における男女合計のクロス集計表】

	Brown	Blue	Hazel	Green
Black	68	20	15	5
Brown	119	84	54	29
Red	26	17	14	14
Blond	7	94	10	16

ca関数によって対応分析を実行し、変数datに対応分析を施した結果を変数dat.caに格納している。結果として、髪色（Black・Brown・Red・Blond）と目の色（Brown・Blue・Hazel・Green）、それぞれについて、第一成分と第二成分が与えられている。例えば、Blackという選択肢には、2つの値（第一成分と第二成分）があることになる。

　X軸に第一成分をとり、Y軸に第二成分をとると、各選択肢（縦横で合わせると8つの選択肢がある）を点とする散布図が出来上がる。この描画を行っているのが、plotである。legend関数によって凡例を追加している。下の図1が、plotの結果である。

【図1：Rによる対応分析の結果】

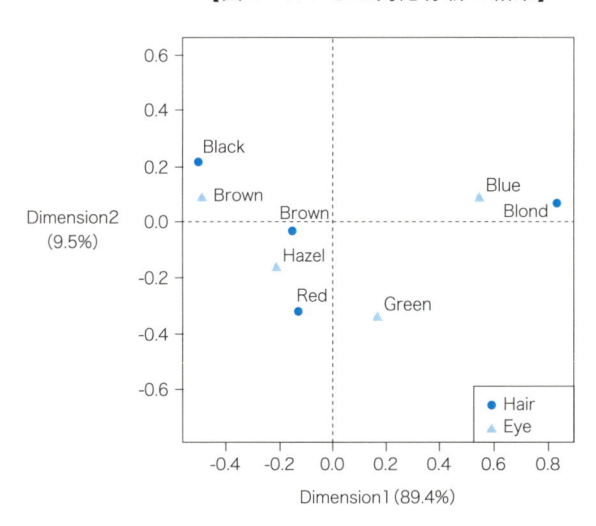

　結果を見てみよう。各座標に記してある％は、各特異値の2乗（固有値という）の全体に占める割合（寄与率という）をパーセント表示したものであり、最初の固有値だけで89.4％、2つ合わせるとほぼ100％近い。よって、髪色と目の色の関連性を探るには、2つの特異値、特に最初の特異値に関連する成分（X軸の値）を見れば充分であることがわかる。X軸方向の各選択肢の位置に注意して見てみると、髪色のBlackと目の色のBrown、また髪色のBrown、Redと目の色のHazelがかなり近い位置にあることがわかる。これらほどではないが、髪色のBlondと目の色のBlueも、それなりに近いこともわかる。

【Code 2】

```
!pip install pydataset
from pydataset import data
import pandas as pd
import matplotlib.pyplot as plt
!pip install mca
import mca


hec = data("HairEyeColor")
dat = pd.crosstab(index=hec["Hair"],
                  columns=hec["Eye"],
                  values=hec["Freq"],
                  aggfunc="sum")
dat_ca = mca.MCA(dat, benzecri=False)
rows = dat_ca.fs_r(N=2)
cols = dat_ca.fs_c(N=2)


fig, ax=plt.subplots(figsize=(6,6))
ax.scatter(rows[:,0], rows[:,1], c='blue', marker='o',
s=50)
labels = dat.index.values
for label,x,y in zip(labels,rows[:,0],rows[:,1]):
    ax.annotate(label, c="blue", xy = (x, y), fontsize=15)


ax.scatter(cols[:,0], cols[:,1], c='red', marker='^',
s=50)
labels = dat.columns.values
for label,x,y in zip(labels,cols[:,0],cols[:,1]):
    ax.annotate(label, c="red", xy = (x, y), fontsize=15)


ax.legend(["Hair","Eye"], loc="lower right")
ax.axhline(0, color="black", linestyle="dotted")
ax.axvline(0, color="black", linestyle="dotted")
plt.show()
```

前ページのCode 2は、Python用の対応分析コードである。pandasは主としてデータフレームを扱うためのライブラリである。また、matplotlibはグラフや図を描写するためのライブラリであり、対応分析を行うためのライブラリがmcaである。

data関数によってpydatasetからHairEyeColorのデータを呼び出し、変数hecに格納する。性別を考慮しない、髪色と目の色のクロス集計表を変数datに格納する。pandasのcrosstab関数はクロス集計分析を行うための関数であり、引数indexに行データ、引数columnsに列データ、引数valuesに処理対象の値データ、引数aggfuncに処理内容を与えることでクロス集計表を作成出来る。

MCA関数によって対応分析を行い、変数datを計算した結果を変数dat_caに格納する。変数rowsには表側、変数colsには表頭の結果データを格納する。

計算結果をグラフに描写する。plt.subplots関数にて、描写するグラフのサイズを指定する。ax.scatterにより、rowsとcolsを散布図として描写する。変数labelsに表頭や表側のラベルをvalues関数にて読み取り格納する。for文とax.annotate関数によって、描写した散布図の点に注釈を付加する。ax.legend関数にて凡例を追加し、ax.axhline関数にて水平の軸、ax.axvline関数にて垂直の軸を描写する。

下の図2は、plt.show関数によって作成したグラフを描写したものである。P62の図1とは、第二主成分の符号が逆になっているので、上下が反対になっているが、各選択肢の位置関係の把握には本質的な問題ではない。

【図2：Pythonによる対応分析の結果】

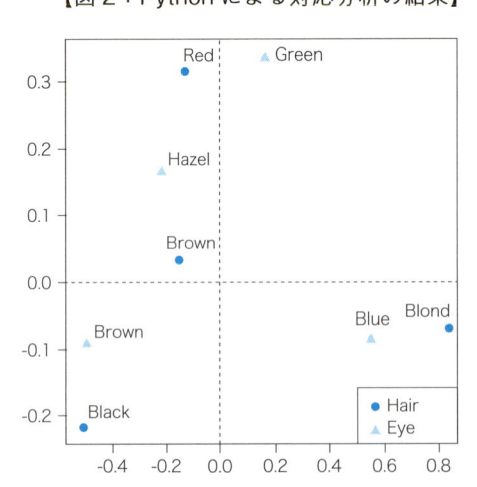

第 4 章

事 例

生活時間の分析
～可視化、主成分分析を知る～

生活時間の分析

　1日が24時間ということは人間誰しもに平等だ。しかし、その使い方は国・地域・人によって様々である。例えば、日本人が先進国の中で睡眠時間が少ないことはよく知られている。

　OECDの2011年のデータでは、日本人の平均睡眠時間は7時間22分で加盟国のうち最下位であり、全体平均の8時間24分とは約1時間の差がある。余暇に使う時間も比較的少ない。

　下のグラフは、同じOECDのデータから年間の余暇に使う時間を棒グラフにしたものだ。日本は30ヶ国中下から数えて7位であり、これはワーク・ライフ・バランスの充分な実現にはまだ至っていないことを示している。

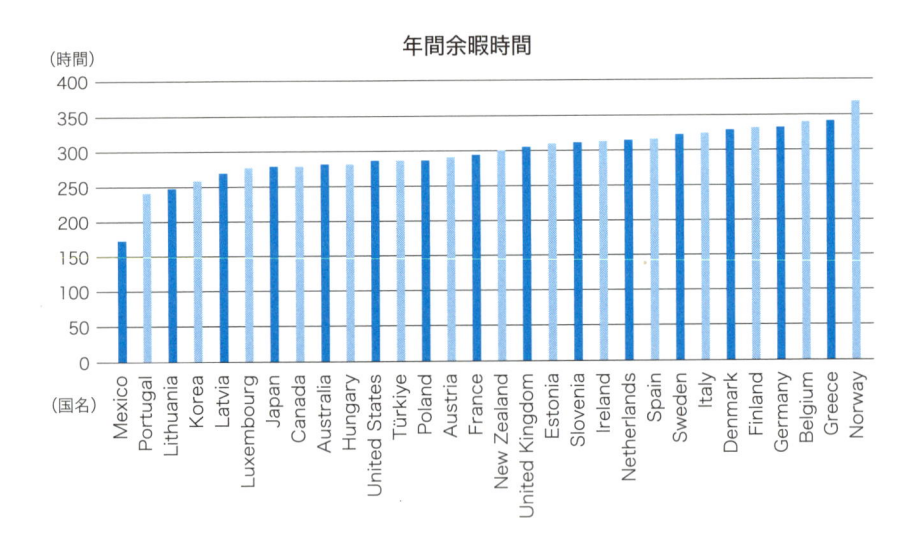

年間余暇時間

　睡眠時間が短いことや、ワーク・ライフ・バランスが充分に実現出来ていないことは休息を確保出来ずに働き過ぎているという点で問題である。生活時間に関するデータは、「睡眠時間」の確保や「ワーク・ライフ・バランス」の問題を検証するためには不可欠のデータである。そのデータを分析することにより近年盛んに提唱されている「EBPM」（Evidence Based Policy Making、証拠に基づく政策立案）に繋がることが出来る。

総務省統計局は「社会生活基本調査」で都道府県別に生活時間について調査を行っている。国が時間とお金をかけてこのような大規模な調査（令和3年度の調査では約17万人が対象となっている）を行っていること自体が生活時間の調査の持つ重要性を示している。

　民間企業においても、消費者の生活時間を知ることは、何を消費者が求めているのかを知る一つの材料となる。多くの場合、商品やサービスの提供にあたっては、分析対象に関してより精緻な情報が必要になり、特に個票（一人ひとりの回答）の分析が必要になる。

　残念ながら「社会生活基本調査」の匿名化された個票の使用は、2022年時点では、学術研究や高等教育のためにしか認められていない。そのため、民間企業がこのような情報を得るには別個の調査が必要になる。

　この章ではワーク・ライフ・バランスの実現に関係してくる自由時間の使い方や、人間誰しもに必要な睡眠・食事について、各都道府県・地域、あるいは男女で差があるかどうかを見ていく。

1．データと分析の目的

　今回使用したデータである「社会生活基本調査」の目的は国民の社会生活の実態を明らかにするための基礎資料を得ることである。1976年以降5年ごとに行われており、直近では2021年に実施されている。調査対象は10歳以上の日本国民で、公表されている資料は生活行動や生活時間など多岐にわたっている。

　今回分析で用いるデータは、総務省統計局が公表している元のデータ（https://www.stat.go.jp/data/shakai/2016/kekka.html）ではなく、「社会生活基本調査」で得られたデータを元に独立行政法人統計センターが前処理を施した後のデータである、SSDSE（教育用標準データセット：Standardized Statistical Data Set for Education）である。（第1章【解説】オープンデータ P18 を参照）欠測データがなく、カラム名が整理されているので初心者にとっても使いやすいデータとなっている。（次ページの図1を参照）

平成28年社会生活基本調査 生活行動−地域(調査票A) 第70−2表 男女,学習・自己啓発・訓練の種類別行動者率(10歳以上)−全国,都道府県					サンプルサイズ	推定人口	行動者率 学習・自己啓発・訓練の種類	行動者率 学習・自己啓発・訓練の種類	行動者率 学習・自己啓発・訓練の種類	行動者率 学習・自 訓練の種
							0_総数	1_外国語	11_英語	12_英語 外国語
男女	地域区分	人口集中地区・人口集中地区以外	Japan DIDs,Japan Non-DIDs			(千人)	(%)	(%)	(%)	(%)
0_総数	00_全国	0_総数	0_Total		179,297	113,300	36.9	12.9	11.9	
0_総数	00_全国	1_人口集中地区	1_DIDs		94,731	80,361	39.5	14.8	13.6	
0_総数	00_全国	2_人口集中地区以外	2_Non-DIDs		84,566	32,939	30.7	8.4	7.8	
0_総数	01_北海道	0_総数	0_Total		4,860	4,756	31.0	10.2	9.3	
0_総数	01_北海道	1_人口集中地区	1_DIDs		3,602	3,758	32.5	11.2	10.2	
0_総数	01_北海道	2_人口集中地区以外	2_Non-DIDs		1,258	998	25.4	6.5	5.9	

SSDSE-D-2021	2016年	Prefecture	MA00	MB00	MB01	MB011	MB012	MB02	MB021
男女の別	地域コード	都道府県	推定人口(10歳以上)	0_学習・自己啓発・訓練の総数	1_外国語	11_英語	12_英語以外の外国語	2_商業実務・ビジネス関係(総数)	21_パソコンなどの情報処理
0_総数	R00000	全国	113300	36.9	12.9	11.9	3.4	16.2	12.5
0_総数	R01000	北海道	4756	31.0	10.2	9.3	3.0	13.1	10.9
0_総数	R02000	青森県	1152	24.8	6.3	6.0	1.5	10.1	7.9
0_総数	R03000	岩手県	1135	29.0	7.3	6.5	2.0	11.7	9.1

上：社会生活基本調査 / 平成 28 年社会生活基本調査 / 調査票 A に基づく結果 生活行動に関する結果 生活行動編（地域）学習・自己啓発・訓練 /70-2

下：SSDSE- 社会生活（SSDSE-D-2021）

　SSDSE は、データ分析の汎用素材として教育用に公開されている統計データで、今回使用するデータはその中でも SSDSE-社会生活（SSDSE-D）に該当するデータ*1 である。

　2021 年度版の SSDSE-D のダウンロード方法を説明する。SSDSE のダウンロードサイト（https://www.nstac.go.jp/SSDSE/）で、「過去の SSDSE」のボタンを押し（押さずに下にスクロールすれば最新年度版をダウンロード出来る）、「SSDSE-社会生活（SSDSE-D）」の項目から CSV のデータを選択する。その右に置かれている「SSDSE-D の解説」もダウンロードし、参照しながらデータの出典や単位などを確認することが望まれる。なお、本書中では、「SSDSE-D の解説」については、分析を行う前に確認を行った所にのみ触れることとする。

　解説を見ると 1 ページの「データのレイアウト」にてデータの概要を確認出来る。ここで注目する場所は大きく 2 ヶ所ある。1 つ目は行である。性別で分けてい

＊1　今回使ったのは、2021 年度の SSDSE-D であり、これは 2016 年度の「社会生活基本調査」に基づいて作られている。同調査は 5 年ごとに行われ、現時点で最新の調査は、2021 年度の調査になる。最新の調査結果で、どう今回の分析結果が変化するか興味深い。

るものと、まとめているものの３つの分類がある。２つ目は列である。今回の分析に使うのにふさわしい列はどれであるのかを見る。なお、各分析に使用した列は、それぞれの分析の所で触れることとする。

　２ページ以降の内容から今回使用するデータの概要について把握出来る。中身を確認してみると、収録されているデータは３種類（生活行動・生活時間・平均時刻）であることがわかる。これらはそれぞれ率や時刻で収録されているため、一度に分析をすることは難しいということも把握出来る。また、2021年版と記載があるが中のデータは2016年に行われた「社会生活基本調査」の内容であるということも確認するべき内容である。その他にも属性の分類の基準は何か、といったことを理解することが出来る。

　今回の分析の目的は、人々の生活時間の使い方の特徴を調べ、都道府県別・男女別でどのような違いがあるのかを知ることである。そのために行った分析は以下の通りである。

　最初に、先ほど紹介したSSDSE-社会生活（SSDSE-D）の中から、「生活行動」（自由時間に何をしているか）に関する中分類の項目「0_学習・自己啓発・訓練の総数」、「00_スポーツの総数」、「00_趣味・娯楽の総数」、「00_ボランティア活動の総数」、「0_旅行・行楽の総数」を選び、これらについて各都道府県別の差があるかどうかを考察した。

　これら5つの項目は「総数」とついているが、データの値は10歳以上の集計対象が各項目について行動を行った人数を全対象者で割った割合である。したがって、わかりやすくするためこれらの項目は、本書では「総数」ではなく「割合」として記述する。

　基本統計量を求め、可視化を行うと共に、5つの項目(変量)を整理・統合するための統計的な手法である「**主成分分析**」（【解説】P84を参照）を適用して、分析のための視点を洗い出した。続けて、都会度を計る指標と主成分分析の結果とを組み合わせて、都道府県別の特徴を別の面から探る。

　次に、男女間の生活時間の使い方にどのような差があるかを探る。SSDSE-社会生活（SSDSE-D）の中から、「平均時刻」（何時に何をしているかを、調査対象内で平均をとったもの）を全国レベルで見て、男女間でどのような違いがあるかを調べた。また、SSDSE-社会生活（SSDSE-D）のボランティア活動（割合）を、都道府県ごとに散布図に表すことで、性別による違いを都会度の指標と組み合わせて分析した。

２．都道府県別生活行動の概要

　各項目の概要について紹介する。各項目における最小値、最大値、平均値は下の表1のようになった。

【表１：各項目の記述統計】

	学習・自己啓発・訓練	スポーツ	趣味・娯楽	ボランティア	旅行・行楽
最小値	24.80	56.00	80.30	20.60	52.40
平均値	34.04	66.73	85.34	27.90	71.01
最大値	46.20	75.70	90.60	33.90	78.50
分散	18.56	12.59	6.60	12.34	28.27

　記述統計を見ると、「趣味・娯楽」の割合が高くどの都道府県の人も趣味・娯楽に時間を使っていることがわかる。「ボランティア」の割合は多くても約34％となっていて多くても３人に１人の割合でしかボランティアを行っていないということがわかる。分散を見ると「旅行・行楽」は値が大きく都道府県によって差があることがわかる。逆に「趣味・娯楽」は分散が小さく都道府県による割合の差は小さい。

　次に各項目について**可視化**（【解説】P82を参照）し、特徴を把握する。可視化を行うことにより基礎統計ではわからなかった各項目の分布や、変数間の関係を視覚的に理解出来るようになる。可視化した結果が次ページの図２である。

　この図の見方について説明する。上側と右側に５つの項目名があるが、その項目が交わった所に相関係数や散布図・ヒストグラムが作成されている。同じ項目同士では散布図を描くと見た目が相関係数１の直線になるので項目が同じ時はヒストグラムが描かれている。

　ある項目ともう一つの項目がそれぞれ逆になっている所、例えば「スポーツとボランティア」と「ボランティアとスポーツ」は散布図の形が同じであるため片方は散布図が、もう片方は相関係数が書かれている。

　次ページの図２から「学習・自己啓発・訓練とスポーツ」や「学習・自己啓発・訓練と趣味・娯楽」は散布図がきれいな右上がりになっていて強い正の相関があることがわかる。「ボランティアとスポーツ」は散布図で分布の傾向が読み取りにくく相関があまりないと言える。

【図２：各項目の相関係数と散布図・ヒストグラム】

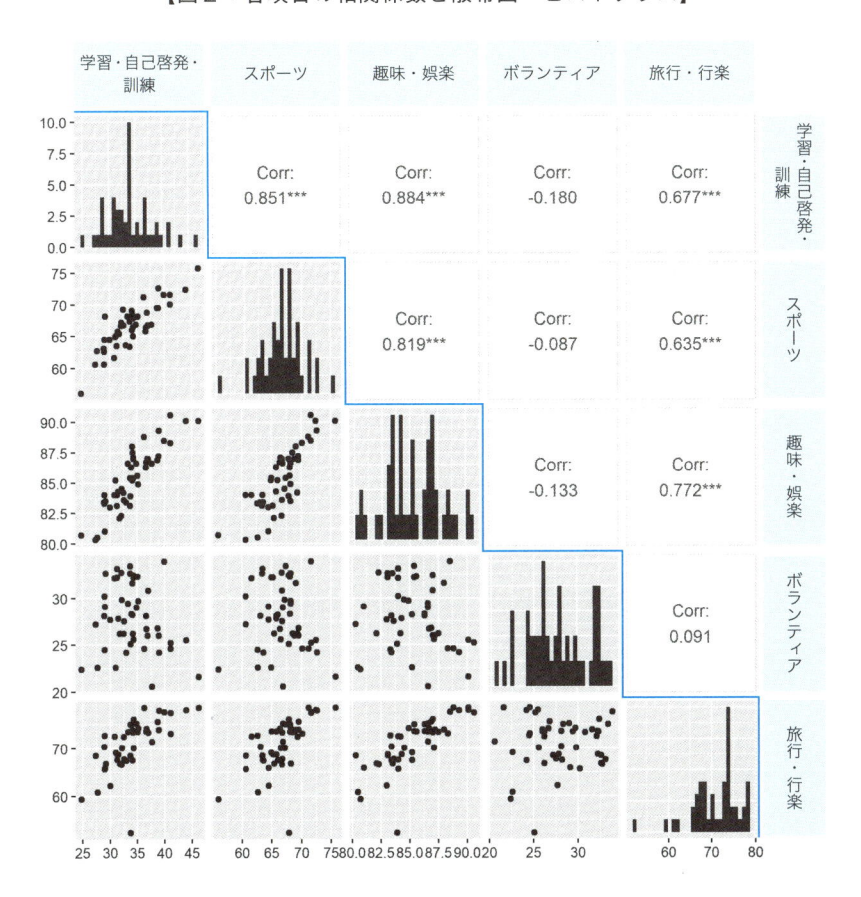

　ヒストグラムを見ると「旅行・行楽」は最小値の都道府県が離れていて分散が大きくなったことや「学習・自己啓発・訓練」や「スポーツ」は平均値あたりに分布している都道府県が多いことが確認出来る。

3．都道府県別生活行動の主成分分析

　前節では、「0_学習・自己啓発・訓練の割合」、「00_スポーツの割合」、「00_趣味・娯楽の割合」、「00_ボランティア活動の割合」、「0_旅行・行楽の割合」の５つの項目を個別に（基本統計量）、あるいは２つを組み合わせて（相関）分析することで、各都道府県の特徴を概観した。

　これら５つの項目（変数）をさらに統合し、図解しやすい１個や２個の（統合さ

れた）変数で、各都道府県の特徴を浮かび上がらせたい。この目的のために、「主成分分析」という手法を用いることにする。

　より詳しい説明は、【解説】**主成分分析**（P84〜87）に譲るが、例えば、前ページの5つの変数をX1,…,X5とした時に、これらにそれぞれ、a1,…,a5をかけて総和をとる（線形結合という）と新しい変数Y（第1主成分）が生まれる。

　Y = a1*X1+ a2*X2+ … +a5*X5

　この新しく作成した変数により、各都道府県の特徴がよりはっきり浮かび上がれば大変便利である。もし、1つの統合変数で足りなければ、もう1つの統合変数（第2主成分）を追加してみて、2つの新しい変数で各都道府県の特徴を捉える。多数の変数を見る必要がなくなり、1つもしくは2つの変数だけを見ればよくなるので、基本統計量や可視化も省力化出来る。

　残念ながら、このような統合変数がいつも見つかるとは限らない。場合によっては、第1、第2主成分では足りず、理解するために必要な主成分の数が元の変数と同じ数になることもある。

　ただ多くの場合において、主成分分析は少数の統合変数で個体（今回の場合は、各都道府県）の特徴を浮かび上がらせることが出来る。

【表2：各項目の主成分】

	PC1	PC2	PC3	PC4	PC5
学習・自己啓発・訓練	-0.54	-0.28	0.38	-0.62	-0.32
スポーツ	-0.42	-0.16	0.46	0.76	-0.09
趣味・娯楽	-0.32	-0.08	0.07	-0.12	0.93
ボランティア	0.029	0.85	0.51	-0.11	0.03
旅行・行楽	-0.66	0.41	-0.61	0.08	-0.14
標準偏差	7.33	3.79	2.68	1.46	0.94
寄与率	0.69	0.18	0.09	0.03	0.01
累積寄与率	0.69	0.87	0.96	0.99	1.00

　主成分分析を行うと上の表2のような結果になる。分析に必要な主成分の数は考えずに、一旦PC 1（第1主成分）からPC 5（第5主成分）まで求めている。PC 1の列を縦に見ていくと-0.54、-0.42といった5つの数字が並んでいるが、これが上記のa1,…,a5に該当する。

　標準偏差は、主成分得点（新しい統合変数に関する各都道府県の値）の標準偏差

であり、寄与率はそれぞれの統合変数がどれくらい都道府県の特徴を捉えているかを示す（詳しくは【解説】**主成分分析**P84 ～ P87を参照）。この値が大きいほど、特徴を捉えていると判断出来る。第1主成分だけでは不充分な時は第2主成分を使うことになるが、こちらも縦に該当する係数a1,…,a5、標準偏差、寄与率が並んでいる。

　第1主成分は「ボランティア」の値はほぼゼロになり、それ以外の項目はすべて負の値となった。その中でも「旅行・行楽」や「学習・自己啓発・訓練」の絶対値が大きくなった。寄与率は約0.69で全体の7割近くを第1主成分で表現出来ている。

　第2主成分は「ボランティア」と「旅行・行楽」の値が正で他の項目は負の値となった。「ボランティア」の値が大きく、「趣味・娯楽」は負の値ではあるがほぼゼロになった。第2主成分の寄与率は0.18であり、第1主成分と第2主成分で累積寄与率は0.87であったため、全体の8割5分以上を表現出来ている。そのため第2主成分までを使うことにする。

　主成分分析の結果を図示したのが下の図3である。青い矢印は主成分負荷量を示している。PC1に関する負荷量を横軸に、PC2に関する負荷量を縦軸にとっている。これによって、各変数と新しく作られた2つの統合変数（主成分得点）の間の相関関係がわかる。

【図3：第1・第2主成分及び主成分得点】

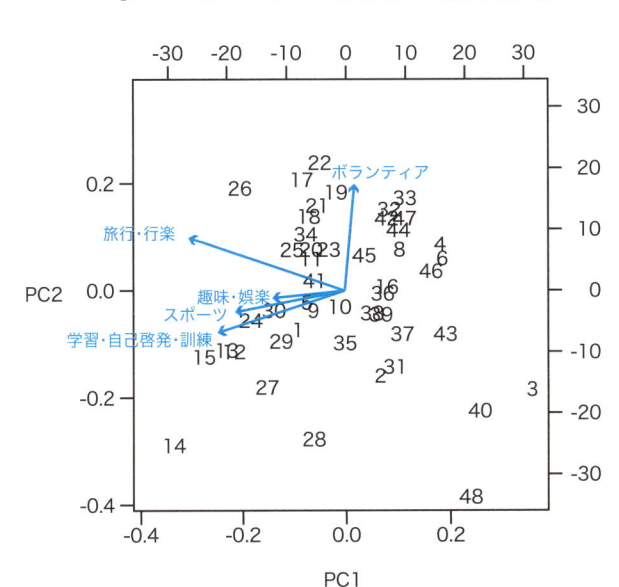

数字は都道府県ごとに主成分得点を計算し、下の表3の都道府県番号をその得点ごとの位置に記載した（都道府県番号は総務省が指定している都道府県番号とは異なることに注意）。

　主成分得点は第1主成分が横軸で目盛りはグラフの上に書いてある。第2主成分は縦軸で、目盛りはグラフの右に書いてある。

【表3：都道府県と番号の対応表】

1	全国	2	北海道	3	青森県	4	岩手県	5	宮城県	6	秋田県
7	山形県	8	福島県	9	茨城県	10	栃木県	11	群馬県	12	埼玉県
13	千葉県	14	東京都	15	神奈川県	16	新潟県	17	富山県	18	石川県
19	福井県	20	山梨県	21	長野県	22	岐阜県	23	静岡県	24	愛知県
25	三重県	26	滋賀県	27	京都府	28	大阪府	29	兵庫県	30	奈良県
31	和歌山県	32	鳥取県	33	島根県	34	岡山県	35	広島県	36	山口県
37	徳島県	38	香川県	39	愛媛県	40	高知県	41	福岡県	42	佐賀県
43	長崎県	44	熊本県	45	大分県	46	宮崎県	47	鹿児島県	48	沖縄県

　次に各主成分についてどのようなことを表しているか解釈を行う。解釈を行うためにそれぞれの項目（変数）がどのような活動であるかを改めて考える。

「学習・自己啓発・訓練」は資格取得やスキルアップなどのために行われる。学生はテスト勉強や受験勉強、資格取得などのためにこのようなことに時間を使う。社会人は資格取得や、自分をより高い段階へ成長させるためにこのような活動を行う。よって、自分のためにする行動という側面が非常に強い。

「スポーツ」は、一般の人であれば、健康維持や気分転換として行うことが多い。部活やプロのスポーツ選手では、大会で良い成績を残すことや自己ベストを出すことが目的となることが多い。その観点では、自分のためという側面は強いが、チームスポーツにおける他人との関わりや、同じスポーツをするもの同士の連帯感などは、他人とのふれあいという側面があることを示している。

「趣味・娯楽」も、「スポーツ」と同様である。自らの楽しみのために時間を使うことが多いが、同じような趣味を持つ人との交流や、話のネタという面では、他人との関わりの側面もそれなりにある。

「旅行・行楽」は、家族や友人と旅行する場合のように、他人と楽しみを共有する

ことが主目的の場合も多いが、一方で一人旅のように自分が行きたい場所に行くこともあるため、自分のための活動となることもある。

「ボランティア」は活動の幅は様々であるが、多くの場合、社会や地域、特に誰かの役に立ちたいという動機から行われることが多い。もちろん、そこから得られる満足感や充実感を考えれば、最終的には自分のためという側面もある。

このようなことから各主成分をどのように解釈できるかを考察する。第1主成分は「自分のための活動」であると解釈できる。P72の表2のように、「ボランティア」のみが他の項目と正負が異なっている。P73の図3を見ると「ボランティア」だけが第1主成分得点と相関がないことがわかる。

第2主成分は、他人との関わりが深い活動であると解釈できる。P73の図3を見ると、「ボランティア」が第2主成分得点と一番強い正の相関があり、「旅行・行楽」も弱い正の相関がある。一方で、それ以外の項目はゼロに近い相関になっているので、「他人との関わり合いが深い活動」と名付ける。

結果として、最初の5つの項目（変数）を2つの新しい統合変数、「自分のための活動」と「他人との関わり合いが深い活動」にまとめることが出来る。

4．生活行動の地域的特徴

ここまでは各主成分が何を表しているのかについて考えたが、ここからは都道府県ごとにどのような特徴があるのかを分析していく。

都道府県ごとの特徴を見ていくために次ページの図4では主成分分析の結果を基に都道府県を4つのグループに分けた。その後、下の表4のルールにしたがって都道府県を色分けした。

【表4：都道府県を色分けするルール】

第1主成分得点	第2主成分得点	色
正	正	A色
正	負	D色
負	正	B色
負	負	C色

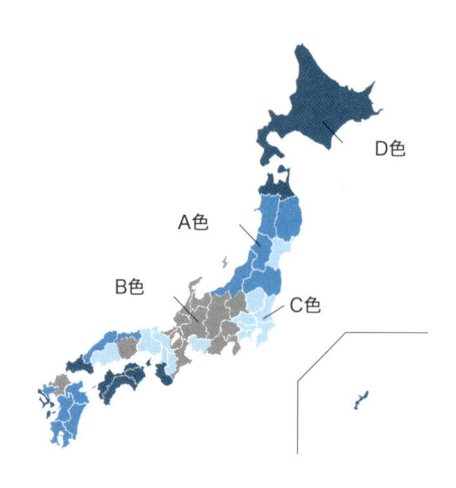

　自分のための活動が多い都道府県は第１主成分が負の値になり、他人との関わり合いが深い活動が多い都道府県は第２主成分が正の値になる。このことから、Ａ色の都道府県は自分のための活動はあまりしないが他人と関わる活動をよくする傾向があると言える。

　Ｂ色の都道府県は自分のための活動も他人と関わる活動もよく行う傾向があり、Ｃ色の都道府県は自分のための活動はよく行うが他人と関わる活動はあまり行わないと言える。そして、Ｄ色の都道府県は自分のための活動と他人と関わる活動どちらもあまり行わないと言える。

　上の図４を見ると多くの場合、同じ地域・地方に属する都道府県が、同じ色になっていることがわかる。すなわち行政区画としての県単位というよりも、もう少し大きな地域・地方の単位で、どのタイプ（それぞれの色）に属するかが決まってくる傾向がある。

　九州の福岡と長崎を除く５県、山陰地方、青森・宮城以外の東北４県とこれらと繋がる新潟県がＡ色になっている。愛知、新潟を除く中部７県とこれらに隣接する群馬、滋賀、三重はＢ色になっている。群馬を除く関東６県や、（狭義の）関西地方５県のうち４県がＣ色のグループである。四国地方、これと陸続きではないが距離の近い山口、和歌山はＤ色のグループになる。隣接する北海道、青森もＤ色のグループである。

　なぜ、このような色分けになっているのか、各地域・地方ごとに、生活時間の使い方に差を生む要因があるとすると、それは何なのか。恐らく様々な要因が関連し

ているが、次の節では、「都会度」という一つの視点から解明してみる。

5．都会度と主成分の関係

　都会度を表すものはいくつかあるが、次のサイト
https://ironna-blog.com/trivia/tokaido2020で使用している指標を使った。
　この都会度は人口、人口密度、住宅地の土地価格（基準地価平均）、商業地の土
地価格（基準地価平均）、県民経済計算（県内総生産）、最低賃金から算出される。
各基準において1位の都道府県に46点、2位の都道府県に45点、…、47位の都道府
県に0点というように点数を与え、その合計点で都会度を算出する（同率の順位の
時は双方にその得点を与え、次の順位は同率の都道府県の数だけ大きくなる）。
　都会度を計算すると1位は東京都、2位は大阪府、3位は神奈川県というように続
いていき、最下位は島根県という結果になる。

【図5：都会度と第1主成分の関係】

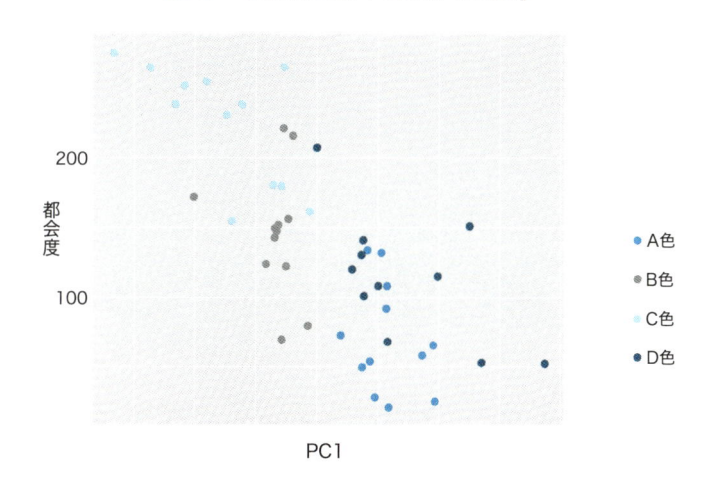

　このようにして算出した都会度と第1主成分の関係を**散布図**にしたものが上の図
5である。第1主成分得点を横軸に、都会度を縦軸にとって散布図を描いている。
　他人と関わり合う活動を行うが自分のための活動をあまり行わないグループはA
色、自分のための活動、他人と関わり合う活動の両方を行うグループをB色、自分
のための活動は行うが他人と関わり合う活動はあまり行わないグループはC色、自
分のための活動、他人と関わり合う活動を両方ともあまり行わないグループをD色
で色づけしている。

都会度と第1主成分の関係について分析すると相関係数は-0.768という結果になり、都会度と自分のための活動には強い負の相関があった。これは都会度が大きくなると第1主成分得点は小さくなるということである。

　第1主成分の向きは負の方向であるので都会度が高くなると第1主成分が表している自分のための活動の時間が多くなるということを意味している。このことは前ページの図5からも読み取ることが出来る。自分のための活動を行っているC色とB色でプロットされた都道府県は都会度が高いほうにある。一方で自分のための活動をあまり行わない都道府県はA色とD色であるがこれらの点は都会度が小さいほうにある。

　ここで注意したいのが、これらは相関関係ということである。都会度と第1主成分には相関があるが因果関係があるかはこの分析ではわからない。

　都会度が高いから自分のための活動時間が多くなるという解釈は、この分析からだけでは出来ない。都会度が高いと自分のための活動時間が多い傾向があるというのが正しい解釈である。

【図6：都会度と第2主成分の関係】

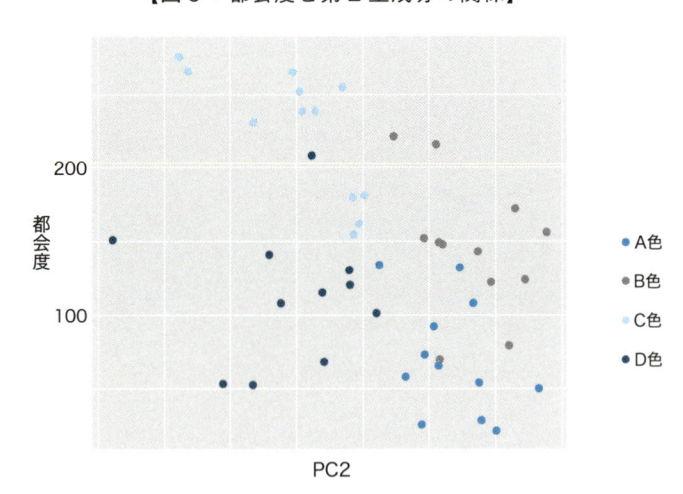

　次に都会度と第2主成分の関係について考察する。都会度と第2主成分の散布図は上の図6である（色分けは、P77の図5と同じ）。

　都会度と第2主成分得点の相関係数は-0.443となり、負の相関があった。都会度が高くなると他人のための活動をあまり行わないということが言える。他人との関わり合いの深い活動に時間を使っている都道府県（A色やB色の県）は都会度が低

い傾向があり、右側に集中している。また、他人との関わりの深い活動に時間を使わないC色やD色の都道府県は、都会度が高いとC色、低いとD色という傾向がある。

　第1主成分に比べて、相関係数の絶対値が低くなっているのは、都会度が低いグループには、第2主成分が高いグループ（A色）と低いグループ（D色）が混在しているせいである。これは、A色とD色からなるグループ、すなわち、自分のためにあまり時間を使わないグループの中で、他人との関わり合いが深い活動に費やす時間に差が生じることは、都会度だけでは説明が困難なことを示している。

6．男女による差異

　この節では、生活時間の使い方を性別の視点から見ていく。

【表5：生活時間（平日）の男女比較】

	起床	朝食開始	夕食開始	就寝	出勤	仕事からの帰宅
男性	6:36	7:14	19:19	23:16	8:34	18:44
女性	6:24	7:12	18:55	23:08	8:52	17:59
差	12分	2分	24分	8分	−18分	45分

　男女の違いとして、平日の男女の行動の平均時刻（調査結果対象の中での平均）を比べた。ここで使用した変数は「起床（平日の平均時刻）」、「朝食開始（平日の平均時刻）」、「夕食開始（平日の平均時刻）」、「就寝（平日の平均時刻）」、「出勤（有業者、平日の平均時刻）」、「仕事からの帰宅（有業者、平日の平均時刻）」である。これをまとめたものが上の表5である。

　ただし、左の4項目は10歳以上の平日の平均時刻、右の2項目は15歳以上の有業者[2]の平日の平均時刻であるため母集団が異なり、単純な比較を行う時には注意が必要である。

　子供の世話や家事の量がジェンダーロールの違いにより異なることが上の表5における時間の違いにも表れている。一般的に男性が長時間働いていることが、出勤が早く、帰宅が遅いことに繋がる。一方で、女性が食事を作る役割を担っていることが多い、あるいは化粧に時間をとられるので起床が早い。このような推測が成り立つが、これらの実証には、「社会生活基本調査」の調査項目だけでは充分ではな

---

[2]　普段の状態として、収入を目的とした仕事を続けている人（15歳以上の人）

い。

　続いて、前節までの分析で「ボランティア」の項目が他の項目と異なる傾向を示していることがわかったため、「ボランティア」の項目のみに着目して、男女の違いを見ていく。

【図７：各都道府県における男女のボランティア活動数】

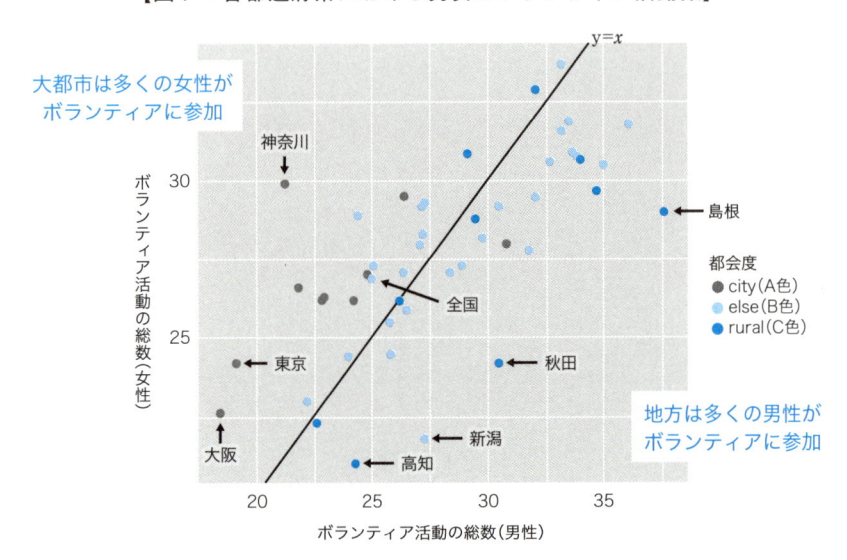

　上の図７はSSDSEのデータのうち、「1_男」と「2_女」の「00_ボランティア活動の割合」を使用した散布図である。横軸に「1_男」の「00_ボランティア活動の割合」、縦軸に「2_女」の「00_ボランティア活動の割合」をとり、都道府県ごとにプロットした。さらに、y=xとなる線を追加し、男女どちらの参加が多いかを見やすくしている。

　都道府県ごとの色分けは主成分分析の時に用いていた都会度ランキングが上位10位の都道府県をcity（A色）、下位10県をrural（C色）とし、それ以外の都道府県と全国の値をelse（B色）で行っている。この図で、y=xの線よりも左上にある県では、女性の活動割合が高く、y=xの線よりも右下にある県は男性の活動割合のほうが高いことになる。外れ値に見える７つの都府県については、ラベル（県名）を付けている。

　左側で外れ値である東京（１位）・大阪（２位）・神奈川（３位）は、都会度上位３つの都府県である。一方、右側の外れ値は、新潟（24位）・高知（42位）・秋田（46

位）・島根（47位）と、都会度の低さが目立つ。

　明確にこのラインから上が都会、下が地方というようには分かれていないが、特に左下のあたりでは女性が多いほうに都会、男性が多いほうに地方というように分かれていることに気づく。また、都会度の上位10位の都道府県のうち9つで、女性の参加率が男性の参加率を上回っている。

7．まとめ

- SSDSEのデータを使って、日本では自由時間をどんな活動に使っているかの分析を行った。
- 活動項目（変数）に**主成分分析**を用いることによって都道府県ごとの特徴を調べた。
- 主成分分析の結果に都会度という指標を組み合わせることで別の観点からも特徴を調べた。
- 上記分析の結果を散布図に描いたり地図で色分けを行ったりすることで視覚的に理解出来るようにした。
- 都道府県間、男女間のボランティア活動の時間について可視化しボランティアへの参加の傾向を見つけた。

可視化

　データの特徴を把握する際に数字を見ているだけではわからないことがある。基本統計量を見ていてもデータの分布を理解することは出来ず、変数間の関係を理解することも難しい。これらのことを視覚的に解決するのが可視化である。

　可視化の例としてはヒストグラムや棒グラフ、折れ線グラフ、散布図（下の図1参照）などがある。どの方法を用いて可視化を行ってもいいわけではなくデータの種類・可視化の目的に応じて適切に使い分ける必要がある。

【図1：可視化した図】

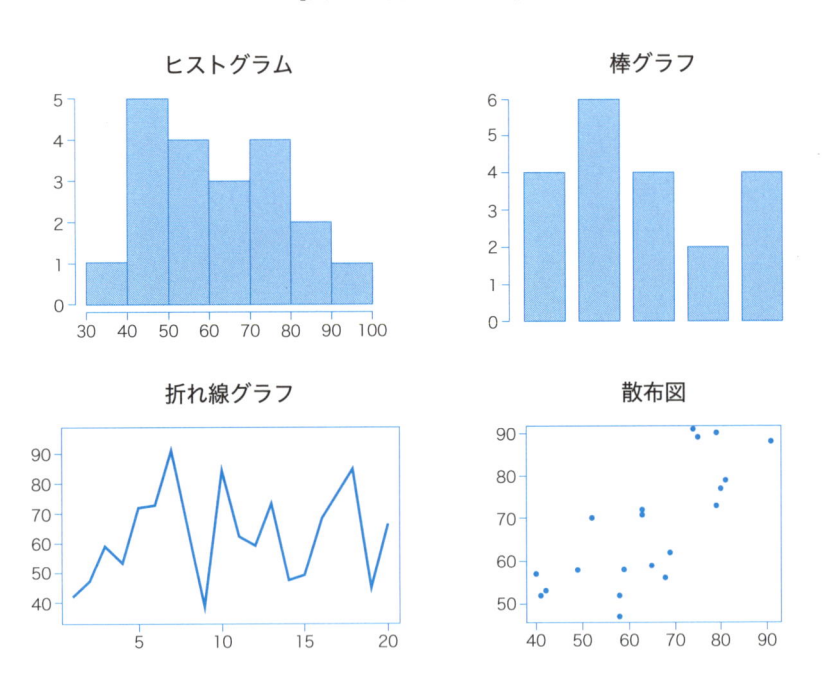

　ヒストグラムは量的データ（値が数量として意味のあるデータ）について階級ごとの度数を描いた図である。ヒストグラムを用いることによってデータの分布について理解することが出来る。階級の幅の決め方は定義されていないため自由に設定することが出来るが、幅の設定の仕方によって見え方が大きく異なるので注意が必

要である。

　ヒストグラムと似ているものに棒グラフがある。棒グラフは項目の大きさを縦軸にとり、各項目間での大きさの比較を行うことが出来る。棒グラフには縦に棒を描いているものだけでなく横に描いているものもある。

　折れ線グラフは1本の線で値を繋いで描いた図である。時系列で変化を見たい時に用いることが出来、折れ線グラフを重ねて描くことで複数のデータの比較を行うことが出来る。

　前ページの図1のヒストグラム、棒グラフ、折れ線グラフの3つは各変数について可視化を行っているが、これに対して2変数の関係を可視化するのが散布図である。散布図では2つの変数の関係を可視化することが出来、相関について視覚的に理解することが出来る。

主成分分析

【図1：次元の縮約と情報の損失】

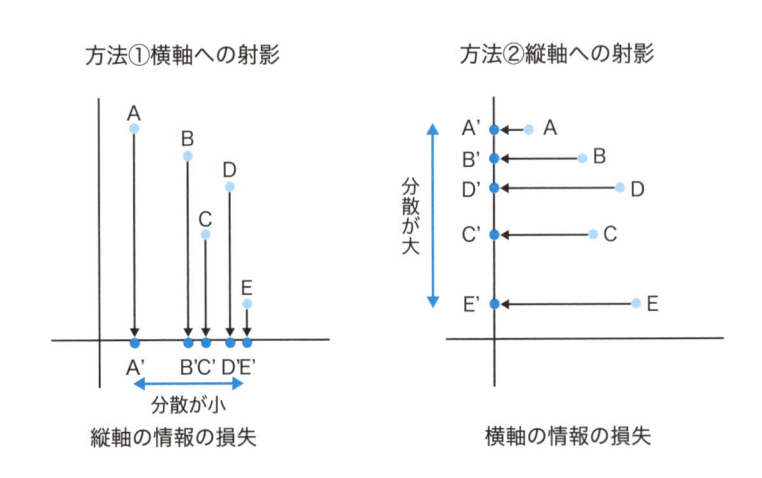

方法①横軸への射影

方法②縦軸への射影

高次元データ（変数が多数あるデータ）をそのまま解釈しようとしても、わかりづらかったり、意味のある情報が得られなかったりする場合がある。例えば、5教科のテストを受けた生徒全員の点数データをそのまま理解することは難しい。

そこで、データを低次元（おおよそ1〜3次元）に圧縮してコンパクトにまとめることが有効だと考えられる。例えば、次のような例がこれにあたる。

〈具体例1〉

国語、数学、理科、社会、英語の点から総合点（あるいは、平均点）を求める。

⇒5次元データから1次元データへの縮約

〈具体例2〉

体型評価：体重と身長からBMI（Body Mass Index）（体重／身長の2乗）を計算する。

⇒2次元データを1次元データへの縮約

しかし、圧縮することで失われてしまう情報がある。例えば、総合点（平均点）だけでは各科目の得点はわからない。また、BMIだけでは身長も体重もわからない。さらに圧縮の方法によっては全く意味のない情報が生まれてしまう恐れがある。例えば、5教科の点数を適当に"国語＋数学＋英語—理科—社会"のようにし

て1次元データに圧縮したとしてもこのデータを適切に解釈することは難しい。

つまり、出来るだけ「情報」を失わずに、意味のある低次元のデータへ圧縮したいということになる。ここで、重要なことは「情報」をどのようにして定義するか、その上でどのように圧縮すればいいのかということである。

例えば、2次元データを1次元の直線上に射影することを考える。（前ページの図1参照）横軸に射影する方法①と縦軸に射影する方法②がある。方法①では縦軸の情報が失われ、方法②では横軸の情報が失われる。この時、方法①と方法②どちらの圧縮方法が良いと言えるのだろうか。

射影したデータの分散が大きいほど元のデータの情報を多く含んでいる。方法①と方法②を比べた時、方法②のほうが方法①よりも分散が大きいので、方法②の圧縮方法がより良いと言える。

今回、縦軸と横軸に射影してみたが、この2軸以外でより分散が大きくなる直線が存在する。主成分分析では縦横の軸だけではなく、斜めの線も含めたすべての直線から、そこで射影した結果の分散が最大になるような直線（射影先）を見つける。（下の図2参照）次に数式を使ってその意味を考える。

【図2：第1主成分と第2主成分】

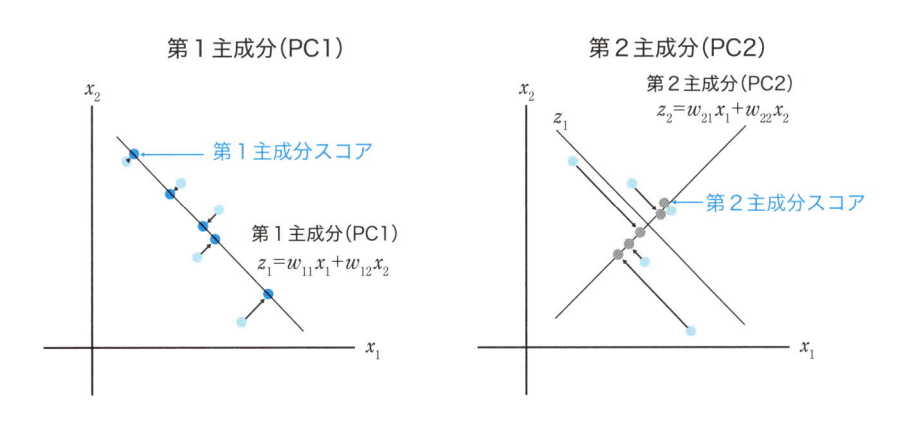

第1主成分(PC1)

x_2

第1主成分スコア

第1主成分(PC1)
$z_1 = w_{11}x_1 + w_{12}x_2$

x_1

第2主成分(PC2)

x_2

z_1

第2主成分(PC2)
$z_2 = w_{21}x_1 + w_{22}x_2$

第2主成分スコア

x_1

射影するということは、データを1次元の値に線形変換すること（係数をかけて足し算を行う変換、すなわち線形結合によって新しい統合変数を作ること）である。線形関数 $z_1 = w_{11}x_1 + w_{12}x_2$ を考えてみる。この関数は、x_1 と x_2 から z_1 へ線形変換を行っている。

この時、射影したデータの値、つまり z_1 の分散が最大となる係数 w_{11} と w_{12} によっ

て決まる軸の方向を第1主成分と呼ぶ。また、各データを変数変換して得られるz_1の値を第1主成分得点（スコア）と呼ぶ（前ページの図2参照）。第2主成分は、第1主成分と直交する軸の方向になる。ただし、図2にあるように、元のデータが2次元であれば第2主成分は自動的に決まる。ここで得られた係数w_{21}とw_{22}によって決まる線形変換$z_2=w_{21}x_1+w_{22}x_2$によって得られる各個体のz_2の値を第2主成分得点（スコア）と呼ぶ。

元のデータが3次元以上になっても同様に考えることが出来る。第k-1主成分までで決まる方向と垂直になる方向の超平面（元のデータの次元より1次元だけ低い部分空間）の中で、そこに射影したデータの分散が最大なものの方向を、第k主成分と呼び、個体を射影した時に得られる値を第k得点（スコア）と呼ぶ。これをm回繰り返すことで、主成分はm個まで求められる。

【図3：主成分とデータの圧縮】

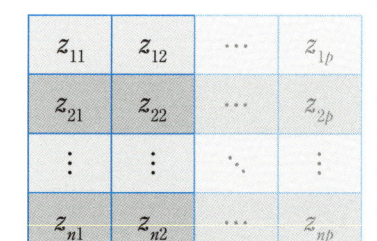

p次元のデータに対して主成分分析を行った場合のデータの圧縮について考える。上の図3では元データのサイズはpnであったが第2主成分までを用いることでサイズは2nに圧縮される。3列目以降は使用せずに済む。

一般にp次元のデータ$x_i(i=1,...,n)$はp個の主成分があるため、このデータに対して第1主成分のみを用いるとデータのサイズはpnからnに圧縮される。次に第2主成分まで用いるとpnから$2n$に圧縮される。第p主成分まで、すべて用いるとデータのサイズは元に戻る。主成分の数が少ないほど小さいサイズでデータを表現出来るが、その分情報は減る。

主成分分析を行う時に何番目の主成分まで用いればいいかは1つの問題点である。これを考える時に役立つのが寄与率である。第k主成分の分散をλ_kとする。この時、分散の大きい順に主成分を決めているので$\lambda_1 \geq \lambda_2 \geq \cdots \geq \lambda_p \geq 0$ が成り立つ。この時、各主成分の分散の総和に対するλ_kの割合を第k主成分の寄与率という。式

に直すと $\frac{\lambda_k}{\lambda_1+\cdots+\lambda_p}$ となる。

　また、第k主成分までの寄与率の総和を累積寄与率という。

　これも式に直すと $\frac{\lambda_1+\cdots+\lambda_k}{\lambda_1+\cdots+\lambda_p}$ となる。

　累積寄与率によって、第k主成分までで、元のデータに対してどのくらいの情報を持っているかを定量化できる。明確な決まりはないが、累積寄与率が80%程度あれば充分な情報を持っていると言える。

　どの程度の主成分まで用いれば良いかがわかった。しかし、主成分だけではどの程度、元のデータと関係しているかわからない。

　このことを表す値が主成分負荷量である。主成分負荷量とは元の変数と主成分との相関係数である。主成分負荷量が大きいと元の変数と主成分との相関が大きいということ、つまり、その主成分をよく説明しているということである。

　ここからは、簡単なデータ（下の図4参照）を例に用いて主成分分析をRによって行う。このデータは20人の生徒の各科目のテストの結果である。生徒IDと各科目の得点が列で、生徒一人の得点が行に保存されている。

【図4：使用データ】

生徒ID	国語	数学	英語	理科	社会
1	68	47	56	42	66
2	80	45	77	47	80
3	59	63	58	59	62
4	40	74	57	53	43
5	52	57	70	72	60
6	63	39	72	73	61
7	75	96	89	92	79
8	49	64	58	59	51
9	58	38	47	35	55
10	79	88	90	85	81
11	79	65	73	62	83
12	41	56	52	59	47
13	91	78	88	74	93
14	65	50	59	47	68
15	42	59	53	49	54
16	69	71	62	69	74
17	81	73	79	77	84
18	74	92	91	86	76
19	58	43	52	44	61
20	63	68	71	67	59

Code1を解説する。前ページの図4のデータが"test.csv"（utf-8形式）として保存されている。このファイルを読み込む。主成分分析自体は1行のコマンド（prcomp）を実行するだけである。data[,2:6]とすることでデータのうち「生徒ID」を除いた5教科の点数の部分を選択することが出来る。

【Code 1】

```
#下準備
library(tidyverse)

#ファイルの読み込み
data <- read_csv("test.csv",
                 locale=locale(encoding = "utf-8"))
#データの概要を示す
glimpse(data)

#主成分分析
res<-prcomp(data[,2:6])
```

分析結果を見るためにCode 2を実行する。

【Code 2】

```
#結果の確認
res
#寄与度など
summary(res)

#バイプロット
biplot(res)
```

```
Standard deviations (1, .., p=5):
[1] 28.804967 15.585930  7.679730  4.042924  2.324402

Rotation (n x k) = (5 x 5):
            PC1         PC2        PC3         PC4         PC5
国語 -0.3932182  0.57683764  0.1222577 -0.07033471  0.70195715
数学 -0.4816905 -0.54312844  0.6837834  0.04059816  0.06146402
英語 -0.4736457  0.05364989 -0.3229293  0.79908335 -0.17310102
理科 -0.4852220 -0.37004875 -0.6146493 -0.49164731  0.09007052
社会 -0.3918840  0.48213633  0.1881922 -0.33638303 -0.68220355
```

　上の図５はresの出力結果である。"Standard deviations"ではPC１〜PC５それ
ぞれの主成分、より正確に言えば、各主成分得点の標準偏差を表す。次の"Rotation"
は５教科データに対する主成分の係数を示す。つまり、今回の場合、新しく作られ
た統合変数である第１主成分は

　z_1=-0.393×国語 − 0.482×数学 − 0.474×英語 − 0.485×理科 − 0.392×社会

となる。係数の符号がすべて同じであるので、第１主成分は「総合成績」の指標を
表している。

　主成分分析ではすべての係数の符号を一度に逆にしても分析に支障がない。すべ
てをプラスにした場合のほうが得点らしくなるが、主成分の解釈を行う時には、ど
ちらでも問題ない。

　また、第２主成分は

　z_2=0.577×国語 − 0.543×数学 +0.054×英語 − 0.370×理科 +0.482×社会

となる。国語・英語・社会の固有ベクトル符号が正であるのに対して、数学・理科
の符号が負であるので、「文系能力及び理系能力の相対的な高さ」を示している。
つまり、z_2が正であれば、比較的文系能力が高く、負であれば比較的理系能力が高
いと言える。

【図６：summary(res) による出力結果】

```
Importance of components:
                         PC1     PC2     PC3     PC4     PC5
Standard deviation     28.8050 15.5859 7.67973 4.04292 2.32440
Proportion of Variance  0.7194  0.2106 0.05114 0.01417 0.00468
Cumulative Proportion   0.7194  0.9300 0.98114 0.99532 1.00000
```

【図7：biplot(res) による出力結果】

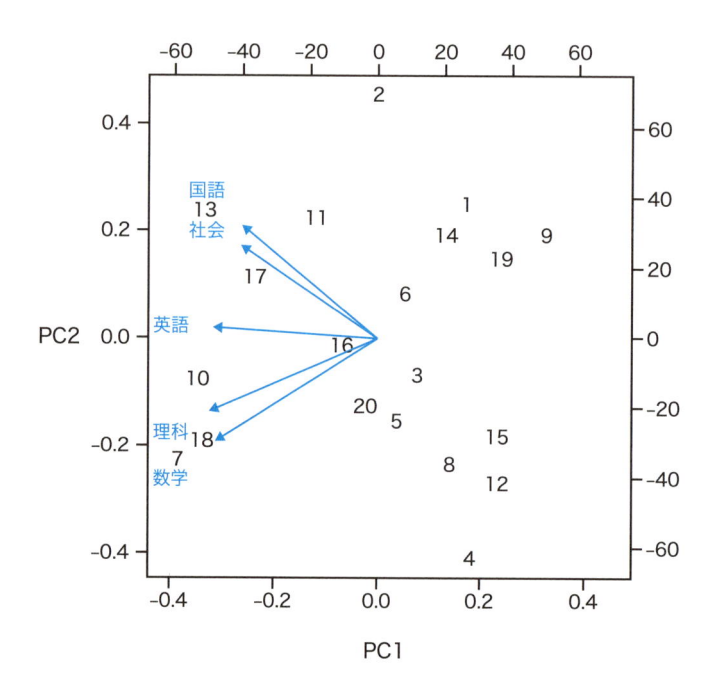

前ページの図6はsummary(res)の出力結果である。resの出力とは異なりここで
はPC1 〜 PC5の標準偏差・寄与率・累積寄与率を示している。今回はPC2までで
累積寄与率が90％を超えているのでPC1とPC2を採用すれば良い。

上の図7は主成分分析の結果を可視化した図（バイプロット）である。主成分得
点を低次元空間にプロットすると、個体の特徴や位置を把握しやすくなる。元の変
数（科目）について、第1・第2主成分の主成分負荷量が青色の矢印で示されてい
る。

この時に表示されている矢印は元の主成分負荷量を調整した値である。調整をし
ない値で図を描こうとする場合、プログラムのbiplotの中に「scale=0」と追加す
れば良い。調整をしてもしなくても変数間の関係を視覚的に捉えることに関しては
大きな差はない。目盛りは第1主成分が下側、第2主成分が左側である。

数字は20人それぞれの第1主成分得点・第2主成分得点がプロットされている。
主成分得点の目盛りは第1主成分が上側、第2主成分が右側になるが、平均が中心
になるように調整されている。この目盛りの説明はbiplotでは出力されないので注
意が必要だ。

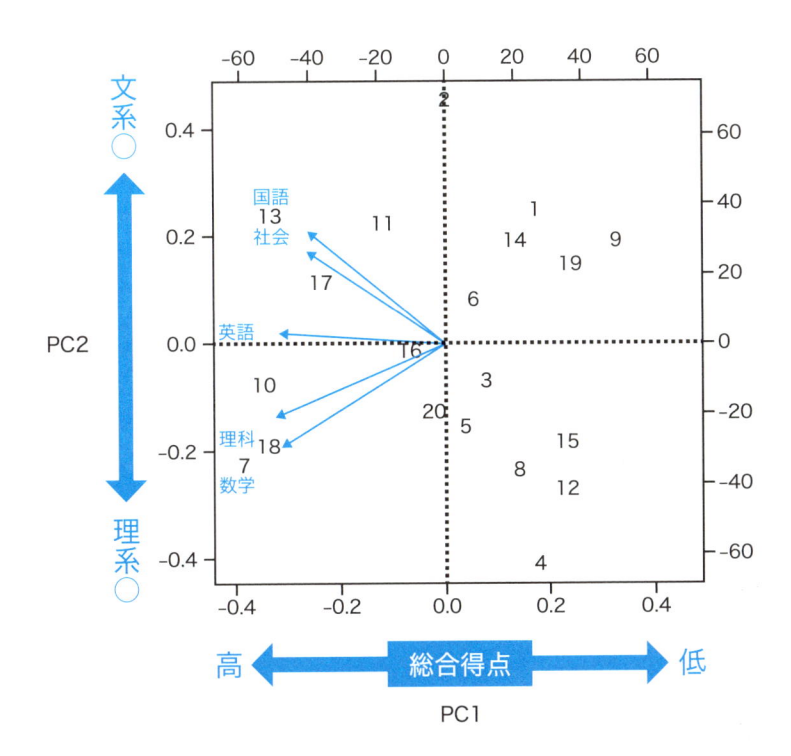

前ページの図7を解釈すると上の図8のようになる。

第1・第2主成分と各科目の相関を青色の矢印から読み取ることが出来る。総合得点（今回はマイナス方向で計っていることに注意）はすべての科目と負の相関があり、文系科目（国語・英語・社会）は第2主成分（これが高いと文系、低いと理系）と正の相関、理系科目（数学・理科）は負の相関があることがわかる。

主成分得点のほうは各生徒の特徴をわかりやすく示している。例えば、IDが7、10、13、17、18の生徒は総合得点が高いということがわかる。また、ID13、17は文系科目の得点が高く、ID7、10、18は理系科目の得点が高いということがわかる。一方でIDが9の生徒は全体的に点数が低いということがわかる。

第 5 章

事 例

観光スポットの人気を高める方策
〜スクレイピング、テキスト解析、決定木分析を知る〜

観光スポットの人気を高める方策

我々は様々な行動や判断を「口コミ」に基づいて行っている。一部の評論家や専門家の評価、あるいは、SNSのインフルエンサーのお勧めなども、幅広い意味での口コミだが、こうした「目利きの人」の判断とは別に、多くの無名の消費者の意見・感想という狭い意味での口コミの影響力は大変大きい。狭義の口コミの特徴は、その数の多さ、情報量の多さにある。特に、5段階評価の3といったような最終的な評価だけでなく、その評価に至る理由が文章になっている時に、そこに含まれる情報は膨大なものになる。それを分析することで何が見えてくるのであろうか。

この章では、地方都市における、ある展望施設付きタワー（以下では、観光スポットAと呼ぶ）に焦点を当てて、それに関

する口コミを分析することで、どうすればその地方都市の観光スポット（以降、観光スポットA）の人気を高められるかを考察してみる。

その観光スポットAは地方の主要駅からの利便性の良い場所に位置し、地域のシンボルとして代表的な建造物である。

展望施設を備えていて、市街を一望できる観光スポットとなっている。また、マスコットキャラク

（注）上記イラストは観光地のイメージであり、本章データ分析による観光地とは関係ありません。

ター（以下ではキャラC）も存在する。

　ネット上には、多種多様な口コミデータがあるが、今回は閲覧頻度の高いある口コミサイトの情報を使用した。

　今回の分析では、2008年12月から2021年10月の間に、このサイトに掲載された評価とコメントを使用している。

　最初に、観光スポットAに対する評価（5段階）を、別の観光スポットB（観光スポットA同様の展望施設のある建造物）のそれと比べたのが下の帯グラフである。両観光スポット共、評価のほとんどは、評価3から5の間にあるが、観光スポットAは、観光スポットBに比べて評価3が多く、評価5が少ないということがわかる。評価4を標準とした時に、低評価の3を高評価の5に持っていくことを目的として分析を行い、最終的な施策の提案も行うことにしよう。

　分析の順番は、以下のようになる。まず、ネット上の口コミの文章を、**スクレイピング**と呼ばれる技法によって集める。巨大な情報の発信源であるインターネットから、いかに効率的に情報を収集するか、その技法の一端を紹介する。

　狭義の口コミの特質は膨大な情報量であるが、データサイエンスの一つの重要なテーマは、膨大な情報（ビッグデータ）から、いかに有用な情報を抽出するかである。集まった膨大な情報から、**テキスト解析**と呼ばれる技法を使って情報を収集していく。その過程で、どんな単語に注目すれば良いかを探るための方法として、**決定木**という分析手法を使用する。

【観光スポット A と観光スポット B の口コミ比較】

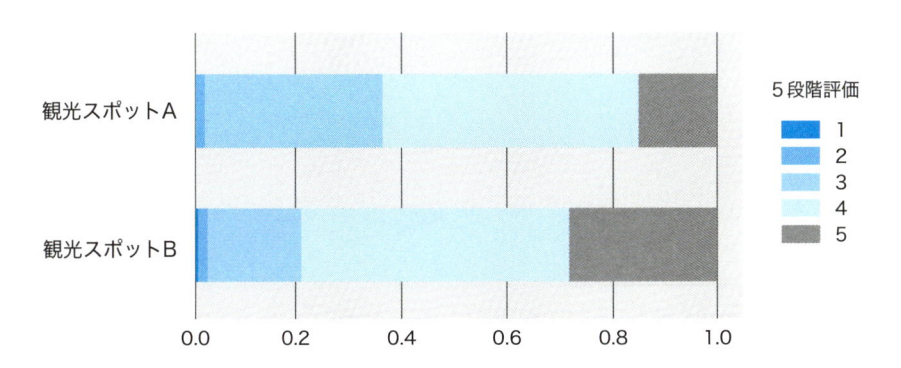

1．口コミデータのスクレイピング

　データ分析を行う前提として、まず材料となるデータが必要であり、データは分析に適した形に加工されていなければならない。実際に分析を行う際には、あらかじめ分析に適した形でデータが与えられている場合ばかりではなく、データを収集・加工することから始めていかなくてはならない場合も多い。

　スクレイピングとはデータを収集した上で利用しやすく加工することである。特にWeb上からスクレイピングすることをWebスクレイピングという。今回の分析ではWebスクレイピングを用いて、口コミ情報サイト上のデータを収集した。

　この口コミサイトには、観光地を訪れた一般ユーザーの口コミが投稿されていて、各口コミにはタイトル・評価・投稿日・実際のコメントなどが記述されている。

　Webの情報は一般的にHTMLというWebページを作成するための言語で記述された非構造化データであり、このままでは検索や集計、解析に不向きである。スクレイピングによって、Webの情報を構造化されたデータ（エクセル等の表計算で使うような表形式のデータのこと）に整形してみよう。このWebサイトで実行したスクレイピングの結果が下の図1である。

【図１：Web 上の観光スポット A の口コミとスクレイピング結果】

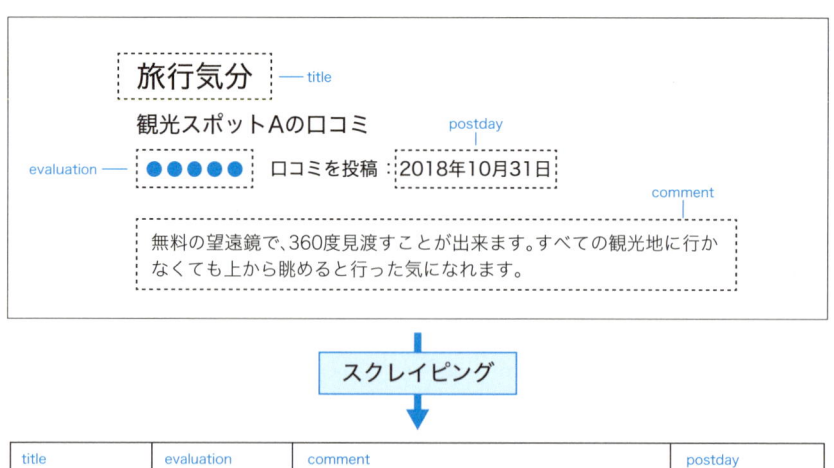

title	evaluation	comment	postday
旅行気分	5.0	無料の望遠鏡で、360度見渡すことが出来ます。すべての観光地に行かなくても上から眺めると行った気になれます。	20181031

2．テキスト解析

　観光スポットＡのWebページからスクレイピングしたデータ、前ページの図１を改めて見てみよう。

　スクレイピングによってWebの情報を表形式のデータに整形することが出来たが、commentの列には、ある投稿者が投稿した口コミがそのまま格納されている。人間が普段使用する文章は省略や曖昧さを多く含んでいてそのまま扱うことが非常に難しい。人間が使う曖昧で複雑な言葉を処理するには、テキスト解析が必要である。

　今回は口コミの中に登場する名詞のみを抽出して単語文書行列を作成する。単語文書行列は各文章を単語の出現回数で表現した行列である。各行（横方向を行と呼ぶ）が一つひとつの文章を示し、各列（縦方向を列と呼ぶ）が単語（名詞）を表している。ある単語がある文章に何回登場したかを数えたものが、単語文書行列である。今回は、回数よりも、文章中にその単語が登場したか、しなかったかに焦点を絞るために、出現回数が２回以上の場合も、すべて１にする処理を行った。最後にスクレイピングした評価（evaluation）列を結合したものが、下の図２の表（PC言語では、「データフレーム」と呼ぶ）になる。そのままでは、非常に大きくなるので、その一部だけを表示しているが、本来510行 898列　の行列であり、行は一つひとつの口コミ、列は抽出された一つひとつの名詞に相当する。つまり、510の口コミから898個の名詞が抽出され、各要素には 0と1 で単語の有無に関する情報が埋め込まれている。評価（evaluation）を5段階の数字で、各単語の出現有無を0と1で表す、構造化されたデータになっていることがわかるだろう。

【図２：前処理を加えた単語文書行列】

	展望塔	無料	ライトアップ	建物	望遠鏡	ビル	夜景	駅前	土産	ホテル	…	和食	和風	佇まい	愕然	橙色	煌々	珈琲	諤々	キャラC	evaluation
0	1	0	0	0	0	0	0	0	0	0	…	0	0	0	0	0	0	0	0	0	4.0
1	0	0	1	0	0	0	0	0	0	0	…	0	0	0	0	0	0	0	0	0	4.0
2	1	0	0	0	0	0	0	0	0	0	…	0	0	0	0	0	0	0	0	0	4.0
3	0	0	1	0	0	0	0	0	0	0	…	0	0	0	0	0	0	0	0	0	4.0
4	1	1	1	1	1	0	1	0	1	0	…	0	0	0	0	0	0	0	0	0	4.0

5 rows × 898 columns

3．決定木

　ここまで、スクレイピング、テキスト解析という工程を経て分析用のデータフレーム、前ページの図2を作成した。今回の目的は『評価4を標準とした時に、低評価の3を高評価の5に持っていくこと』であった。評価3と評価5の行（口コミ）だけ（総計で251個）に絞って、観光スポットAの評価に影響をもたらすと考えられる口コミ中の名詞を探すことを考えてみよう。名詞の候補が898個存在している。しかし、これらを一つひとつ調べていくのには膨大な時間と労力を要する。そこで決定木分析という手法を用いて、3と5の評価に大きな影響を与えている名詞を探し出す。深さ1の決定木を用いた結果が、下の図3である。

【図3：決定木の結果（深さ＝1）】

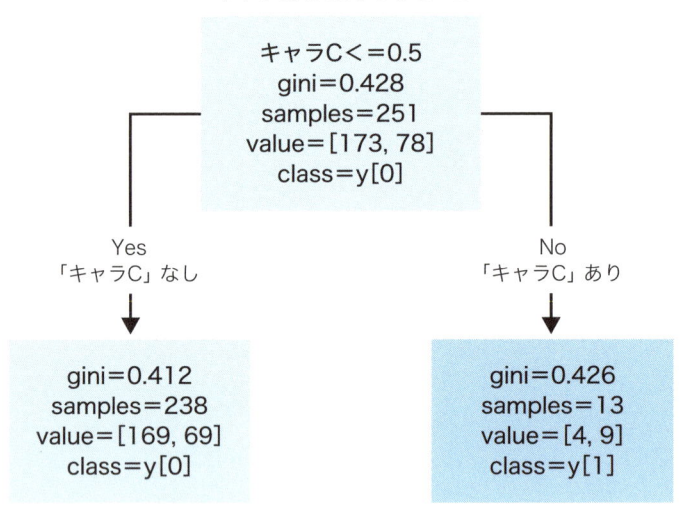

「キャラC」は0.5より小さいか

キャラC<＝0.5
gini＝0.428
samples＝251
value＝[173, 78]
class＝y[0]

Yes
「キャラC」なし

No
「キャラC」あり

gini＝0.412
samples＝238
value＝[169, 69]
class＝y[0]

gini＝0.426
samples＝13
value＝[4, 9]
class＝y[1]

　決定木とは、たくさんの変数（ここでは、各単語）の中で、結果（ここでは、評価が3か5のどちらになるか）に最も影響のあるものを選び、さらにその変数の値のどこに区切り（閾値などと呼ばれる）をおくと結果が明瞭になる（区切ることで生まれる2つのグループの片方は、3の評価が非常に多く、もう片方は5の評価が非常に多いというような状態）かを、示したものである。上の結果は、「キャラC」という単語を0.5を閾値にして区別（データサイエンスの分野では、分類という言葉がよく使われる）、すると、最も明瞭に分類できることを示している。今回は、すべての変数（単語）は、0か1の値なので、0.5を閾値にして分類するというこ

とは、その単語が登場するかしないかによって分類することに相当する。

「gini」というのは、ジニ不純度と呼ばれる数字を示しており、この数字が低いほど、分類がうまくいっていることを示す。「samples」と「value」は、そのグループにいくつの個体（ここでは、一つひとつの口コミ）が属していて、その内訳（評価が、それぞれ3と5である口コミの数）を示している。最初の分類前の状態（最上段のマス）では、全口コミ数が251であり、評価3のものが173、評価5のものが78あったこと、それが「キャラC」という名詞の有無による分類後は、「キャラC」がない口コミ（総計238）では、評価3のものが169、評価5のものが69になり、一方「キャラC」を含む口コミ（総計13）では、評価3と5のものが、それぞれ4と9になっていることがわかる。「class」は、その分類されたグループのラベリング、つまりそのグループに属する口コミの評価で、評価3と5のどちらが多いかを示している。「キャラC」があると、評価5のほうが多数になることがわかる。

こうした分類を何回も繰り返していくことも可能である。分類の回数を深さと呼ぶが、深さ2の決定木の結果が、次ページの図4である。

図4の最上段の状態から、二段目の状態は、先ほど見た分類、すなわち「キャラC」が出現する口コミかどうかの分類である。三段目の分類を見てみよう。「キャラC」がない口コミのグループ、すなわち二段目の左側のグループ（総計238）に関して、再度分類を行う際には、「距離」という単語が含まれているかいないかによる分類がよく、「距離」という単語が含まれないグループ（総計234）では、評価3と5の数がそれぞれ169と65になっている。一方で「距離」という単語が含まれているグループ（総計4）では、すべてが評価5になっている（このグループの口コミは、すべて評価5なので、純粋なグループ、つまり不純度を示すジニ不純度がゼロになっているのがわかる）。

「キャラC」がある口コミのグループ、二段目の右側のグループ（総計13）では、「土産」という単語による分類が有効である。その単語の有無で分類すると、「土産」のないグループ（総計12）で、評価3と5の数がそれぞれ3と9であり、「土産」ありの口コミは1つしかないが、これは評価が3になっている。

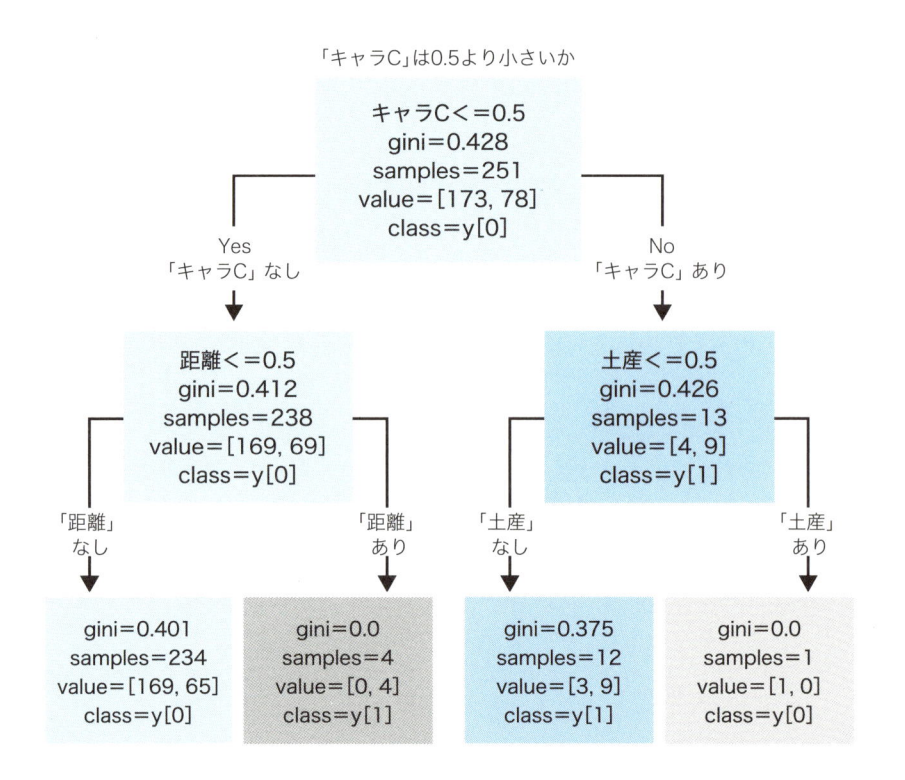

【図４：決定木の結果（深さ＝２）】

「キャラC」は0.5より小さいか

キャラC＜＝0.5
gini＝0.428
samples＝251
value＝[173, 78]
class＝y[0]

Yes
「キャラC」なし

No
「キャラC」あり

距離＜＝0.5
gini＝0.412
samples＝238
value＝[169, 69]
class＝y[0]

土産＜＝0.5
gini＝0.426
samples＝13
value＝[4, 9]
class＝y[1]

「距離」
なし

「距離」
あり

「土産」
なし

「土産」
あり

gini＝0.401
samples＝234
value＝[169, 65]
class＝y[0]

gini＝0.0
samples＝4
value＝[0, 4]
class＝y[1]

gini＝0.375
samples＝12
value＝[3, 9]
class＝y[1]

gini＝0.0
samples＝1
value＝[1, 0]
class＝y[0]

「キャラC」、「距離」、「土産」、これらのキーワードが評価に影響を与えている可能性が、決定木によって示唆されている。しかし、注意すべきは、この結果は、唯一の「正解」ではないことである。例えば、今回のように出現するかしないかという情報（二値データと呼ばれる）ではなく、テキスト解析の段階で出てきたように、出現回数そのものを利用する、あるいは不純度を図るために、ジニ不純度以外のものを使うなど、様々に条件を変えると、違った結果、すなわち違った単語や閾値（しきいち）が出てくる可能性がある。

　また、実際の文章に戻ってチェックしてみることも大事である。決定木分析を通して、900個近い候補のあった名詞の中から評価に影響を与えている可能性が高い名詞を3つまで絞ることよって、大幅に労力が減っていることが重要である。今回の例よりも桁違いに大量の文章においても、人間が実際に読んで判断する量を極力減らすための工夫が、深層学習を使ってなされている。

4．分析結果からの考察・提言

　決定木分析を通して評価3と評価5に影響を与えている可能性が高い名詞として「キャラC」、「土産」、「距離」という3つのキーワードを見つけることが出来たが、実際にこれらの単語を含むコメントをチェックして、評価への影響の程度、評価を改善するアイデアを考えてみる。

──　「キャラC」を含んだコメント　──

「キャラC」というワードを含んだコメントは22件あった。この中で、評価1・2のコメントは0件、評価3が4件、評価4が9件、評価5が9件ある。先に触れたように、前ページの図4の決定木からは、「キャラC」があると、評価が5になる傾向が見られた。

　実際のコメントを見てみよう。（コメントの一部を抜粋、また、元のコメントでは、「キャラC」のカギカッコはついていなかった。）

> - 入ってすぐに、マスコットの「キャラC」との記念撮影がありました。（評価：5）
> - マスコットの「キャラC」のびっくり顔になぜかほっこりします。（評価：5）
> - マスコットの「キャラC」も愛嬌あって…子供には大人気でした。（評価：5）
> - 展望室では、たまたま、観光スポットAの「キャラC」がいて、とってもかわいかったです。（評価：5）

　実際の口コミを見てみると「キャラC」がかわいかった、「キャラC」に癒された、といったコメントが多い。また、観光スポットA内にある神社や、「キャラC」と記念撮影が出来る場所に魅力を感じているコメントも見られる。これらから、「キャラC」への人気が高評価に繋がっていると考えることが出来る。一方で、「キャラC」に関しての口コミ件数は510件の口コミの中で22件であり、「キャラC」の認知度はまだまだ低く、逆にこれから伸ばす余地があると思われる。そして、「キャラC」の認知度を上げることが、観光スポットAの評価の向上に繋がる可能性があるだろう。

　すでに、「キャラC」のSNSアカウントがあったり、グッズやLINEスタンプがあったり、「キャラC」のプロモーションに、一定の努力をしているようには、感じられた。では、なぜ「キャラC」の知名度が低いのだろう。その原因の一つとして、「キャラC」に会える機会がとても少ないことがあるのではないか。現状（原稿執筆時の2024年5月時点）では「キャラC」に会えるのは、不定期の週末などの

みとなっている。これでは「キャラC」に実際に会える機会が限られており、「キャラC」を知り、かわいいと思ってもらいづらい。「キャラC」に会える頻度を上げることで、観光スポットAの人気上昇に繋がるかもしれない。

　また、実際に観光スポットAを訪れた際に、「キャラC」のモニュメントが施設の目立たない場所に置かれていることに気づいた。このモニュメントを、入り口近くなど人目につく場所に設置することで「キャラC」の認知度を上げることが出来るのではないかと感じた。

—— 「土産」を含んだコメント ——

「土産」を含んだコメントは72件。評価1のコメントが0件、評価2が1件、評価3が26件、評価4が37件、評価5が8件であった。

　P100の図4の決定木の分析の中で、「キャラC」と「土産」が同時に含まれていて、評価は3になっているものが1件見られた。「キャラC」という高評価に繋がると考えられるキーワードがあるにもかかわらず評価が3になる1件のコメントには、「土産」が含まれていたということを意味する。その1件を見てみよう。

> ● 展望施設から街を眺められて良かったです。「キャラC」？？？　何か微妙
> 　お土産屋さん活気ないですね。（評価：3）

「土産」売り場に対して不満の声が上がっている。「土産」を含む他のコメントも見てみよう。

> ● 中のお土産屋さんとか見てもとても古いな？と感じた。逆に味があるとの見
> 　方にもなるが若者には向かないと思います。（評価：3）
> ● その土地の土産を買うことが出来ますが、近くのデパートのほうが種類が豊
> 　富です。（評価：3）
> ● 残念ながらお土産売り場が改装中でした。（評価：3）
> ● お土産屋さんがありますが、これが昭和ムード満点。「昭和」を求める方に
> 　は涙が出そうな雰囲気です。（評価：5）
> ● 帰る時の電車が来るまでの時間をお土産選びに、という方などにはぴったり
> 　です。（評価：5）

　評価3のコメントを見てみると、他にも、「特徴がない」、「近くのデパートのほうが、種類が豊富」、「活気がない」、「古い」、「改装中で入れなかった」、「ごちゃご

ちゃしていて落ち着かなかった」といった「土産」やその店舗に対する厳しい意見が見られた。

　高評価を付けている人のコメントを見てみると、昭和のムードが漂う昔ながらの雰囲気に惹かれている人や、駅に近いのでお土産を買い忘れた時の利便性に言及しているコメントが見られる。

　評価別にコメントを見てみると、土産売り場に対して「新しい」と「古い」という全く反対の意見を抱いている人がいることがわかる。建物の一部が新たな商業施設としてリニューアルオープンしたのだが、リニューアルが「新しさ」に繋がった可能性がある一方で、「古い」雰囲気を気に入っていた人たちには、「新しさ」が逆の効果をもたらしている可能性もある。観光スポットＡに定期的に訪れている来訪者の声を直接聞いてみることで、より深い施策が考えられるかもしれない。

——「距離」を含んだコメント ——

「距離」を含んだコメントは６件。評価１・２・３のコメントが０件、評価４が２件、評価５が４件であった。具体的なコメントを見てみよう。

> - 5、6回の旅行で行ったことのある名所旧跡がほぼ見え、距離感と位置的関係が一挙にわかったのがよかったです。（評価：4）
> - 展望室で見たかった眺望など建造物は霞んで確認出来なかったが、目的地までの距離が実感出来る。感動。（評価：5）
> - 上から街を眺めた上で、今日の観光地との距離感や方向を確認できるのは良いですよね。（評価：5）

　これらのコメントからは、観光スポットＡの展望塔としての機能、すなわち高い所からの視界が高評価に結び付いていることがわかる。一方で、次のようなコメントからは、今回のテキスト解析の限界が垣間見える。

> - 帰省した際など、旅行の距離の遠近を問わず、地元に帰って来た、という気持ちになるのはこの観光スポットＡを見た時です（評価：5）
> - いつも観光している時に方向とかわからなくなったら、この観光スポットＡを探したりしています。駅までの方向や距離感をつかむのに役立っています。（評価：4）

同じ「距離」という言葉でも、何と何の間の距離であるかという点で意味合いは

様々であるが、前ページのようなコメントの中での「距離」は、来訪者に与える満足感とは直接結び付いていない。これは、単語を文脈から抜き出し、なおかつそれらを別々に扱う（例えば、Aという単語とBという単語の同時出現回数などは考えない）分析を行っていることによって生じる現象である。より高度なテキスト解析では、広い文脈の中での単語の使用方法や、単語同士の関連性も含めた解析をすることが可能である。

5．まとめ

- 閲覧用のWebページ（非構造化データ）から**スクレイピング**を用いてテキストの抽出を行った。
- 抽出したテキストを用いて単語文書行列へと変換を行い、最終的に単語の有無と評価からなる構造化データを作成した。
- 大量の単語の中から、注目すべき単語を選ぶために、**決定木**を使用した。
- 注目すべき単語を含む文章に目を通して、具体的な内容を確認し、提言を行った。

スクレイピング

　スクレイピングにはいくつかの手法が存在し、Python、R、Javaなど様々なプログラミング言語で行うことが出来る。ここではPythonを用いる方法を紹介する。下の図1のように、滋賀大学データサイエンス学部のホームページ[1]の一部 https://warp.da.ndl.go.jp/info:ndljp/pid/13096612/www.ds.shiga-u.ac.jp/about/ds/aiming/ を使用して、ホームページからスクレイピングを行う方法を紹介する。

【図1：スクレイピングの例】

title

■ データサイエンス学部の理念

（1）設置の目的と育成する人材像　—— sub_title

content

近年、情報通信技術の進展によって、社会の様々な分野でビッグデータと言われる多種多様で膨大な量のデータが集積され、その活用による付加価値の創出が大きな課題となっています。このような社会的な要請に応えるため、データサイエンスに焦点を合わせた日本初の本格的な学部を平成29年4月に設置しました。本学部では、データサイエンスの専門知識やスキルといった理系的基礎の上に、データ利活用の現場で相互補完的な専門性を有する仲間とコミュニケーションを図りながら、データから価値のある情報を取り出し、それを意思決定に活かす能力を備えた文理融合型の人材を育成します。

（2）教育課程の特色　—— sub_title

content

本学部の教育課程では、統計や情報の基礎力を身に付けるだけでなく、実際にデータの解析結果を意思決定に活かして、価値創造できる力を高めることを目的としています。このような目的を達成するため、1、2年次には統計学と情報工学の基礎的内容を身に付け、様々な応用分野におけるデータ分析の実例を学びます。それらの基礎をもとに、3、4年次では各種領域科学におけるデータ分析手法を学び、実際のデータを使った演習を通して価値創造の実践経験を積み重ねていきます。それに加え、各自の興味に応じ、様々な統計手法の数理的内容をより深く学んだり、より高度な情報処理技術を身に付けたり、より多くの分野における問題解決スキルを磨いたりできるカリキュラムを用意しています。

スクレイピング

> title：データサイエンス学部の理念
> sub_title：（1）設置の目的と育成する人材像
> content: 近年、情報通信技術の進展によって、社会の様々な分野でビッグデータと言われ＊＊＊＊
> sub_title：（2）教育課程の特色
> content: 本学部の教育課程では、統計や情報の基礎力を身に付けるだけでなく、実際にう＊＊＊＊

＊1　このHPは、過去のバージョンで国立国会図書館によって保存されたものである。

まずは、WebページのHTML情報を抽出して、スクレイピング対象の部分を出力から探す必要がある。下のCode 1を見てみよう。Pythonのコードでは、通常、処理に必要なライブラリやパッケージと呼ばれるものを、最初にインストールする。最初の３行は、それを行っている。例えば、Beautiful SoupはHTMLやXMLファイルからデータを抽出し、解析するPythonのWebスクレイピング用のライブラリである。request.urlopenという関数でサイトのURLからHTMLファイルを取得して、それをBeautiful Soupに渡すと、HTMLファイルを表現したオブジェクトが得られる。そのオブジェクトを表示することで、スクレイピングに必要な情報を見ることが出来る。

【Code 1】

```
!pip install bs4 # Beautiful Soup のインストール
from urllib import request #urllib.requestをインポート
from bs4 import BeautifulSoup # BeautifulSoupをインポート
url = 'https://warp.da.ndl.go.jp/info:ndljp/pid/13096612/
www.ds.shiga-u.ac.jp/about/ds/aiming/'  #対象のURL
response = request.urlopen(url)
soup = BeautifulSoup(response)
response.close()
print(soup)
```

　出力されたHTML情報にはサイト全体の情報が含まれているが、必要な部分はその一部であることが多い。例えば、下記のような抜粋した部分が今回のスクレイピングに必要な部分としよう。

【Code 1 の出力結果（スクレイピング対象部分のみを抜粋）】

```
<h2 class="c-heading--lv2">データサイエンス学部の理念</h2>
<h3 class="c-heading--lv3">（1）設置の目的と育成する人材像</h3>
<p class="c-txt">近年、情報通信技術の進展によって、…
<h3 class="c-heading--lv3">（2）教育課程の特色</h3>
<p class="c-txt">本学部の教育課程では、統計や情報の基礎力を…
```

　そこにあるHTMLの情報から対象部分を指定することで、スクレイピングを行うことが出来る。次ページのコード（Code 2）が、それを実際に行っている。105

ページの図1や前ページの出力結果と照らし合わせて見てみると、一つひとつの
コードでやっていることが理解しやすい。

【Code 2】

```python
title = soup.find("h2",class_ = "c-heading--lv2") # titleの
抽出
print("title :" ,title.text) # .textでテキスト部分のみを抽出する。
sub_title = soup.find_all("h3",class_ = "c-heading--lv3") #
sub_titleの抽出
content = soup.find_all("p",class_ = "c-txt") # contentの抽出
for i in range(len(sub_title)):
    print("sub_title : ", sub_title[i].text)
    print("content : ", content[i].text)
```

Code 2を実行すると、下記のような結果が得られる。

【Code 2 の出力結果】

```
title ： データサイエンス学部の理念
sub_title ：　(1) 設置の目的と育成する人材像
content ：　　近年、情報通信技術の進展によって、…
sub_title ：　(2) 教育課程の特色
content ：　　本学部の教育課程では、統計や情報の基礎力を身に付けるだけでなく…
```

　これを、次の分析で使用しやすいように、データフレームと呼ばれるオブジェク
トにしたものが、下の図2 である。我々がよく目にする表のような形のデータが得
られている。

【図２：スクレイピング結果をデータフレームとして出力したもの】

スクレイピングした .csv ファイル

title	sub_title	content
データサイエンス学部の理念	(1) 設置の目的と育成する人材像	近年、情報通信技術の進展によって、社会の様々な分野でビッグデータと言われる多種多様で膨
データサイエンス学部の理念	(2) 教育課程の特色	本学部の教育課程では、統計や情報の基礎力を身に付けるだけでなく、実際にデータの解析結果

　Webページを作成しているHTMLの情報から、スクレイピングを行い必要な情
報を抽出することが出来た。なお、サイトによっては、スクレイピングが全面的に
禁止、一部しか許可されていないものもあるので、注意して欲しい。

テキスト解析

　テキスト解析とはテキストに関する情報を数値で定量的に表し、数式や計算機を用いて量的に分析することである。これによって、大量のテキストも、すばやく、誰でも同じように扱えるようになる。テキストを定量的に表現する方法として、テキストを単語ごとに区切り、単語の出現回数や出現割合を数値化する手法がある。他に、出現頻度と単語の珍しさを組み合わせて数値化する指標など、テキストを数値化する指標は様々に工夫されている。単語レベルではなく、「主語・述語・目的語」のように、より大きなかたまりでテキストを定量化する手法も存在する。人間が日常的に使っている自然言語をコンピュータで解析・分析する技術は自然言語処理（NLP：Natural Language Processing）と呼ばれ、現在、研究が盛んな分野の1つである。

　今回のテキスト解析にはKHcoder（https://khcoder.net/）を使用する。

　KHcoderは計量テキスト分析またはテキストマイニングのためのソフトウェアである。

　ここでは単語の出現回数に基づいたシンプルなテキスト解析の手法を紹介する。各文章を単語の出現回数で表現した単語文書行列を作成する。P107の【解説】スクレイピングの図2のcsvファイルのcontent列の各テキストから、KHcoderで単語を抽出した結果の一部が、下の図1の下部に示されている。

【図1：KHcoderによる単語抽出】

スクレイピングした.csvファイル

title	sub_title	content
データサイエンス学部の理念	（1）設置の目的と育成する人材像	近年、情報通信技術の進展によって、社会の様々な分野でビッグデータと言われる多種多様で膨…
データサイエンス学部の理念	（2）教育課程の特色	本学部の教育課程では、統計や情報の基礎力を身に付けるだけでなく、実際にデータの解析結果…

▼

KHcoderによる単語抽出結果

h1	h2	h3	h4	h5	id	length_c	length_w	データ	価値	基礎	情報	学部	分野	サイエンス	スキル	技術	社会	手法	専門
0	0	0	0	1	1	272	159	6	2	1	2	2	1	2	1	1	2	0	2
0	0	0	0	2	2	318	190	4	2	3	2	1	2	0	1	1	0	2	0

今回は単語の中で名詞だけを抽出対象としている。単語抽出結果の行（縦）の数は対象とした文章の数である。列(横)の数は2つの文章中に登場する名詞の数だけある。行列を見ると、『データ』という単語は1つ目の文章には6回、2つ目の文章には4回出ていることがわかる。『サイエンス』という単語については1つ目の文章で2回登場している一方で、2つ目の文章には1回も使われていないことも見てとれるだろう。

　具体的な手順は以下の通りである。【 】がKHcoderのメニューになる。

1．分析ファイルの指定
【プロジェクト】→【新規】分析対象のcsvファイルを指定
　分析対象とする列はcontent列を指定する

分析対象ファイル：	参照	/Users/skato/Desktop/book/scraping001.csv
分析対象とする列：		content
言語：	日本語 ⌐	ChaSen
説明（メモ）：		

2．前処理の実行
　この操作はKHcodeerが処理するために必要なKHcoder内部での前処理である。
【前処理】→【前処理】の実行 でKHcoderでの分析の準備が完了する。

3．抽出オプションの指定とcsvファイルでの出力
【プロジェクト】→【エクスポート】→【「文書×抽出後」表】→【CSVファイル】
　以下の画面で表の出力に関するオプションを指定することが出来る。

```
─ Words ──────────────────
集計単位：　H5　⌐
最小/最大 出現数による語の取捨選択
　　最小出現数：［1　　］　最大出現数：［　　　　］
最小/最大 文書数による語の取捨選択
　　最小文書数：［1　　］　最大文書数：［　　　　］
品詞による語の取捨選択
```

今回、最小出現数は１・品詞による語の取捨選択は「名詞」のみとした。

　最小出現数を大きい数で指定することで、対象とする文章全体で出現頻度が低い単語を分析対象から省くことも可能である。また、分析内容に応じて、「名詞」以外の品詞を取得することも出来る。

　【OK】を押すとcsvファイルが保存される。ファイルには、KHcoderによる単語抽出結果が収められている（下の図2上部）。不要な列（最初の8列など）を削除し、出現回数が2以上のものを1に変えるという2つの処理を行うことで、目的のデータが出来上がる（下の図2下部）。

【図２：KHcoder で作成した単語抽出結果に整形処理を実行】

KHcoderによる単語抽出結果

h1	h2	h3	h4	h5	id	length_c	length_w	データ	価値	基礎	情報	学部	分野	サイエンス	スキル	技術	社会	手法	専門	内容	年次	目的	カ
0	0	0	0	1	1	272	159	6	2	1	2	1		2	1	1	2	0	2	0	0	0	
0	0	0	0	2	2	318	190	4	2	3	2	1	2		0	1	1	0	2	0	2	2	2

前処理
・不要列の削除
・1以上を全て1に置換

単語文書行列

データ	価値	基礎	情報	学部	分野	サイエンス	スキル	技術	社会	手法	専門	内容	年次	目的	カリキュラム	コミュニケーション	ビッグ	科学
1	1	1	1	1	1	1	1	1	0	1	0	0	0	0		1	1	0
1	1	1	1	1	1	0	1	1	0	1	0	1	1	1		0	0	1

　今回は、単語の出現回数という情報を単語の有無に変換を行なった。通常、単語文書行列は単語の出現回数を格納したものを指す。単語の出現回数を単語の有無に変換することで情報量が減ってしまうので、出現回数そのものを使って分析したほうが良い場合もある。また、単語同士の近さや関連性を特に考慮していないが、単語間の関係性を視覚的に表現する手法の1つとして、共起ネットワークというものを紹介しておこう。共起ネットワークは単語同士が文章に同時に登場した回数を考慮して、単語の関係性をネットワークにして表現したものである。

　観光スポットＡの口コミデータを、KHcoderを使って、共起ネットワークによる可視化をしたものが、次ページの図3である。

【図3：KHcoder を用いた共起ネットワーク】

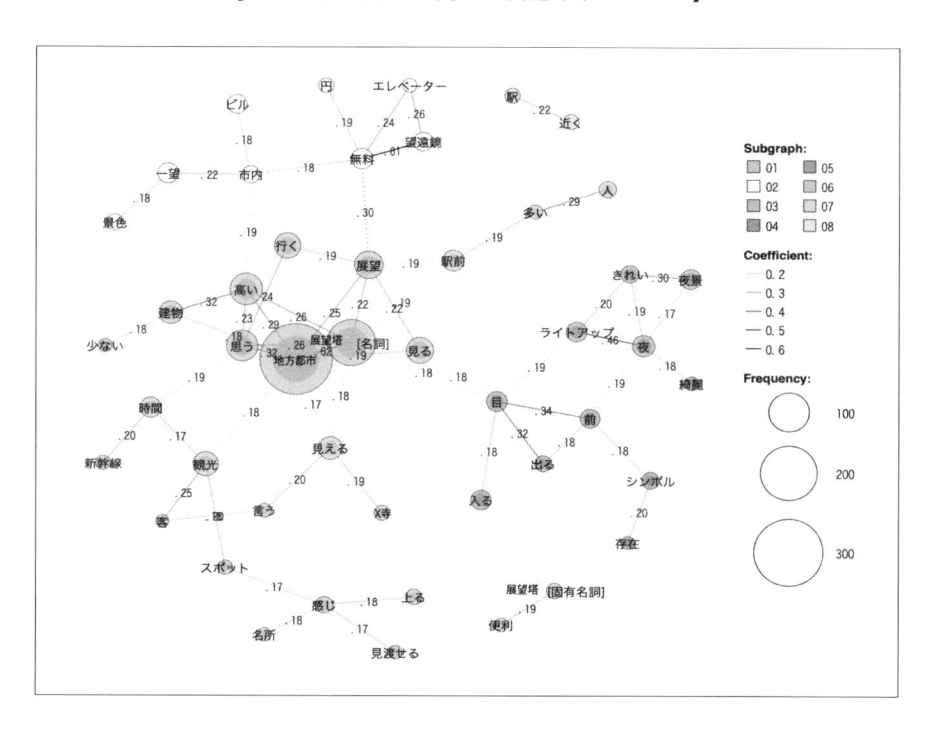

決定木分析

　決定木（Decision tree）は 分類問題と回帰問題と呼ばれる問題双方に使用可能な、教師あり（データの中に最終的な目標となる結果が与えられているもの）学習のアルゴリズムの1つである。与えられたデータを、ルールを使って段階的に分類していく手法であり、説明性が高く、機械学習や統計についての専門的な知識を有していなくても結果の解釈がしやすいという利点がある。

　決定木のアルゴリズムや数式を考える前に、以下のような問題を考えてみよう。10人の顧客に対する購買データとして下の図1がある。顧客の性別と購入した日の天気という2つの特徴量（変量）がわかっていて、購入した場合は1、購入しなかった場合を0としている。ここでは購入したかしなかったかが、分類の目標となる。

【図1：購買情報】

	性別	天気	購入
A	男性	雨	1
B	男性	晴れ	1
C	男性	晴れ	1
D	男性	晴れ	1
E	男性	晴れ	1
F	男性	晴れ	0
G	女性	晴れ	0
H	女性	晴れ	0
I	女性	晴れ	0
J	女性	雨	0

　購買情報を元に、購入の傾向を「性別」・「天気」のどちらか片方だけの特徴量で説明しなくてはいけない場合に、どちらを使うほうが良いだろうか。

「性別」で考えた場合、男性は6人のうち5人が購入、女性は4人のうち4人とも購入をしていない。男性は購入する傾向がかなり高く、女性は購入しない傾向があるということが観察出来る。

「天気」で考えた場合はどうだろうか。雨の日は2人のうち1人が購入、晴れの日は8人中4人が購入している。このデータからは「雨だから購入する」とも「晴れだから購入する」といった「天気」による傾向を観察することは難しい。

これらを踏まえると、2つの特徴量のどちらか一方だけを採用して購入の傾向を説明する場合には、「性別」を採用したほうが良いことがわかるだろう。女性のグループでは全員が未購入（すべての人が買わないという意味で「純度」が最高レベル）、男性のグループでは、6人中5人が購入している（こちらも、「純度」が高い）。つまり「性別」という特徴量のほうが、購入の有無による分類に適している。

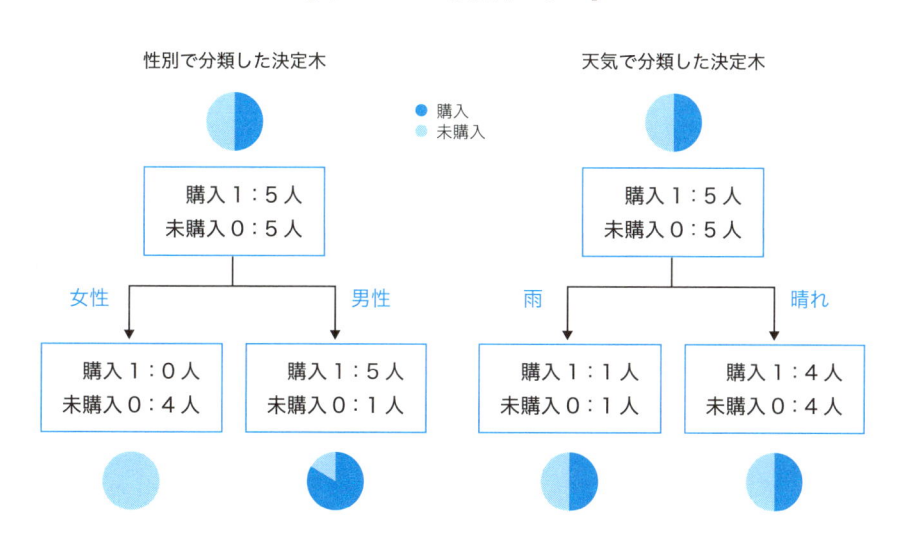

【図2：2つの決定木モデル】

決定木を用いた上の図2の2つのモデルを見比べてみよう。ここでは、合理的と思われる「性別」で分類した決定木に加えて、あえて不適当と思われる「天気」で分類した決定木も図示した。

実は、決定木では、「性別」で分けた分類と「天気」で分けた分類を比較して（正確には、両者の不純度）を見比べて、「性別」による分類のほうが適していると判断して、最終的な結果として、左側の分類を選択しているのである。次ページのように、分類を繰り返すことによって、複数の特徴量と閾値（しきいち）が得られる。

【決定木のアルゴリズム】

Step1：すべての特徴量で不純度を計算。
Step2：最も良い分類になる特徴量と閾値を採用して分類。
Step3：分類後のデータに対して Step1 と Step2 を繰り返す。

不純度はデータセットに「不純なものが含まれているか」を計る指標であり、代表的な指標にジニ不純度がある。下の図3に二値分類の際のジニ不純度の式と変化を示した。そのグループの中で、あることに該当する（例えば購買した）個体の割合をpとしている。各円グラフの濃淡の混ざり合い方（pの値）とジニ不純度の変化を見て欲しい。

【図3：ジニ不純度の式と変化】

ジニ不純度： $1 - \{p^2 + (1-p)^2\}$ ● p ● 1–p

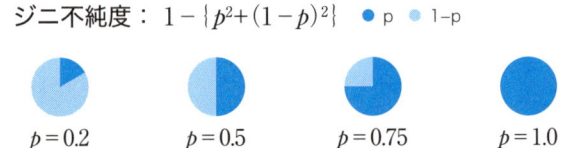

| $p=0.0$ | $p=0.2$ | $p=0.5$ | $p=0.75$ | $p=1.0$ |
| 不純度：0 | 不純度：0.32 | 不純度：0.5 | 不純度：0.375 | 不純度：0 |

前ページの図2に不純度の値を記載したものが、下の図4である。

【図4：不純度を記載した決定木】

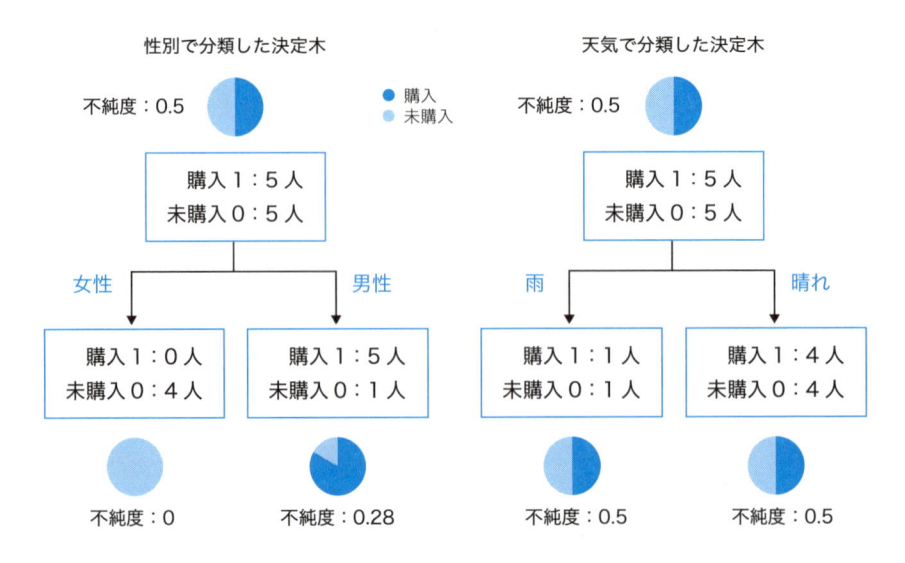

前ページの図4を元に改めて決定木のアルゴリズムを追ってみよう。

Step1：すべての特徴量（この場合は、2つだけ）で不純度を計算。

　ここで計算されるのは分割後の不純度であり、左から 0, 0.28, 0.5, 0.5 となる。

Step2：分割の良さが良い特徴量を採用して分割。

　分割の良さをどう測るかについては、様々な方法があるが、分割前の不純度 − 分割後の不純度 の値が一番大きくなる分割を選ぶことにする。分割の良さがより良いのは「性別」のほうで、女性のグループで不純度がゼロになり、

　分割前の不純度 − 分割後の不純度 = 0.5 − 0 = 0.5

となる。より深い決定木モデルを作成する際には、前のデータセットに対してStep1、Step2を繰り返すことになる。今回は、性別も天気も二値データだったので、閾値は問題にならないが、多くの場合、閾値をどこに置くかの判断も必要になる。

　Pythonで決定木分析と結果の可視化を行う方法を見てみよう。Code 1 にて必要なライブラリをimportする。P112の図1に相当するデータフレームを扱うpandas、可視化のためのmatplotlib（日本語の表示を可能にする設定にしている）などを加えている。sklearn はscikit-learnという機械学習ライブラリで決定木以外にも数多くのモデルを統一的に扱うことが出来る。今回はscikit-learnの決定木を使用する。

【Code 1】

```
import pandas as pd
# 可視化で日本語を表示する設定
!pip install japanize-matplotlib
import matplotlib.pyplot as plt
import japanize_matplotlib
import seaborn as sns
sns.set(font="IPAexGothic")
# 決定木を使用するためのライブラリ
from sklearn.tree import DecisionTreeClassifier
# 決定木を可視化するライブラリ
from sklearn.tree import plot_tree
```

　次ページの図5は、P112の図1の性別の列は男性を1、女性を0。天気の列は雨を0、晴れを1に変換したものである。分析を行う際には、このように数字に置き換えると便利なことが多い（例えば、性別の列の数字を全部足すと、男性の人数になる）。

	性別	天気	購入
0	1	0	1
1	1	1	1
2	1	1	1
3	1	1	1
4	1	1	1
5	1	1	0
6	0	1	0
7	0	1	0
8	0	1	0
9	0	0	0

また分析したいデータが sample.csv として用意出来ている場合は、

```
df = pd.read_csv("/content/drive/MyDrive/sample.csv")
```

とすることで、csvの情報をそのまま読み込むことも可能である。

　Code 2 はscikit-learnの決定木を使用して、分析を行い、その可視化までを行っている。Xには特徴量（yに影響を与えていると思われる変数、この場合は、性別と天気）に相当する部分、yには目的変数と呼ばれる購入結果に相当する部分を指定する。Xは上の図5 のデータフレームから購入列を落とす .drop を使用して指定している。yは直接データフレームから購入列を指定している。
　決定木の分析そのものは、
DecisionTreeClassifier(max_depth = depth, random_state=0).fit(X, y)
で行われている。カッコの中は、オプション（分析にいくつかのバリエーションがあり、それを指定するもの）であり、max_depthは木の深さを指定するオプションである。今回は、depthtを1にしているので、枝分かれは1回で終了である。.fit(X, y)の部分は、モデルを特徴量Xと目的変数yに当てはめるように指定している。

```
X = df.drop(columns = ['購入'])
y = df['購入']

# 決定木の深さを指定
depth = 1
# 決定木モデルの作成
tree = DecisionTreeClassifier(max_depth = depth, random_
state=0).fit(X, y)

# 決定木の可視化
fig = plt.figure(figsize=(8,8))
plot_tree(tree, feature_names=X.columns, class_names=True,
filled=True)
plt.show()
```

　出力結果は、以下のようになる。P114の図4の左の決定木とほぼ同じになっていることがわかるだろう。

【Code 2】の出力結果

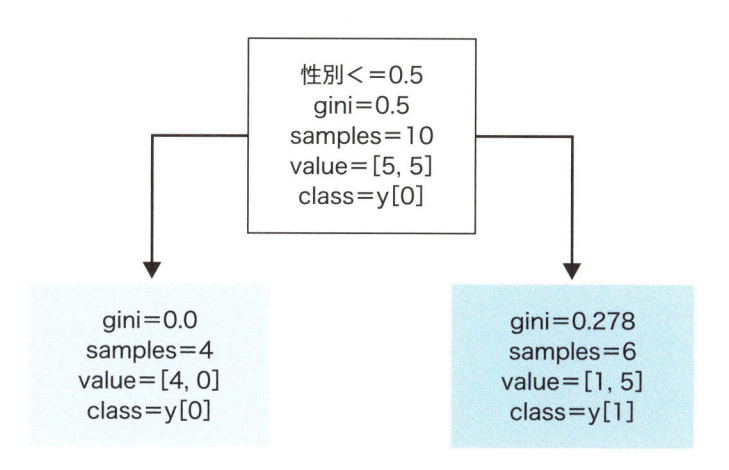

今回の例では2つの特徴量（「性別」、「天気」）から目標となる「購買」を分類する例を取り上げた。多数の特徴量がある場合、決定木の深さを深くしていくことで、データの分類をしていくことが出来る。ただし、深さを深くすればするほど、参照するルール（ある特徴量が、ある閾値以上であれば、あるグループに分類するというような規則のこと）の数が多くなり、最終的に、解釈の難しいモデルになってしまうので、深さの調節は重要である。

　一般に決定木は、与えられたデータをルールに基づき段階的に分類していく手法であるが、分類する際に「どの特徴量を採用し、どんな閾値にするか」を、非常に多数の選択肢から決定している。今回のデータでは、人間の目でも決定木と同じ分類が可能であるが、顧客が1000人、顧客に関する属性が50個存在する1000行50列のデータではどうだろうか。特徴量を選び、閾値を変えて、一つひとつその度に不純度を計算していくのは膨大な作業になる。コンピューター（機械）の助けなしでは出来ない作業であることは、容易に想像がつくであろう。

　決定木は本来「予測」に使われる。P112の図1に含まれないケースに関して、購買するか否かの結果がわからない場合、来店した顧客の性別やその日の天気から、購買するかしないかを「予測」したいとする。この場合、購買の有無がわかっている図1のデータ（教師ありデータ）を使って、決定木を作成しておき（「学習」させるともいう）、得られた決定木のルールにしたがって、購買するかしないかを予測することになる。

第 6 章

事 例

経済発展と環境保護の関係
～重回帰分析を知る～

経済発展と環境保護の関係
── 政治的な立場との関係 ──

　地球環境は様々な問題に脅かされていると言われている。例えば、海洋生物が海に流出したプラスチックごみを食べてしまい、生態系のバランスが崩壊することが懸念されている。こうした問題に対し、日本では2001年に、リサイクルによる資源の有効利用の促進を図るための法が施行され、2019年に開催されたG20大阪サミットでも、2050年までに海洋プラスチックごみによる追加的な汚染をゼロにすることが政策目標として掲げられた。

　一方で、人々がそうした新たな対策を支持するとは限らず、一部の人だけが環境保護的な行動をとっている可能性がある。例えば、先行研究は、「経済成長よりも環境保護を優先する」という意識を持つ人ほど、再生商品の購入や買い物袋の持参などのエコ行動を行うことを明らかにしている[1]。この結果は、環境保護意識を社会に醸成させることの重要性に加え、人々が環境保護を優先しない理由、すなわち、経済成長を優先する理由についても探る必要性を示唆している。

　そこで本章は、環境保護か経済成長かの選択に注目した分析を行う。この変数は、個人が抱く理想的な社会像について環境保護と経済成長を天秤にかける形で尋ねた設問に基づいており、今後社会が「持続可能な開発のための目標（SDGs）」を進めていく中で議論を要する問題でもある。特に、環境保護を優先する立場からすると、まずはどのような考えや立場の人が環境保護よりも経済成長を優先するのかを把握しておくことは重要な課題だと考えられる。

　環境保護意識の関連要因を分析した先行研究を確認すると、個人の意識や価値観に注目した研究が散見される。そうした研究は、自身が保守か革新かを尋ねた保革自己イメージの変数と、環境問題に対する政府の支出を多い／少ないと考えるかを尋ねた意識変数との関連性を多角的に検討しており[2]、自身を革新だと思う人ほど環境問題への政府の支出は少ないと考える傾向を明らかにしている[3]。その他に類似の研究として、社会の伝統を重視する人ほど環境保護意識を重視しないといった

＊1　大橋正彦 2011「わが国消費者におけるエコ諸活動の規定因と環境リスク JGSS-2008 のデータより」『危険と管理』42:138-147.

＊2　池田裕 2018「保革自己イメージと政府支出への支持：世論研究における分位点回帰の適用」『ソシオロジ』62(3):21-39.

＊3　安野智子・池田謙一 2002「JGSS-2000 にみる有権者の政治意識 大阪商業大学比較地域研究所・東京大学社会科学研究所編」『日本版 General Social Surveys 研究論文集：JGSS-2000 で見た日本人の意識と行動』東京大学社会科学研究所資料第 20 集 .

報告もある[*4]。

　これらの知見を総合すると、環境保護か経済成長かの選択では、革新の人ほど環境保護を選び、保守の人ほど経済成長を選ぶことが予想される。なぜなら、保守の人ほど、環境問題という新たなトピックよりも、社会の基盤として確立している市場経済の成長を選ぶことが考えられるからである。

　以上より本章は、「保守派ほど、地球環境の保護よりも経済成長を優先する」という仮説を立て、これを検証する。環境保護か経済成長かの選択をめぐる意識変数と保革自己イメージ変数の関連性を、サンプルの代表性が担保された社会調査データで分析した研究は乏しい。そのため、分析では無作為抽出法に基づく社会調査データを使用する。以下では、仮説検証に使用するデータと使用する変数の概要を説明していく。

1．使用するデータ

　本研究では、日本版総合的社会調査（Japanese General Social Surveys：JGSS）の2008年データである面接調査票と留置調査票A票を使用した。同調査の母集団は、日本の成人男女（20～89才）であり、標本は層化二段無作為抽出法[*5]によって抽出されている。A票の有効回収数は2,060ケース、回収率は58.2%である。詳しくは、大阪商業大学 JGSS 研究センターを参照していただきたい[*6]。

　仮説の検証方法として、環境問題と経済成長のどちらを優先するかという設問を目的変数、保革自己イメージを説明変数とした分析を行う。加えて、その他の要因の影響も考慮し、性別、年齢、学歴、世帯年収も追加した重回帰分析を行う。以下より、分析で使用する変数の詳細を説明する。

◆目的変数

「地球環境の保護よりも、経済成長を優先すべきだ。」に対し、1賛成～4反対で回答を求めた設問である。分析では、これを逆転（1→4　2→3　3→2　4→1）させて、得点が高いほど「経済成長を優先する」に変換したものを用いる。

＊4　吉川徹 1998『階層・教育と社会意識の形成：社会意識論の磁界』ミネルヴァ書房．保坂稔 2002「権威主義的性格と環境保護意識」『社会学評論』53(1):70-84.
＊5　層化二段無作為抽出法については、次の文献を参照していただきたい。福井武弘 2013『標本調査の理論と実際』日本統計協会．
＊6　大阪商業大学 JGSS 研究センター，2022，「JGSS-2008「第7回生活と意識についての国際比較調査」の調査概要」，（https://jgss.daishodai.ac.jp/surveys/sur_jgss2008.html，2022年9月26日取得）．

◆ 説明変数

　注目する説明変数として、「保革自己イメージ」を用いる。これは、「政治的な考え方を、保守的から革新的までの5段階に分けるとしたら、あなたはどれに当てはまりますか。」に対し、1保守的～5革新的で尋ねた設問である。分析では、得点が高いほど、「保守派」に変換（1→5　2→4　3→3　4→2　5→1）した変数を用いる。後の重回帰分析では、保守であることの影響を見るため、5と4を"1"に、3、2、1を"0"に変換したダミー変数[*7]である、保守ダミーを用いる。

　その他の説明変数として、性別、年齢、学歴、世帯年収を用いる。各変数の加工方法は以下の通りである。

　「性別」の設問は、男性か女性かを尋ねているため、男性を"0"、女性を"1"とした女性ダミー変数を用いる。

　「年齢」は、観測値をそのまま変数として用いる。

　「学歴」は、元々13の学校の種別で尋ねており、これらを中卒、高卒、短大・高専卒、大学・院卒の4つに分類した。重回帰分析では、各カテゴリを2値変数に変換したダミー変数を用いる。補足すると、例えば中卒の人の場合、中卒ダミーの変数は1、高卒ダミー、短大・高専卒ダミー、大学・院卒ダミーは0となる。

- 中卒：尋常小学校、旧制高等小学校、新制中学校
- 高卒：旧制中学校、旧制実業・商業学校、旧制師範学校、新制高校
- 短大・高専卒：旧制高校・高等師範学校、新制高専、新制短大
- 大学・院卒：旧制大学・大学院、新制大学、新制大学院

「世帯年収」のカテゴリも複数あることから、以下の5つに分類した。これらの各カテゴリを2値変数に変換し、ダミー変数として用いる。

- 世帯年収 250万未満
- 世帯年収 250 ～ 450万未満
- 世帯年収 450 ～ 650万未満
- 世帯年収 650 ～ 1000万未満
- 世帯年収 1000万以上

◆ 各変数の詳細

　P123 ～ P125の図1 ～ 5は説明変数、P125の図6は目的変数の分布である。ここではデータの説明のため、欠損値も含めて提示しておく。

＊7　1か0のいずれかの値を取る変数（2値変数）をダミー変数と呼ぶ。

【図１：保革自己イメージ】

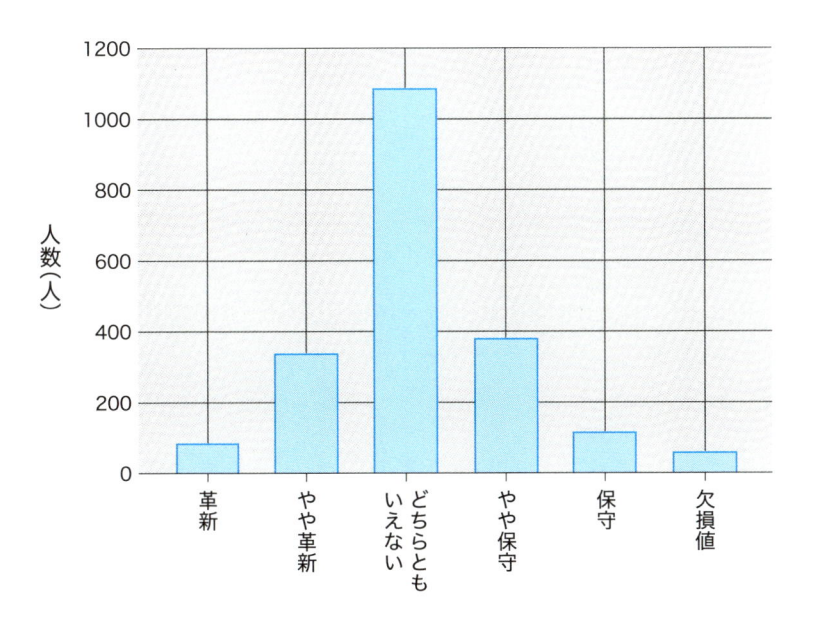

【図２：性別】

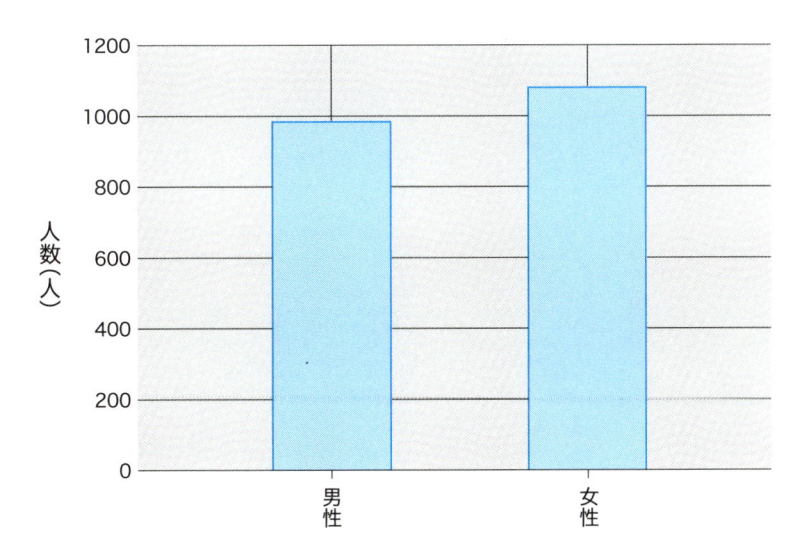

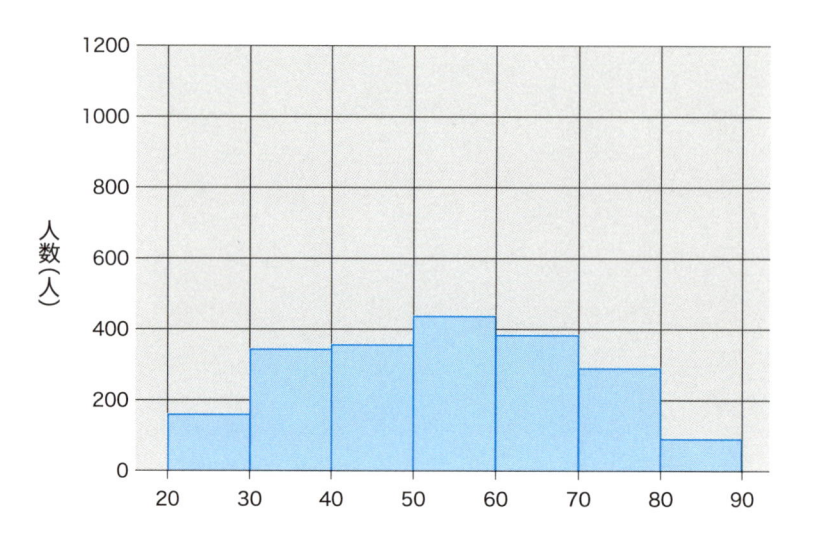

【図3：年齢】

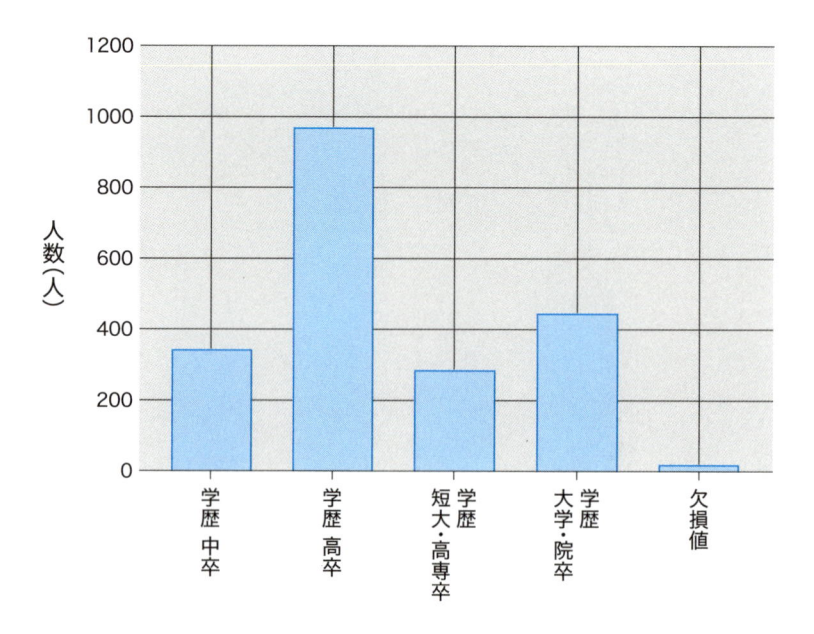

【図4：学歴】

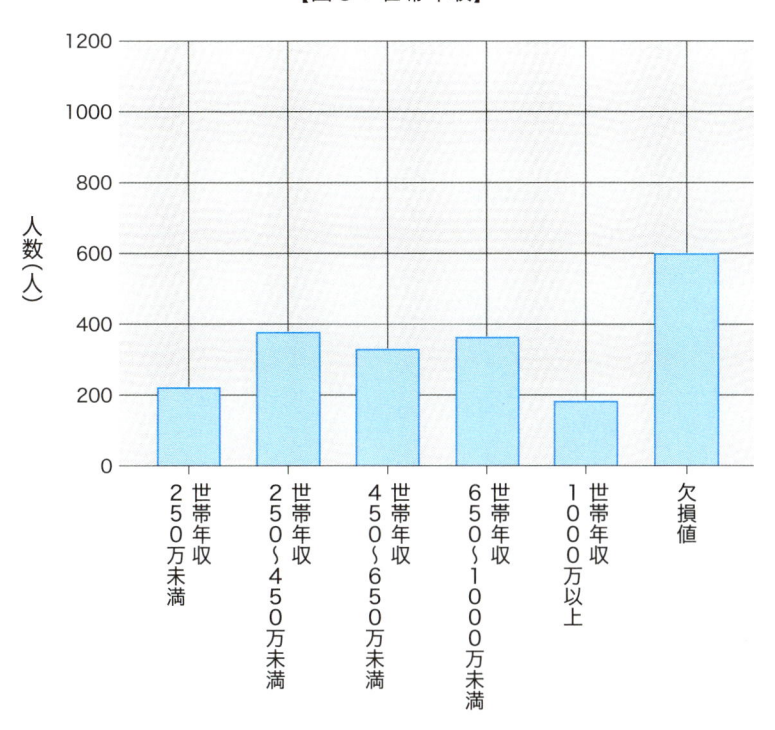

【図5：世帯年収】

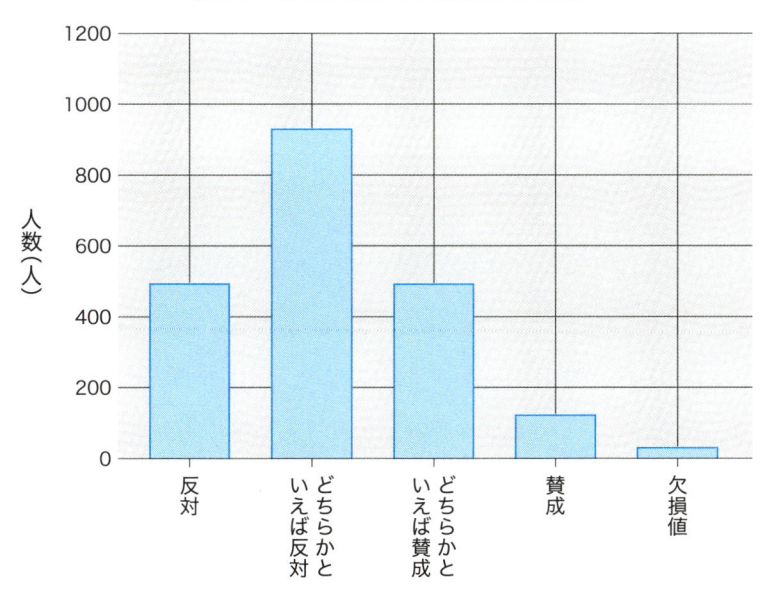

【図6：環境保護より経済成長を優先】

前ページの図6は、目的変数の「地球環境の保護よりも、経済成長を優先すべきだ。」の回答分布である。これを見ると、反対派（反対・どちらかといえば反対）のほうが多数であることがわかる。

2．分析結果
2－1．基本統計：クロス集計
　下の表1は、目的変数の「地球環境の保護よりも、経済成長を優先すべきだ。」と説明変数の保革自己イメージの関係性をクロス集計で表したものである。

【表 1：クロス集計】

		環境問題よりも経済成長を優先				
		反対	どちらかといえば反対	どちらかといえば賛成	賛成	合計
保革自己イメージ	革新	37	23	16	7	83
		44.6%	27.7%	19.3%	8.4%	100.0%
	やや革新	108	152	67	10	337
		32.0%	45.1%	19.9%	3.0%	100.0%
	どちらともいえない	232	515	271	55	1073
		21.6%	48.0%	25.3%	5.1%	100.0%
	やや保守	83	176	94	24	377
		22.0%	46.7%	24.9%	6.4%	100.0%
	保守	28	35	33	17	113
		24.8%	31.0%	29.2%	15.0%	100.0%

カイ 2 乗値 =67.471、自由度 =12、p 値 =0.000

　上の表からは、保革自己イメージが革新寄りの人ほど、環境問題よりも経済成長を優先することに反対していることが伺える。この2つの変数に関連性があるのかを探るため、カイ二乗検定[8]を行ったところ、0.1%水準で有意となった。このことから、2つの変数に関連はないという帰無仮説は棄却され、関連はあるという対立仮説が採択された。

＊8　クロス集計によるカイ二乗検定（x^2検定）は、2つの変数間の関連の有無を見るために行っている。帰無仮説は「2つの変数は独立である」、対立仮説は「2つの変数は独立ではない（関連あり）」となり、p値が有意であれば帰無仮説が棄却され、変数間に関連があると判断する。ただし後述のように、クロス集計では2つの変数間の関連性しか見ていない点に注意が必要である。検定については、第9章の【解説】「統計的仮説検定」（P224）を参照のこと。

しかし、このクロス集計では2つの変数の関連性を見ただけであり、性別などの他の変数の影響を考慮（統制）出来ていない。そのため、以下ではそうした統制を可能とする重回帰分析を行う。

2－2．重回帰分析の結果

　それでは重回帰分析を行う（次ページの表2参照）。分析に先立ち、使用する変数に無回答等の欠損値があるケースを分析対象からすべて除外した[9]。これにより、分析対象は1411となった。

　重回帰分析に用いる説明変数は、女性ダミー、年齢、学歴ダミー（高卒ダミー、短大・高専卒ダミー、大学・院卒ダミー）、世帯年収ダミー（250~450万未満ダミー、450~650万未満ダミー、650~1000万未満ダミー、1000万以上ダミー）、保守ダミーである。

　学歴と世帯年収は、元々が3つ以上のカテゴリを持つ変数であることから、学歴は中卒ダミーを、世帯年収は250万未満ダミーをモデルに含めなかった。この理由を学歴で説明する。中卒の人は、学歴ダミーの中で中卒ダミーだけが1の値をとる。このことは、中卒以外の学歴ダミーの値がすべて0の回答者は、中卒であることも意味する。つまり、k個のカテゴリがある変数の場合、k個すべてのダミー変数を重回帰分析に使う必要はなくなる。1つ少ないk-1個のダミー変数を使えば良く、逆に、k個すべてを使うと余分なカテゴリを含めることになる。そのため、ここでは中卒ダミーを除いたわけである。世帯年収の250万未満ダミーもこれと同じ理由で除いている[10]。また、除いたカテゴリは、基準カテゴリ（参照カテゴリ）と呼ばれ、重回帰分析の結果の解釈の際は、基準カテゴリとその他のカテゴリを比較する。例えば、基準カテゴリの中卒よりも、高卒が経済成長を優先するか否かを比べることになる。なお、どのカテゴリを基準カテゴリに選ぶかは分析者の判断次第である。一般に、他のカテゴリと比較しやすいものを選ぶ。

---

[9]　このように、分析に使用する全変数の中で、欠損値を含むケース（本データの場合、回答者）を分析からすべて除外する欠損値処理の方法をリストワイズ除去と呼ぶ。ただし、欠損値処理の方法は様々存在しており、例えば、多重代入法などが挙げられる。

[10]　仮にすべてのカテゴリのダミー変数を重回帰分析に用いると、「多重共線性」が生じ、推定結果が不安定となる。

	回帰係数	p 値
女性ダミー	-0.120	0.009
年齢	0.005	0.005
学歴（基準：中卒）		
高卒ダミー	-0.189	0.005
短大・高専卒ダミー	-0.335	0.000
大学・院卒ダミー	-0.422	0.000
世帯収入（基準：250 万未満）		
世帯収入 250 〜 450 万未満ダミー	0.036	0.617
世帯収入 450 〜 650 万未満ダミー	-0.122	0.111
世帯収入 650 〜 1000 万未満ダミー	-0.061	0.424
世帯収入 1000 万以上ダミー	-0.163	0.066
保守ダミー	0.084	0.000
調整済み R^2 乗	0.066	
N	1411	

　重回帰分析の結果を要約したのが上の表２である。回帰係数は、当該の説明変数の値が１上がった時に、目的変数がどれくらい増減するかを表している。先述のように、目的変数の「地球環境の保護よりも、経済成長を優先すべきだ。」は、１〜４の範囲をとり、値が高いほど経済成長を優先し、低いほど地球環境の保護を優先することを意味する。よって、説明変数の回帰係数が、"プラス"だと経済成長を優先、"マイナス"だと地球環境の保護を優先、ということになる。

　重回帰分析の結果を見ていこう。保守ダミーの回帰係数はプラスで、p値[11]は0.1％水準で有意である[12]。つまり、保守の人ほど経済成長を優先する傾向にある。具体的に説明すると、先述のように保守ダミーは、保守傾向が"１"、それ以外（革新傾向及びどちらとも言えない）が"０"の値をとる２値変数である。ダミー変数の回帰係数は、この"１"と"０"の比較で解釈する。すなわち、保守ダミーの値

* 11　p 値については、第９章の【解説】「統計的仮説検定」（P224）を参照のこと。ここでの帰無仮説は「回帰係数が０」、すなわち、当該の説明変数が目的変数と関連しないことを意味する。p 値が有意ということは、帰無仮説が棄却され、説明変数と目的変数の間に関連がある、という結論になる。
* 12　保守ダミーの p 値は 0.000 である。この値は有意水準 0.001（0.1％）より小さいため、「0.1％水準で有意」と言う。

が0から1に上がった時＝保守である時に回帰係数がプラスであるため、保守（1）はそれ以外（0）に比べ経済成長を優先する、ということを意味する。

　その他の、10%有意水準で統計的に有意な変数を見ていく。女性ダミーの係数がマイナスであることから、男性（0）に比べ女性（1）ほど環境保護を優先する。年齢の係数がプラスであることから、年齢が高いほど経済成長を優先する。学歴の変数は、すべてマイナスであることから、中卒（基準カテゴリ）に比べ、高卒、短大・高専卒、大学・院卒ほど環境保護を優先する。年収の変数は、1000万以上がマイナスで有意であるため、250万未満（基準カテゴリ）に比べ、1000万以上の人ほど地球環境保護を優先する。

　以上の結果から、「保守派ほど、地球環境の保護よりも経済成長を優先する」という仮説は採択された。今回の重回帰分析の場合、「地球環境の保護よりも経済成長を優先する」という目的変数と、保革自己イメージという説明変数の関連性は、性別、年齢、学歴、年収の影響を除去（統制）したものとなっており、2変数のみに注目したクロス集計よりも正確な変数間の関連性を示している。

3. まとめ

- 無作為抽出法に基づく社会調査データを使用し、地球環境保護か経済成長かの選択をめぐる仮説を検証した。
- データの分布の可視化、及び変数間の関連性をクロス集計で確認した。
- 重回帰分析を用いて、仮説検証を行った。

── 謝 辞 ──

　日本版 General Social Surveys（JGSS）は、大阪商業大学 JGSS 研究センター（文部科学大臣認定日本版総合的社会調査共同研究拠点）が、大阪商業大学の支援を得て実施している研究プロジェクトである。JGSS-2008 は、学術フロンティア推進拠点の助成を受け、東京大学社会科学研究所の協力を得て実施した。二次分析にあたり、JGSS データダウンロードシステムで個票データの提供を受けた。

　本章で使われた重回帰分析とは、変数間の関連性を検討するための分析手法の1つである。以下では、この重回帰分析の基本となる部分を端的に説明する。

　重回帰分析は、2つ以上の説明変数（独立変数）と目的変数（従属変数、被説明変数）の関連性を調べる手法である。説明変数が1つの場合は単回帰分析、2つ以上の場合は重回帰分析と呼び、これらは線形回帰モデルに含まれる。

　例として、ある飲食店の「月の来客数」に対して、「食材の鮮度」と「店員の接客態度」が影響しているかを知りたいとする。この場合、来客数を目的変数に、食材の鮮度と店員の接客態度を説明変数に位置付けたモデルで重回帰分析を行うことになる。この分析の結果、店員の接客態度が統計的に有意になったとする。これはつまり、店員の接客態度が来客数に影響（関連）していることを意味している。

　上記の例のように、説明変数は「原因」、目的変数は「結果（アウトカム）」に相当する。本章で示された分析過程の中では、分析者が原因と結果の関係性を事前に想定した上で、重回帰分析を行っている。

　こうした変数間の関係性の想定は、仮説構築と言ったりもする。

　仮説構築の基本的な注意点としては、説明変数が目的変数に対して時間的に先行している関係性を持つことである。また、仮説構築の際は、先行研究などを読んだり、現場の人の声を聞いたりするなど、問題に関する知識や知見（いわゆるドメイン知識）を参考にし、どの変数が原因と結果になるのかを考えることが多い。

　重回帰分析の基礎的な利用条件の1つとして、目的変数が連続変数であることが挙げられる。連続変数とは、年齢や年収、運動時間のような量的な違いを表す変数である。一方で、男性か女性か、日本在住か否か、運動しているか否か、生活満足度の4段階評価など、質的な違いで表現可能な変数を質的変数（離散変数、カテゴリカル変数、順序変数）と呼ぶ。

　本章では、「地球環境の保護よりも、経済成長を優先すべきだ。」という問いに対し、1賛成〜4反対で回答してもらった4段階評価の設問を目的変数として用いた。この変数は基本的には順序変数として扱われ、一般的に、順序ロジスティック回帰分析という手法が適用される。ただし社会科学では、これを連続変数とみなして重

回帰分析を行うことも多く、本章の分析でも手法紹介のために重回帰分析を行っている。

重回帰分析のような回帰モデルの利点は、説明変数の効果を、共にモデルに投入した他の説明変数の効果を除去した上で導き出せるという点にある。このことは、説明変数のより確かな効果に迫る上で重要な意味を持つ。

例えば、「きょうだい数が、子供の小遣いに影響しているのではないか」という関心があったとする[1]。ここには「きょうだいの数が多いほど、本人がもらえる小遣いも少なくなる」という仮説が背景にある。

この仮説を検証するため、きょうだい数を説明変数とし、子供の小遣いを目的変数とした単回帰分析を行ったところ、きょうだい数は統計的に有意になった。したがって、きょうだい数の効果を支持したくなるわけだが、他方で、この関係性には親の年収という裏の要因が関わっていることも考えられる。

つまり、親の年収の高さは子供の人数に影響し、さらに、親の年収次第で子供の小遣いの金額も決まる、という可能性である。こうした疑いを晴らすには、親の年収という他の変数の効果を除去、すなわち、統制（コントロール）し、きょうだい数のより確かな効果を導き出す必要がある。

実際の手順としては、先ほどの単回帰分析のモデルに、親の年収を追加して重回帰分析を行うだけとなる。これで仮に、きょうだい数は有意ではなく、親の年収だけが有意になった場合、先ほどの単回帰分析によるきょうだい数の効果は見せかけであり、小遣いに対して効果を持つのは親の年収ということになる。一方、きょうだい数が有意なままであれば、やはり、きょうだい数は子供の小遣いに影響する、という結論になる（仮説採択）。

ここまで、重回帰分析の特徴をかなり端的に示したが、他にも説明すべき点は多分にある。特に重回帰分析の知識は、第7章で紹介するロジスティック回帰分析（P154を参照）などでも活かされるため、習熟が求められる。

次ページから、Python を用いて、重回帰分析のやり方の例を説明する。分析には、Python 用の機械学習ライブラリ scikit-learn に同梱されている糖尿病データセットを用いる。

まず、次ページからの手順でデータを読み込む。ここではデータを diabetes という名前で読み込む。

＊1　太郎丸博, 2005, 『人文・社会学科のためのカテゴリカル・データ解析入門』ナカニシヤ出版。

```python
import pandas as pd
from sklearn import datasets

#データセットの読み込み
diabetes = datasets.load_diabetes()
```

データを読み込んだ後に以下のコードを実行し、データに関する情報を確認する。

【Code 2】

```python
#データセット情報の表示
print(diabetes['DESCR'])
```

〈出力結果〉

```
.. _diabetes_dataset:

Diabetes dataset
----------------

Ten baseline variables, age, sex, body mass index, average blood
pressure, and six blood serum measurements were obtained for each of n =
442 diabetes patients, as well as the response of interest, a
quantitative measure of disease progression one year after baseline.

**Data Set Characteristics:**

  :Number of Instances: 442

  :Number of Attributes: First 10 columns are numeric predictive values

  :Target: Column 11 is a quantitative measure of disease progression one year
after baseline

  :Attribute Information:
      - age       age in years
      - sex
      - bmi       body mass index
      - bp        average blood pressure
      - s1        tc, total serum cholesterol
      - s2        ldl, low-density lipoproteins
      - s3        hdl, high-density lipoproteins
      - s4        tch, total cholesterol / HDL
      - s5        ltg, possibly log of serum triglycerides level
      - s6        glu, blood sugar level
```

```
Note: Each of these 10 feature variables have been mean centered and scaled by
the standard deviation times the square root of `n_samples` (i.e. the sum of
squares of each column totals 1).

Source URL:
https://www4.stat.ncsu.edu/~boos/var.select/diabetes.html

For more information see:
Bradley Efron, Trevor Hastie, Iain Johnstone and Robert Tibshirani (2004)
"Least Angle Regression," Annals of Statistics (with discussion), 407-499.
(https://web.stanford.edu/~hastie/Papers/LARS/LeastAngle_2002.pdf)
```

　出力結果には、10個の変数の情報が示されている。ageは年齢、sexは性別、bmiは肥満度、bpは平均血圧、s1はTC（血液中の総コレステロール値）、s2はLDL（低比重リポタンパク質）、s3はHDL（高比重リポタンパク質）、s4はTCH（＝TC÷HDL＝総コレステロール値／高比重リポタンパク質）、s5はLTG（血液中の中性脂肪値の対数）、s6はGLU（血糖値）を意味する変数である。なお、データセットに含まれているこれらの変数は、平均が0、ユークリッドノルムが1に正規化されている。次に、データセットの中身を確認するため、以下のコードを実行する。

【Code 3】

```python
###データセットの表示

#データをデータフレームの形にする
df = pd.DataFrame(diabetes.data)

#列名を指定
df.columns = diabetes.feature_names

#目的変数であるデータをデータフレームに追加
df['Target'] = pd.DataFrame(diabetes.target)

#データフレームの大きさを表示
print(df.shape)

#データフレーム先頭5行の表示
df.head()
```

	age	sex	bmi	bp	s1	s2	s3	s4	s5	s6	Target
0	0.038076	0.050680	0.061696	0.021872	-0.044223	-0.034821	-0.043401	-0.002592	0.019908	-0.017646	151.0
1	-0.001882	-0.044642	0.051474	-0.026328	-0.008449	-0.019163	0.074412	-0.039493	-0.068330	-0.092204	75.0
2	0.085299	0.050680	0.044451	-0.005671	-0.045599	-0.034194	-0.032356	-0.002592	0.002864	-0.025930	141.0
3	-0.089063	-0.044642	-0.011595	-0.036656	0.012191	0.024991	-0.036038	0.034309	0.022692	-0.009362	206.0
4	0.005383	-0.044642	0.036385	0.021872	0.003935	0.015596	0.008142	-0.002592	-0.031991	-0.046641	135.0

　上の表の一番右にあるTargetという変数は、糖尿病の進行度を表している。以下では、何が糖尿病の進行に影響しているのかを明らかにするため、Targetを目的変数、それ以外の変数（sexを除く）を説明変数とした重回帰分析を行う。
　まずは、説明変数と目的変数を定義する。

【Code 4】

```
#説明変数の作成
X = df[['age', 'bmi', 'bp', 's1', 's2', 's3', 's4', 's5',
's6']]

#目的変数の作成
y = df['Target']
```

そして、重回帰分析を実行する。

【Code 5】

```
import statsmodels.api as sm

#回帰モデルを定義
model = sm.OLS(y, sm.add_constant(X))

#モデルの作成
results = model.fit()

#結果の表示
print(results.summary())
```

〈出力結果〉

```
                          OLS Regression Results
==============================================================================
Dep. Variable:                 Target   R-squared:                       0.501
Model:                            OLS   Adj. R-squared:                  0.490
Method:                 Least Squares   F-statistic:                     48.11
Date:                Tue, 14 May 2024   Prob (F-statistic):           8.80e-60
Time:                        19:00:22   Log-Likelihood:                -2393.7
No. Observations:                 442   AIC:                             4807.
Df Residuals:                     432   BIC:                             4848.
Df Model:                           9
Covariance Type:            nonrobust
==============================================================================
                 coef    std err          t      P>|t|      [0.025      0.975]
------------------------------------------------------------------------------
const        152.1335      2.618     58.105      0.000     146.987     157.280
age          -33.1766     60.435     -0.549      0.583    -151.959      85.606
bmi          557.0606     66.936      8.322      0.000     425.500     688.621
bp           276.0816     65.307      4.227      0.000     147.722     404.441
s1          -712.8037    423.040     -1.685      0.093   -1544.276     118.669
s2           420.5649    344.305      1.221      0.223    -256.156    1097.285
s3           139.5108    215.800      0.646      0.518    -284.638     563.660
s4           126.2802    163.605      0.772      0.441    -195.280     447.841
s5           756.3663    174.726      4.329      0.000     412.948    1099.784
s6            48.9184     66.895      0.731      0.465     -82.561     180.398
==============================================================================
Omnibus:                        5.601   Durbin-Watson:                   2.018
Prob(Omnibus):                  0.061   Jarque-Bera (JB):                4.046
Skew:                           0.094   Prob(JB):                        0.132
Kurtosis:                       2.571   Cond. No.                         227.
==============================================================================
```

　上の表の下段を説明すると、coefは回帰係数、std errは標準誤差、tはt値[*2]、P>|t|はp値、[0.025　0.975]は係数の95%信頼区間である。説明変数欄の1番上にあるconstは定数である。

　ageを例に説明すると、係数が-33.1766、標準誤差が60.435、t値が-0.549、p値が0.583、95%信頼区間は-151.959 〜 85.606となっている。ageのp値は0.05より高く、5％の有意水準では統計的に有意ではない。統計的に有意な説明変数（p値が0.05より小さい変数）は、bmi、bp、s5である。

　これらは、回帰係数がプラスであり、肥満度、平均血圧、LTGが高いほど糖尿

＊2　重回帰分析では、説明変数の回帰係数の有意性を検証するため、検定統計量のt値を利用し、p値を確認する。

病が進行することがわかる。先ほど重回帰分析の利点について述べたように、これらの結果は、他の説明変数を統制した時の、目的変数に対する説明変数の効果を意味している。

　今回、使った9個の説明変数のモデルの説明力は、Adj.R-squared ＝調整済み決定係数で表されている。この値は0~1の範囲をとり、投入した説明変数（予測値のばらつき）が、目的変数のばらつきを説明出来ているほど1に近い。今回の調整済み決定係数は0.490であり、つまり、残り半分は説明出来ていないことが示唆される。

　ただし、調整済み決定係数が、どのくらい高ければ良いと言えるのかについては明確な基準がない。0に近いほど良い分析とは言いにくいわけだが、社会科学の研究では、0.1~0.2程度が一般的である。

　活用法として、様々な説明変数の組み合わせのモデルの中から、どのモデルが良いのかを判断する際に、調整済み決定係数の大きさを比較することがある。

第 7 章

事 例

Virtual YouTuberへの投資
〜ロジスティック回帰分析などを知る〜

Virtual YouTuber への投資

　日本において、日常生活の中でキャラクターを目にしない日はない。アニメ番組のみならず、ニュースやバラエティーでさえ番組にはイメージキャラクターがあり、私たちの目を引き付けている。

　このようにキャラクターの存在が当たり前となっている一方で、キャラクタービジネスには変化が訪れている。キャラクタービジネスで大きなシェアを占めるアニメ業界においても、動画配信市場がビデオパッケージ市場を追い越すなど、アニメの消費スタイルは DVD などの「モノ」から「デジタル」へと移行している。このように消費スタイルがデジタルへと進んでいる中、キャラクター自体も、コンピュータグラフィックスを用いたバーチャル Youtuber（以降 Vtuber と表記）がキャラクタービジネスとして新たに期待されている。Vtuber とは YouTube などの動画サイト上でタレント活動をする CG キャラクターの総称である。Vtuber が出演する動画は、モーショントラッキング技術で演者の動きをキャラクターに反映させているため、アニメに比べて短期間かつ低コストでキャラクターの動画を作ることができる。また、Vtuber が出演する動画は、事前に撮影して投稿・配信されるだけでなく、ライブによる配信も行われており、Vtuber が視聴者のコメントに反応するといった双方向のコミュニケーションが可能である。Vtuber 市場は現在も成長を続け、2018 年 3 月には 1000 人規模だった数も 2020 年 1 月には 1 万人に達するというペースで増加を続けている（下の図 1）。このように発展を続けている Vtuber であるが、キャラクターについての消費行動に比べると、Vtuber についての消費行動についてわかっていることは多くない。

【図 1：Vtuber 数の推移】

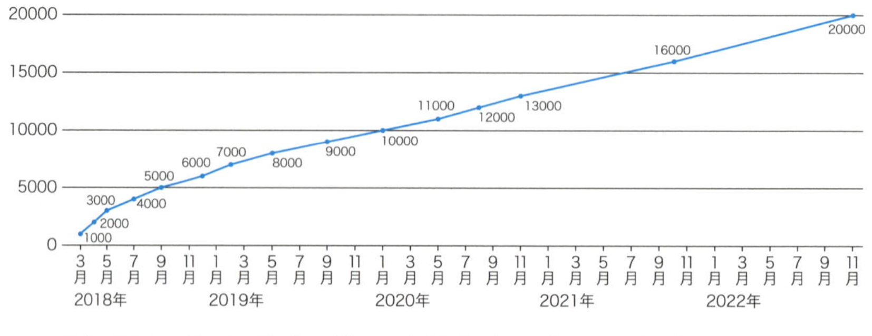

出典：「Vtuber ランキング」（ユーザーローカル）調べ https://www.userlocal.jp/press/20221129vt/

よって、本章ではどのような人がVtuber に投資するのか、その要因を明らかにすることを目的とする。

1．仮説の設定

　本章では、Vtuberに対して投資をする人々の特徴を明らかにする仮説を設定して検証していく。まず、仮説の設定に先立ち「投資」の方法について整理する。Vtuberの人気の指標は、主に動画の再生回数や再生時間である。よってまずは時間に対する投資を1つ目の要素とする。

　ただし「投資」には時間以外のものも考えられる。例えば、YouTube のスーパーチャット（投げ銭）累計額の世界ランキングトップ 20 に日本人の配信者が15人ランクインし、そのうち14人をVtuberが占める[1]など、投げ銭とVtuberの関係は切っては切れないものである。よって、本章では、Vtuberへの投資については、投げ銭という金銭的要素と 1 週間の視聴時間という時間的要素の2つの側面から検討する。次に仮説について整理する。

　［仮説1］Vtuberに求められる精神的な効果に関する仮説。日本人がキャラクターに求めている要素について論じた相原（2007）[2]は、キャラクターに求められる効果は時代と共に変化しているが、現在では「やすらぎ」や「庇護」といった癒しの効果を求める傾向が高いことを指摘している。これは、ここ数年で急激に成長し、消費者とキャラクターの双方向のコミュニケーションが可能なVtuber にも当てはまる可能性がある。よってまずは、「Vtuber に癒しを求める人は、バーチャルYotuberに多くの金銭的／時間的投資をする」という仮説を検討する。

　［仮説2］人間関係に関する仮説。Vtuberの視聴を余暇時間に充てるエンターテイメントと考えると、他の競合する余暇活動がある場合にVtuberへの投資行動は活発ではなくなるだろう。余暇活動には様々なものが考えられるが、一緒に遊ぶ人の存在は、Vtuberの視聴と競合する別の余暇活動への参加を促す可能性がある。逆に言えば、友人の数が少ない人ほど、Vtuberに投資を行うかもしれない。よって、本章では「友人の数が少ない人ほどVtuber に金銭的／時間的投資する」という仮説を検討する。

　［仮説3］Vtuber への投資と消費者の実生活に関する仮説。言うまでもなく、現代は極めてストレスフルな社会である。職場、家庭、学校の人間関係は益々困難さを極めている。日本人がキャラクターに求めている要素について論じた相原（2007）

＊1　文春オンライン , 2020 年 9 月 24 日 ,「なぜ日本人は Vtuber に " 投げ銭 " をするのか」専門家集団が分析
　　上位 16 人に 10 億円が！」（https://bunshun.jp/articles/-/40372）（2023 年 4 月 14 日参照）.
＊2　相原博之 , 2007,『キャラ化するニッポン』講談社現代新書 .

は、現代に生きる人々の心の支えとなっているものがキャラクターであると指摘している。つまり、社会に対して強いストレスを感じている人々にとって、心を許せる、あるいは精神的なよりどころになる存在がキャラクターなのである。よって本分析では、「ストレスを多く感じているほどVtuber に金銭的／時間的投資する」という仮説を検討する。

2．使用するデータと変数

　これらの仮説を検討するために**インターネット調査**（【解説】P149を参照）を行った。この調査は、2020 年 11 月 9 日から 23 日の 2 週間、Vtuber を視聴している人々に対してSNS上で実施した。113 名から回答を得たが、最終的な有効回答は105名であった。調査内容については、回答者がVtuber に対して行っている行動、Vtuber を視聴することで得られる気持ちについての質問、そして友人関係やストレスなどの回答者自身に関することを尋ねた。

　目的変数について、金銭的／時間的投資の 2 つの側面について調査した。金銭的投資は「ひと月当たりにVtuber に対して行っている投げ銭の平均的な金額」を尋ね、時間的投資は「週当たりのVtuber の視聴時間（分）」を尋ねた。

「ひと月当たりにVtuber に対して行っている投げ銭の平均的な金額」については具体的な金額を尋ねたが、0 円と回答する「投げ銭をしない」人が約 6 割を占めたことから、本章では投げ銭行動の有無についての 2 値変数とした（下の図 2 ）。「週当たりのVtuber の視聴時間（分）」の分布も偏りが見られたため、平均値で区切り、視聴時間低群（0 ～ 596分）と視聴時間高群「「597 ～ 1260 分」の 2 値変数とした（次ページの図 3 ）。

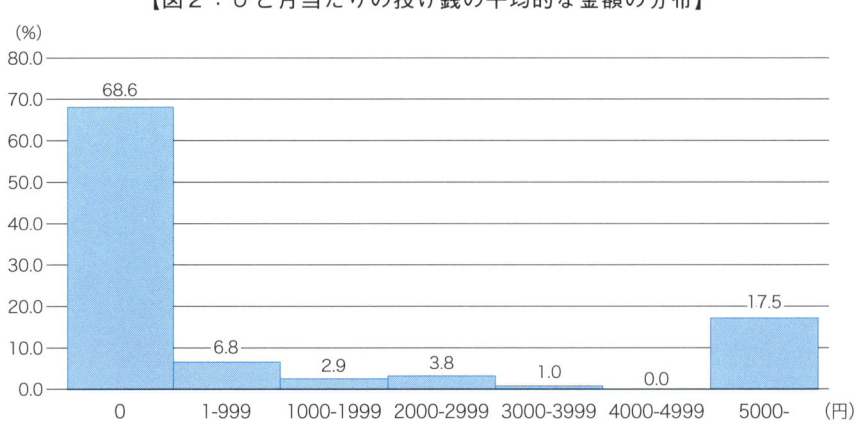

【図 2 ：ひと月当たりの投げ銭の平均的な金額の分布】

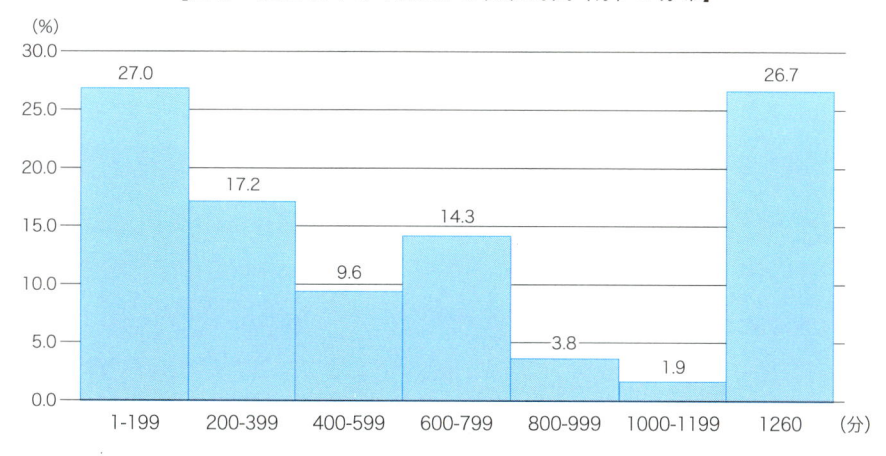

説明変数である「Vtuber を視聴することで得られる気持ち」は、相原（2007、P139脚注*[2]）を参考にし、キャラクターに期待する８つの効果を尋ねた（下の表１）。具体的には「Vtuberを視聴することで得られる気持ちについてお聞かせください」という問いに対して「非常にそう思う」から「全くそう思わない」までの５段階の選択肢で尋ねた。

集計の結果、Vtuber を視聴することによって、「やすらぎ」、「元気・活力」、「気分転換」を得ている割合が高く、「非常にそう思う」「そう思う」を合わせるとそれぞれ 92.4%、93.3%、96.2%であった（次ページの図４）。逆に「庇護」、「幼年回帰」、「変身願望」を得ている人は「非常にそう思う」「そう思う」を合わせるとそれぞれ28.6%、39.0%、29.5%と少ないことがわかった。

【表１：８つの得られる気持ちに対応する質問票の文言】

略称	質問票の文言
気分転換	軽い気分転換になる
元気・活力	元気や活力が湧いてくる
変身願望	視聴しているバーチャル YouTuber になりたいと思う
存在確認	自分との共通点を感じる
幼年回帰	楽しかった子供時代の記憶に浸れる
現実逃避	嫌なことが忘れられる
庇護	守られていると感じる
やすらぎ	心が安らぎ、癒される

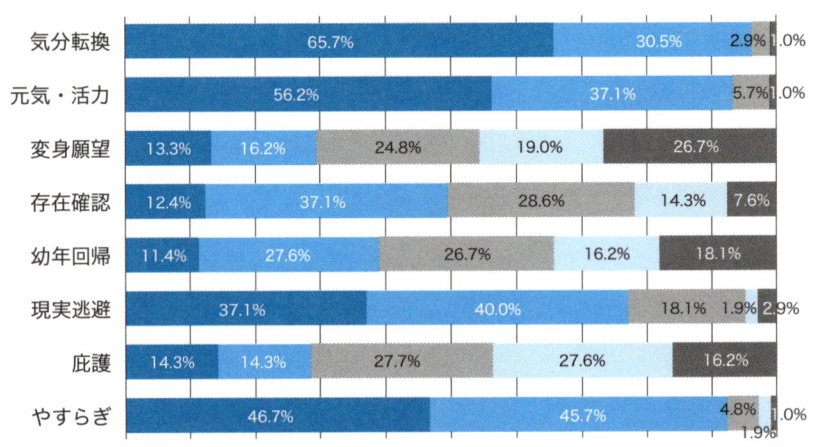

【図４：８つの得られる気持ちについての回答分布】

凡例: ■ 非常にそう思う　■ そう思う　■ どちらでもない　■ そう思わない　■ 全くそう思わない

- 気分転換: 65.7% / 30.5% / 2.9% / 1.0%
- 元気・活力: 56.2% / 37.1% / 5.7% / 1.0%
- 変身願望: 13.3% / 16.2% / 24.8% / 19.0% / 26.7%
- 存在確認: 12.4% / 37.1% / 28.6% / 14.3% / 7.6%
- 幼年回帰: 11.4% / 27.6% / 26.7% / 16.2% / 18.1%
- 現実逃避: 37.1% / 40.0% / 18.1% / 1.9% / 2.9%
- 庇護: 14.3% / 14.3% / 27.7% / 27.6% / 16.2%
- やすらぎ: 46.7% / 45.7% / 4.8% / 1.0% / 1.9%

　ストレスに関して、実生活で感じるストレスについて５段階で尋ねた。下の図５はその回答分布であるが、本分析では「かなり感じる」と「やや感じる」を「感じる」とし、「どちらでもない」をそのままとし、「ほとんど感じない」「全く感じない」を「感じない」として、３カテゴリに統合した。集計の結果、ストレスを感じると回答した人が64.8％と半数以上の人がストレスを感じていた（下の図５）。

　友人の数に関してはSNSの友人の数と現実世界での友人の数について、それぞれ７段階で尋ねた。本章では０～４人／５～10人／11人以上の３カテゴリに統合した。集計の結果、友人が11人以上いると回答した人が最も多く、現実世界での友人の数のほうがSNS上の友人よりも多くなっている（次ページの図６）。

【図５：実生活でのストレスの回答分布】

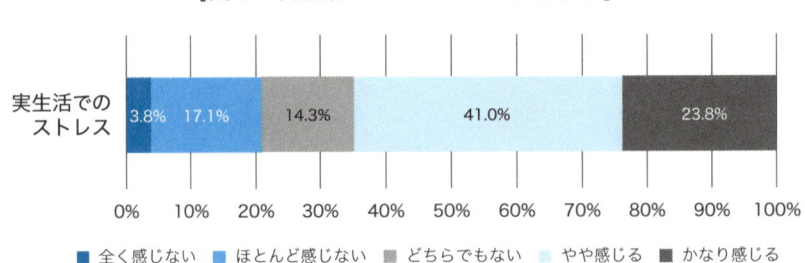

凡例: ■ 全く感じない　■ ほとんど感じない　■ どちらでもない　■ やや感じる　■ かなり感じる

- 実生活でのストレス: 3.8% / 17.1% / 14.3% / 41.0% / 23.8%

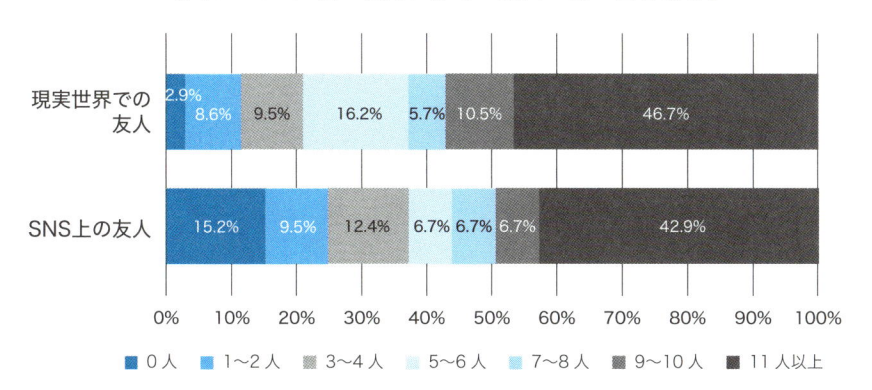

【図6：SNS 及び現実世界での友人の数の回答分布】

凡例：■0人 ■1〜2人 ▨3〜4人 ▨5〜6人 ■7〜8人 ▨9〜10人 ■11人以上

現実世界での友人：2.9% / 8.6% / 9.5% / 16.2% / 5.7% / 10.5% / 46.7%

SNS上の友人：15.2% / 9.5% / 12.4% / 6.7% / 6.7% / 6.7% / 42.9%

3．分析

3−1．基礎的な分析

まず仮説に関する基礎的な分析として、Vtuberへの投げ銭行動の有無ならびに視聴時間と、Vtuberを視聴することで得られる気持ちとのクロス集計を行う。得られる気持ちについては、「非常にそう思う」「そう思う」を「思う」、「どちらでもない」「そう思わない」「全くそう思わない」を「思わない」の2カテゴリに統合し、投げ銭の有無との関連を集計した。

次ページの表2によるとVtuberに「やすらぎ」や「庇護」を感じる人ほど、感じない人に比べて投げ銭をする人の割合が高かった。その他の変数に関しては関連が見られなかった。次にVTuberの週当たりの視聴時間とVtuberを視聴することで得られる気持ちについては、関連について有意なものはなかった[3]。

＊3　ここでは、「クロス集計の縦と横の項目が独立である」かどうかを検定している。これを独立性の検定という。この場合、x^2（カイ二乗）値と呼ばれるものから、P値（第9章【解説】の「統計的仮説検定」P224 を参照のこと）を計算する。

	投げ銭			視聴時間		
	思わない	思う	χ^2 値	思わない	思う	χ^2 値
やすらぎ	66.0%	100.0%	3.969*	47.4%	37.5%	0.292
庇護	50.0%	75.7%	6.496*	56.7%	43.2%	1.544
現実逃避	70.4%	66.7%	0.108	50.6%	38.1%	1.048
幼年回帰	61.0%	73.0%	1.662	43.9%	49.2%	0.28
存在確認	73.1%	63.5%	1.11	50.0%	44.2%	0.347
変身願望	58.1%	72.6%	2.123	58.1%	42.5%	2.125
元気・活力	67.3%	85.7%	1.023	46.9%	42.9%	0.044
気分転換	68.3%	75.0%	0.08	47.5%	25.0%	0.784

Note. *p < .05

　続いてVtuberへの投げ銭の有無と SNS 及び現実世界での友人の数、及びストレスの度合いとのクロス集計の結果を下の図 7、図 8、図 9 に示す。クロス集計の結果、現実の友人の数と投げ銭に関して有意な結果が得られた（x^2=11.548, df=2, p<0.05）。具体的には、友人の数が少ないほど投げ銭をしていることがわかった。

　また、SNSの友人の数と投げ銭に関しても有意な結果が得られた（x^2=16.288, df=2, p<0.05）。こちらに関しても友人の数が少ないほど投げ銭をしていることがわかった。ストレスに関しては有意な結果は得られなかった（x^2=0.036, df=2, p>0.05）。

【図7・図8・図9：投げ銭をする人の各割合】

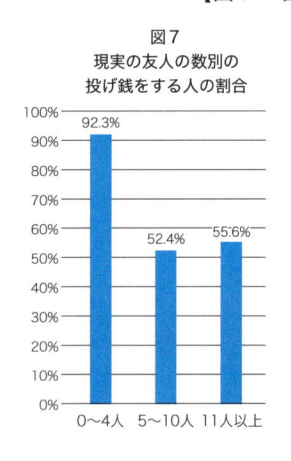

図7
現実の友人の数別の
投げ銭をする人の割合

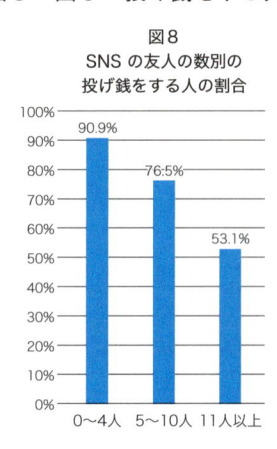

図8
SNS の友人の数別の
投げ銭をする人の割合

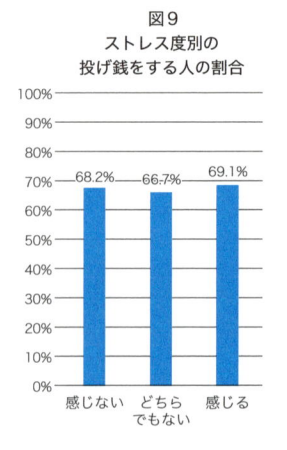

図9
ストレス度別の
投げ銭をする人の割合

次にVtuber の週当たりの視聴時間と、現実世界及びSNSでの友人の数、及びストレスの度合いとのクロス集計を下の図 10、図 11、図 12 に示す。クロス集計の結果、現実の友人の数（x^2=3.258, df=2, p>0.05）、SNSの友人の数（x^2=2.465, df=2, p>0.05）、ストレス（x^2=1.301, df=2, p>0.05）のすべてにおいて有意な結果は得られなかった。

【図 10・図 11・図 12：視聴時間が平均値以上である人の各割合】

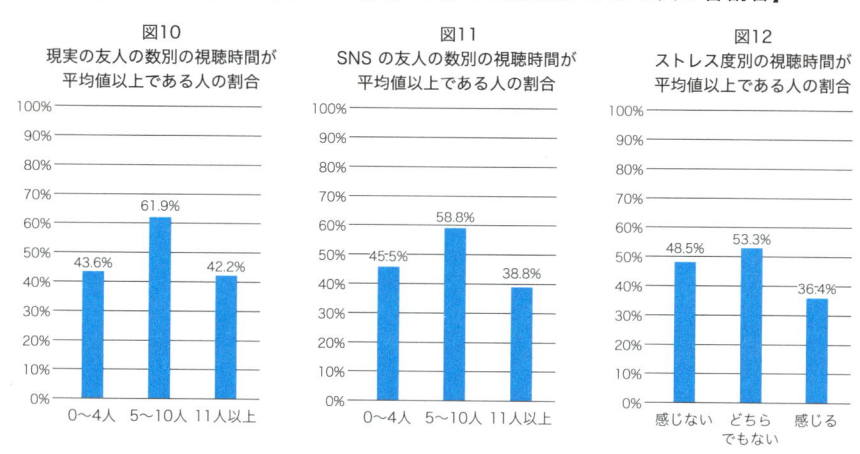

図10
現実の友人の数別の視聴時間が
平均値以上である人の割合

図11
SNS の友人の数別の視聴時間が
平均値以上である人の割合

図12
ストレス度別の視聴時間が
平均値以上である人の割合

3－2. ロジスティック回帰分析

これらの変数を用いて**ロジスティック回帰分析**（【解説】P154 を参照）を行う。目的変数にはVtuber への投げ銭の有無と週当たりのVtuberの視聴時間（平均より上か下か）を用い、仮説に関連する主な説明変数に庇護、ストレス、SNS 上の友人の数と現実での友人の数を用いた。

なお、クロス集計表においては「やすらぎ」と「庇護」は同じ結果を示していたこと、さらに相原（2007、P139脚注*2 を参照）によると「庇護」は「やすらぎ」を強化したものであると考えられることから、「やすらぎ」は分析から除外した。ストレスの参照カテゴリは「感じていない」とした。さらにその他の説明変数として経済状況（投げ銭を除くVtuber関連商品へのひと月当たりの投資金額）と女性ダミー変数も用いた。

分析結果を次ページの表3に示す。まず投げ銭行動の有無を目的変数とした結果について、「庇護」の気持ちを得られることは５％水準で正の関連を示していた（回帰係数は1.057）。さらにSNS の友人の数が５％水準で有意な負の関連を示し（回帰係数は-0.609）、現実での友人の数が５％水準で負の関連を示していた（回帰係

数は -0.812）。一方で経済状況、ストレス、女性ダミーは有意な関連がなかった。

次に視聴時間を目的変数とした結果を見ると、すべての変数について、有意な関連は見られなかった。

以上の結果を仮説（P139を参照）に照らし合わせると、Vtuber に投げ銭をする要因として、［仮説1］の癒し（庇護）を求めていること、［仮説2］の友人の数が関連することがわかったが、［仮説3］のストレスは関係がなかった。またこのモデルでは投げ銭行動は説明できても視聴時間は説明出来ないことが明らかとなった。

【表3：ロジスティック回帰分析の結果】

	投げ銭			視聴時間		
	回帰係数	オッズ比	p 値	回帰係数	オッズ比	p 値
切片	-4.448	0.012	＊＊＊	-1.130	0.323	
庇護	1.057	2.878	＊	0.680	1.974	
友人（SNS）	-0.609	0.544	＊	0.203	1.225	
友人（現実）	-0.812	0.444	＊	-0.277	0.758	
ストレス（感じていない）（参照カテゴリ）						
ストレス（どちらでもない）	0.078	1.081		0.310	1.363	
ストレス（感じている）	-0.969	0.379		0.198	1.219	
経済状況	0.170	1.185		0.299	1.349	
女性ダミー	-0.811	0.444		-0.266	0.766	
n		105			105	
Nagalkerke R2		0.210			0.094	

注）*p< .05 ***p<0.001

4．考察

［仮説1］の「Vtuber に癒しの効果を求める傾向のある人は、視聴時間及び投資金額により多くの投資をする」に関しては、仮説のようにVtuber に庇護を感じている人、つまり癒しを感じている人ほど投げ銭をすることがわかった。

これよりVtuber の視聴者に対する価値提供に「癒し」があることが伺える。元々 Vtuber はゲーム実況などを行い視聴者を楽しませるエンタテインメント性の強いものであったが、アニメキャラクターのようなかわいらしさ・かっこよさを持ち、双方向にコミュニケーションが出来るという点から、時間が経つにつれてキャ

ラクターの持つ癒しの効果がVtuber にも備わったのではないだろうか。

　また、Vtuber は視聴者が同じ時間をリアルタイムで歩み思い出を積み重ねることが出来ることから、このようなキャラクターと人の新しい関係性も重要な要素となっているのかもしれない。

　[仮説2] の「現代社会において友人の数が少ない人ほどVtuber に投資する」に関しても、友人の数と投資行動には関連があった。友人の数が多いほど、投げ銭をしないことがわかったが、これはVtuber というキャラクターが、本来であればより近しいはずの友人と同じ距離にいることを表している可能性がある。

　つまり、普通であれば友人との交流に使うお金をVtuber に投資することで、友人と共に過ごす効果を得ようとしているのかもしれない。

　[仮説3] の「ストレスを多く感じている人ほどVtuber に投資する」に関して有意な結果が得られなかったことから、ストレスを抱えている人が投げ銭を多くするわけではないことがわかった。このことは、ストレスがあることそのものよりも、「ストレスを実際に解消出来たかどうか」のほうが重要であるからなのかもしれない。

　例えば、Vtuber に送られる投げ銭には、感謝の言葉や配信に対する感想が添えられることが多い。つまり投げ銭は、ストレスを緩和出来たことについてVtuberに伝えたい思いを表現するために使われているのではないかと考えられる。

　よって、ストレスと投げ銭の関係をより深く分析するためには、社会生活において感じているストレスの度合いではなく、視聴することで解消出来たストレスの程度と投げ銭の関係を問う必要があると考えられる。

　視聴時間に関しての分析では、投げ銭と同じ変数では有意な結果が得られず仮説通りではなかった。これはVtuber に対する投資行動として、お金と時間では投資に繋がるメカニズムが異なることを示している可能性がある。

　まず癒しが視聴時間と関連しなかった点については、癒しを求める人はVtuberの配信を長時間視聴するわけではなく、より癒されると思われる配信のみを選択して、視聴する傾向があることが考えられる。

　例えばVtuber の癒される配信の代表的な例として ASMR（聴覚刺激によって心地良さを得るようなコンテンツの略称）が挙げられるが、配信者によっては他の配信に比べて ASMRの配信の再生回数だけが非常に多いことがある。

　このことからも、Vtuber に癒しを求める視聴者は長時間配信を見て癒されるのではなく、より癒されると思われる配信を選んで視聴していることが伺える。

　また友人の数と視聴時間と関連がなかったことについては、時間的な投資よりも

投げ銭などの金銭的な投資のほうが、生配信ではVtuberから直接反応をもらえることがあるため、友人関係から得ることが難しい心理的な繋がりを得やすい、という可能性が考えられる。

　本章の課題について最後に指摘しておく。今回使用したデータは、インターネット調査によってデータを収集した。しかしSNSによるデータ収集であったため、サンプルに偏りがある可能性が高い。

　よってこの知見を一般的な日本人に関するものとして議論するためには、無作為抽出に基づく標本調査を行うことが理想的である。今後より正確なデータを集めることで偏りのない分析を行い、本章の結果を精緻に検証していくことが求められる。

　また、金銭的な投資と時間的な投資の差が何によって生じているのか、本章で述べたことは推測が多く含まれている。今後インタビューといった質的な調査によって、補完していく必要もある。

5．まとめ

- Vtuberに対する金銭的／時間的投資行動に関する仮説を設定し、これを検証するために、**インターネット調査**を実施した。
- 得られた回答結果から関連する変数を可視化、あるいはクロス集計した。
- **ロジスティック回帰分析**によって、仮説検証を行った。

Googleフォームを用いたインターネット調査

1．インターネット調査とGoogleフォームの概要

　昨今の調査では現実世界で紙の質問票に回答してもらうだけでなく、インターネットを介してWeb上の質問票に回答してもらう調査（以下インターネット調査）がしばしば用いられている。

　インターネット調査は大きく、①質問票をWeb上で作成し対象者を自分で集める方法と②インターネット調査会社のモニタに回答してもらう方法に分けられるが、本章では①の方法について概説する。

　Web上に質問票を作成するツールは無料から有料のものまで様々なサービスがある。その中でもGoogle 社が提供しているアプリケーションであるGoogleフォームは無料かつ使い勝手が良く、多くの現場で用いられている。

　ただし、このGoogleフォームはGoogle スプレッドシートといったGoogle 社の別のアプリケーションとの連携をとることが出来るため非常に便利であるが，使用するにはGoogle アカウントの作成が必要である。

　検索サイトで「Googleフォーム」を検索し、トップページにいくと様々なテンプレートが準備されている。これらのテンプレートを使うことも出来るが、オリジナルの質問票を作成する場合は「空白」を選択する。すると何も入っていない質問票が表示されるため、ここに①調査のタイトル、②調査の説明、③質問文、④選択肢を記入することで、簡単に質問票を作ることが出来る。

【図1：Googleフォームの初期画面】

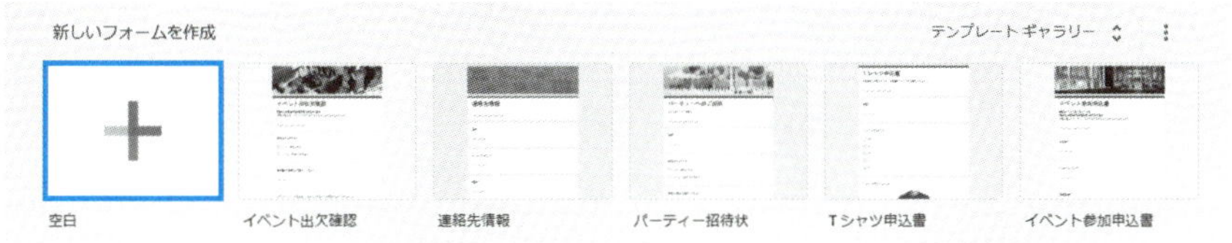

2．Google フォームにおける選択肢の形式

　Google フォームでは選択肢の形式を目的によって使い分ける必要がある。代表的なものを以下に紹介する。

◆ラジオボタン

　この形式は単項選択で尋ねたい時に用いる。一般的には、ある問いに対して「当てはまるもの１つに○をしてください」という条件である。最も一般的な選択肢の形式であり、様々な選択肢の中から優先度が最も高いものを１つだけ尋ねる場合に有効である。

　他にもある意識や意見について「１当てはまる」から「５当てはまらない」までの５段階で強弱を尋ねる場合にも用いられる。出身県を尋ねるなど、選択肢が多い場合はプルダウンを選ぶと質問票のスペースを節約できる。

　このラジオボタンが表形式になったものが選択式（グリッド）である。例えば、様々な意識や意見について同一の選択肢（例えば５段階など）で尋ねる時に有効である。ただし、様々な回答項目や選択肢の文字数が長い場合はレイアウトが見づらくなることがあるため、ラジオボタンを使うほうが良い。

◆チェックボックス

　この形式は多項選択で尋ねたい時に用いる。一般的には、ある問いに対して「当てはまるもの**全てに**○をしてください」という条件である。単項選択の次によく用

いられる選択の形式であり、優先順位は付けずに、当てはまるもの全てについて尋ねる場合に有効である。なお、このチェックボックスが表形式になったものがチェックボックス（グリッド）である。

◆均等メモリ

この形式は単項選択であるが、両端に0-10までのメモリとその意味付けを設定することが出来る。例えば幸福度や満足度について10段階で尋ねる時に有効である（この場合両端に不幸／不満⇔幸福／満足等の回答項目を設定する）。

◆記述式・段落

この形式は自由記述で意見を尋ねる場合に用いる。集めたい記述が単語や短文で済む場合は記述式を、長文が必要な場合は段落を用いる。記述式の場合は改行が出来ないが、段落の場合は改行が出来る。一般的に自由記述は回答者への負担が高いため、選択肢を作ることが可能である場合はチェックボックスを使うことをお勧めする。

◆その他の機能

Googleフォームには多くの機能が備わっている。よく使用するものは必須回答の設定、主問に対する副問がある場合の条件分岐の設定、入力する値に範囲制限をかける設定などである。ここで全てを紹介することは出来ないが、詳細は伊達・高田（2020）[*1]やWeb上の解説を参考にしていただきたい。

3．調査の方法と使用上の注意

質問票は自動的にWeb上に生成される。調査をする前に何人か試しに回答してもらい（事前テスト・プリテスト）、回答時間と質問票の回答しやすさについてフィードバックをもらうと良い。回答時間の目安は無償でやってもらう場合は5分程度、長くても10分以内には終了できるようにしておくのが良いだろう。

フィードバックに応じて内容を修正し、質問票が完成したら調査の開始である。右上の「送信」ボタンを押すと作成した質問票に誘導するリンクが取得出来るため、一般的には調査対象者に対してこのリンクをメールで送付するか、もしくはQRコードに変換して送付する。調査を実施すれば結果がGoogleフォーム上で自動

＊1　伊達平和・高田聖治, 2020,『社会調査法（データサイエンス大系）』学術図書出版社．

的に可視化され、Googleスプレッドシートと連携すれば生データをExcelやcsv形式で取得することが出来る。

　このようにGoogleフォームは簡単に調査をすることが出来る便利なツールであるが、最後にサンプルと母集団の関係という点から実践上の注意を整理する。

　一般的な統計学では明らかにしたい対象の集合（母集団）から無作為抽出でサンプルを抽出することが前提である。この操作によって母集団における真の値（あるいは信頼区間）を統計的に推測することが出来る。

　例えばテレビの街頭調査やインタビューのように、無作為抽出ではなく、恣意的にサンプルを選ぶことを有意抽出と呼ぶが、統計学の原則から言えば有意抽出である場合、母集団に対して正確な値を推測することが出来ない。

　母集団に対して無作為抽出を実施するにはいくつか方法があるが、まず母集団に含まれる全ての対象者が記載してある名簿を用意するのが理想である。

　まず対象者に番号を振り無作為に最初の番号を選ぶ。次に選ばれた番号から等間隔になるようにサンプルを選ぶ。この方法を系統抽出法と呼ぶ。

　例えば3000人のリストに対して500名を選ぶ時の抽出間隔は6名であり、無作為に選ばれた番号が103であれば、そこから109,115,121と対象者を選ぶことになる。

　望ましい対象者の人数（サンプルサイズ）の決め方には様々な観点があり、一概に〇〇人であれば調査が有効であるということは難しい。ここでは、どの程度の誤差を許容するかという観点を紹介する。母集団サイズが充分に大きく、サンプルサイズが600である時を考える。

　この場合、ある意見に対する賛否について賛成・反対それぞれが50％であるような時に誤差は最大となり、その値は約4％である。この時、母集団における真の値は95％の確率で約46％〜54％と推測出来る。この誤差を2分の1にしたい場合はサンプルは4倍必要である。

　つまりサンプルサイズが2400であれば、誤差は約2％であり、母集団における真の値は95％の確率で約48％〜52％と推測出来る。

　誤差はサンプルサイズに依存するため、回収率が低いと予想される場合は回収率を見込んで計画する必要がある。

　例えばサンプルサイズを2400にしたい時、回収率が50％程度と見込める場合は4800名の対象者を抽出する必要がある。以上、ここでは簡便な説明に留めるが、サンプルサイズについての考え方の詳細は伊達・高田（2020、P151脚注[*1]）など標本調査の教科書を参照して欲しい。

　ただし、母集団の名簿が手に入らない、あるいは調査費用不足などの事情で母集

団に対して無作為抽出が出来ない場合も多い。そのような状況でGoogleフォームを用いたインターネット調査を実施する場合は①母集団の範囲を狭くして無作為抽出が行える範囲の議論を行う、②得られたデータを事前調査とみなし本調査を別途実施する、などを考慮する必要がある。

ロジスティック回帰分析

　今回の分析では、Vtuberに対して「投げ銭をする／投げ銭をしない」という2つの値のみを目的変数として扱った。このような変数を2値変数といい、他にも「合格／不合格」、「既婚／未婚」、「有職／無職」、「疾患あり／疾患なし」など2値変数を扱う分析は多い。2値変数は通常、1または0にコードされる。

　2値変数を目的変数とする場合、線形回帰モデルは適用できない。線形回帰モデルは目的変数が連続変数である場合に用いるものであり、目的変数が2値変数の場合は、ロジスティック回帰モデルを用いるのが適切である。線形回帰モデルが適用出来ない理由について、以下に具体的な例を挙げて説明する。

　下の表1のデータはある資格試験における、勉強期間（月数）と試験の合否結果との関係を示している。合否結果ダミーは、資格試験に合格している者を1、資格試験に合格していない者を0とする2値データである。

【表 1：勉強期間（月数）と合否結果ダミー】

勉強期間（月数）	4	27	7	34	9	22	12	20	16	23	5	11	12	1	10	26	…
合否結果ダミー	0	1	0	1	0	0	0	1	0	0	0	0	0	0	0	0	…

　まず、上の表1のデータに対し、不適切ではあるが目的変数を資格試験の合否、説明変数を勉強期間（月数）とする線形回帰モデルを当てはめてみる。線形回帰モデルの分析結果より、資格試験の合否の予測値を算出し実測値と共にプロットすると次ページの図1のように描かれる。なお、予測値は青線で示し、実測値のプロットで重複する点は縦に少しずらして表示している。

　図1を確認すると明らかなように、線形回帰モデルを当てはめた場合、予測値が目的変数の上限値（つまり1）や下限値（つまり0）を超えてしまう。また、線形回帰モデルは誤差項の分散均一性が仮定されているが、その仮定を満たしていない。今回の分析においても、勉強期間（月数）によって、誤差（予測値と実測値の差）の散らばり方が大きく違うことが確認出来る。したがって目的変数が2値変数の場合は、線形回帰モデルを当てはめるのは不適切である。

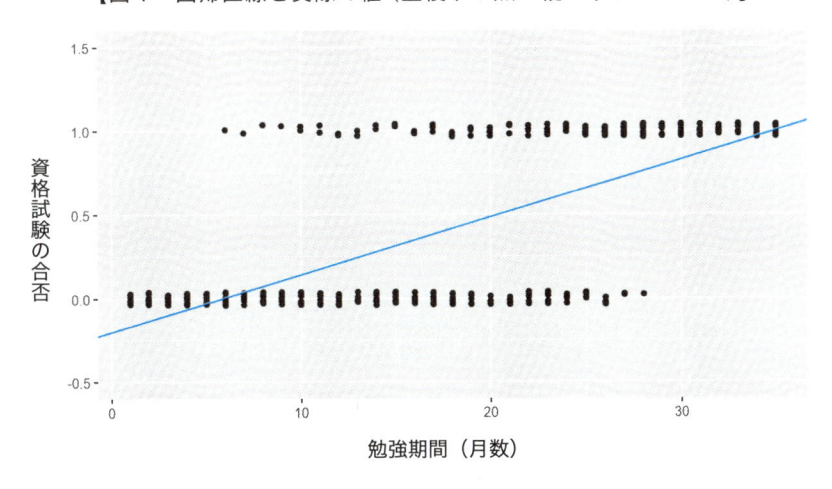

資格試験の合否 / 勉強期間（月数）

　前ページの表1のデータで目的変数を資格試験の合否として分析する場合、ロジスティック回帰モデルを当てはめるのが良い。ロジスティック回帰モデルは、2値変数の1になる確率（今回のデータの場合は資格試験に合格している確率）をロジスティック関数で表すモデルである。前ページの表1のデータに沿って考えると、ある勉強期間（x_i）が観測された時に資格試験に合格している確率、つまり$y_i=1$となる確率をπ_iとする。π_iは確率なので、0から1の間の値をとる。x_iとπ_iとの関係を、以下のロジスティック関数で表す。

$$\pi_i = \frac{\exp(\beta_0 + \beta_1 x_i)}{1 + \exp(\beta_0 + \beta_1 x_i)} \qquad (1)$$

　ロジスティック関数をグラフにすると、次ページの図2のような形になる（$\beta_0 = -8, \beta_1 = 1.5$ とした場合）。ロジスティック関数は以下のような特徴を持ち、確率を表すのに適している。

① x_iがどのような値をとっても、π_iは0から1の間の値をとる。

② 0から1の間の値をとる他の関数、例えば標準正規分布の累積分布関数などと比較して式変形が容易であり、下記のような式変形により右辺を説明変数の線形結合に出来る（つまり線形回帰モデルの右辺と同じ形に出来る）。

$$\log\left(\frac{\pi_i}{1 - \pi_i}\right) = \beta_0 + \beta_1 x_i \qquad (2)$$

③ 上の式(2)の左辺は対数オッズと呼ばれるものになり、解釈や操作がしやすい。

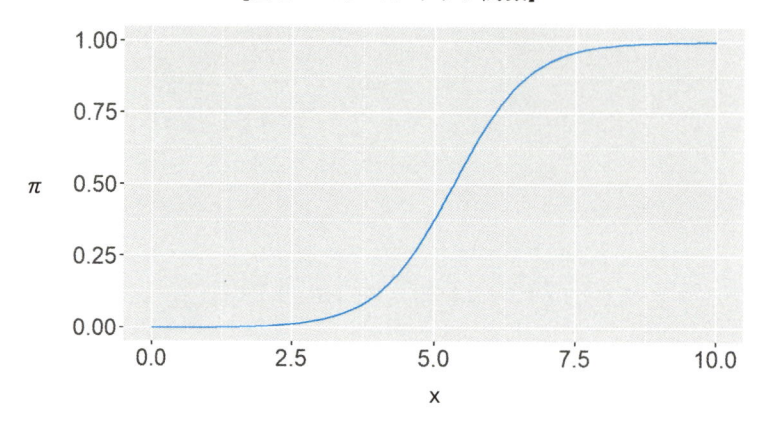

オッズとは、$y_i=1$となる確率π_iと、$y_i=0$となる確率$1-\pi_i$の比であるが、この自然対数を対数オッズという。前ページの式(2)の左辺

$$\log\left(\frac{\pi_i}{1-\pi_i}\right) \quad (3)$$

は、π_iの関数として見た場合、ロジット関数と呼ばれる。

説明変数が複数ある場合、例えば、勉強期間（x_{i1}）に加えて、受験回数（x_{i2}）が与えられた場合でも、次のように右辺の変数が増えるだけである。

$$\log\left(\frac{\pi_i}{1-\pi_i}\right)=\beta_0+\beta_1 x_{i1}+\beta_2 x_{i2}$$

係数（前ページの式(2)の場合、β_0及びβ_1）をデータから推定することが必要になるが、その理論的仕組みは難しいので、ここでは触れない。実際の計算は、後で見るように、RやPythonで簡単に実行することが出来る。

係数の推定値の解釈について、再びP154の表1のデータの分析結果を用いて具体的に説明しよう。前ページの式(1)のβ_0及びβ_1を推定すると以下のようになった。

$$\log\left(\frac{\pi_i}{1-\pi_i}\right)=-4.8879+0.2343x_i$$

$x_i=15$をこの式に代入すると、おおよそ

$$\log\left(\frac{\pi_i}{1-\pi_i}\right)=-1.373$$

という式が得られる。$\log\left(\frac{\pi_i}{1-\pi_i}\right)=0$ となるのは $\pi_i=1-\pi_i$、つまり $\pi_i=0.5$ の時であり、$\log\left(\frac{\pi_i}{1-\pi_i}\right)<0$ の時は $1-\pi_i$ のほうが大きく、$\log\left(\frac{\pi_i}{1-\pi_i}\right)>0$ の時は π_i のほうが大きい。今回得られた値は -1.373 であることから、$1-\pi_i$ つまり $y_i=0$ となる確率のほうが大きいことがわかる。参考までに確率と対数オッズとの関係について、具体的な例を下の表2に示す。

【表 2：確率と対数オッズとの関係】

ある事象が起こる確率（π）	0	0.25	0.5	0.75	0.9999
ある事象が起こらない確率（$1-\pi$）	1	0.75	0.5	0.25	0.0001
オッズ（$\pi/1-\pi$）	0	0.33333…	1	3	9999
対数オッズ（$\log(\pi/1-\pi)$）	$-\infty$	$-1.0986…$	0	1.0986…	9.21024

　P155の式(1)の右辺から、勉強期間を 15 ヶ月にして資格試験に合格している確率を計算すると、$\frac{\exp(-4.8879+0.2343\times15)}{1+\exp(-4.8879+0.2343\times15)}$ より 0.202 という値が得られる。つまり、勉強期間が 15 ヶ月だった場合に、資格試験に合格している確率 π_i は 0.202 となり、合格していない確率のほうが大きいことがわかる。

　前ページの図2のように、ロジスティック関数は、β_1 が正の値の場合右上がりであることから、勉強期間 x_i の値が大きくなればなるほど、資格試験に合格している確率が上がっていく。逆に、係数 β_1 が負の値の場合は、勉強期間 x_i の値が大きくなればなるほど、資格試験に合格している確率が下がっていく。

　このことを確認するために、資格試験に合格している確率の予測値（その人の実際の勉強期間をP155の式(1)に代入して得られる確率）と実際の値（資格試験の合否）のプロットである次ページの図3を見てみよう。予測値は青線のようになる。説明変数 x_i の値が大きくなればなるほど、資格試験に合格している確率が上がる様子が確認出来る。

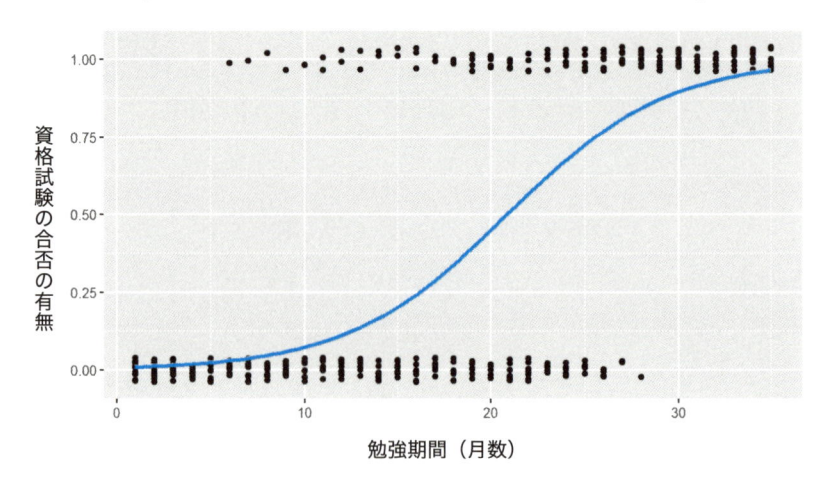

これまでの内容をRのプログラムで実行する場合は、以下の通りとなる。

先頭行で、demo.csv（P154の表1をcsvファイルにしたもの）を読み込み、次の行で最初の5人分のデータを表示している。（次ページの図4）。"months"が勉強期間（月数）、"pass"が資格試験の合否結果ダミーにそれぞれ対応する変数名である。3行目でglmは、一般線形モデルと言われるモデルを実行するコマンドであるが、family="binomial"とすることで、一般線形モデルの一つとしてのロジスティック回帰をすることが出来る。その結果を示したのが次ページの図5になる。

【Code 1】

```
# データの読み込み
data <- read.csv("demo.csv")
# データの先頭5人分を表示
head(data,5)
# ロジスティック回帰を実行
resl <- glm(pass~months, data, family="binomial")
# 結果の表示
summary(resl)
```

```
    months  pass
1     4      0
2    27      1
3     7      0
4    34      1
5     9      0
```

【図5：ロジスティック回帰の結果】

```
Coefficients:
             Estimate  Std. Error  z value  Pr(>|z|)
(Intercept) -4.88794    0.46892    -10.42   <2e-16 ***
months       0.23432    0.02194     10.68   <2e-16 ***
---
Signif. codes:  0 '***' 0.001 '**' 0.01 '*' 0.05 '.' 0.1 ' ' 1
```

　（Intercept）にあるEstimateの値-4.88794がβ_0の推定値、monthsにあるEstimateの値0.23432がβ_1の推定値になる。右端にあるPr(>|z|)は、それぞれ、$\beta_0=0$ や$\beta_1=0$ という帰無仮説に関するp値（第9章の【解説】「統計的仮説検定」（P224）を参照のこと）であり、共に0.1％を下回っている。この結果から、勉強期間が長いほど、資格試験に合格している確率は高くなると言える。

　もう少し具体的に勉強期間が1ヶ月長いと、オッズがどう変わるかを考えてみよう。π を現在の勉強期間における合格している確率、π_+を1ヶ月長くなった場合の確率とすると、P155の式(2)より、

$$\log\frac{\pi_+/(1-\pi_+)}{\pi/(1-\pi)} = \log\left(\frac{\pi_+}{1-\pi_+}\right) - \log\left(\frac{\pi}{1-\pi}\right) = 0.23432$$

　左辺は、2つの状態（1ヶ月勉強期間が長くなった場合と現在の月数のままの状態）におけるオッズの比（オッズ比と呼ばれる）をとり、さらに対数をとっている。両辺に指数関数を作用させると、オッズ比が得られる。

$$\frac{\pi_+ / (1 - \pi_+)}{\pi / (1 - \pi)} = \exp(0.23432) = 1.264$$

　すなわち、勉強期間が1ヶ月長くなった場合、オッズが約1.264倍になることがわかる。

大学進学を目指す時、日本では文系か、理系かを選ぶいわゆる文理選択を行わせる高校がまだ多い。しかし、データサイエンスは文系や理系などときっぱりと分けられるものでもない。なぜなら、データサイエンスは今や、どの学問分野にも関係しうるものになっているからだ。データを扱うためにはそれなりに数学的な知識は必要となるが、実際、データサイエンス学部を設けた大学の中には入試で数学を問わないところもあるため、文系志望で学んできた学生にも門戸は開かれている学部となる。

滋賀大学のデータサイエンス学部に入学した山﨑大輔さんは、幼い頃からスポーツに親しんできた。中学では軟式野球部に所属、データサイエンス学部に興味を持ったのも野球がきっかけだった。

「野球のデータを扱う仕事に就きたいという夢があったため、データサイエンス学部を希望しました」（山﨑さん）

滋賀大学は国立大学のため、共通テストで数学を受ける必要があるが、山﨑さんも数学がずば抜けて得意だったということではなかった。入学後、まず努力が必要となったのはパソコンの扱いとプログラミングについて。今はプログラミングについての学びは小学生から始まるようになっているが、山﨑さんの世代ではパソコンデビューは大学からという学生が多い。山﨑さんのような思いを抱く学生は希ではない。そのためデータを扱う基礎の学びと平行して、プログラミングについても学んでいった。

●感情ではなくデータで伝える指導へチェンジ

スポーツ業界ではここ数年、データを活かした指導がかなり進んできている。例えば、プロサッカーであるJリーグのチームや高校サッカーの強豪校では各選手の試合中の動きをセンシング技術を使って計測するのが当たり前になってきた。データをとることにより、メンバー構成をはじめとする戦略について、客観的な判断が可能になったと言われている。

以前、こうしたセンシング技術を用いたサッカー指導の関係者に取材をしたことがあるが、「人の感覚は曖昧で、視覚情報に左右されることも多いが、データはウソを

つかない」と話していた。試合中、よく動いているように見えた選手がいても、実は別の選手のほうが総走行距離は長かったという話しも希ではないという。フィールド上での選手の動きを分析すれば、チームの課題もより明確になっていく。すると、トレーニングで強化すべき点も見えてくる。数値化することで選手とコーチの間には新たなコミュニケーションも生まれる。

スポーツ業界では長らく、コーチや監督の感覚頼りとも言える指導も多く見られた。プロ野球の名選手が監督になり、擬音ばかりで指導したという話は有名だが、すべての選手がこの説明を理解出来るとは限らない。その点、データは客観的に語ってくれるため、選手側もわかりやすい。建設的な指導に結び付く。もちろんここには、データを解析し客観的資料として整えられる技術者、データサイエンティストの力が必要となる。

データサイエンス学部では、データ分析の基本を中心に、実社会にどう役立てていけるかを学ぶことが出来る。山﨑さんが大学で取り組んだのは、とあるスーパーにおけるチョコレートの販売戦略について。出されたミッションは「チョコレートの売り上げを増やす」ということだった。

山﨑さんのチームでは、チョコレートを購入する人が他にどのような商品を購入しているかに着目することにした。すると、チョコレートを買った人がとある商品を一緒に買う確率が高いことがわかった。守秘義務契約があるため、詳しくその商品名をここで記載することは出来ないが、彼らはその商品とチョコレートを横並びに陳列する案を提案する。ところが、企業側の反応は辛いものだった。お菓子コーナーにあるチョコレートの横に山﨑さんたちの分析で出た商品を置くことは「あり得ない」という理由でこのアイディアはあえなく却下となったのだ。

「データはデータでしかなくて、ご依頼主のニーズを把握した上で考えなければいけないと実感しました。データはあくまでも手段であって目的ではないこと、分析結果を適切に伝える力がデータサイエンティストには必要だと思います」（山﨑さん）

こうした実践的な学びを通してデータサイエンスの基礎的な技術を手に入れた山﨑さんは、目指す夢に向けてスポーツ分野に強い筑波大学の大学院に進学、いよいよ野球にまつわる研究を始めている。

「指導者の幸福感が選手に与える影響について研究を始めています」と山﨑さん。指導者と選手を繋ぐ架け橋としての役割を担うため、日々の研究に励んでいる。

第 8 章

事 例

救急車の最適配置
～区間推定を知る～

救急車の最適配置

　近年の救急活動では、要請を受けて現場に救急車が到着する時間、略して「現着時間」は年々増加傾向である。

　彦根市の人口構成からも、今後着々と高齢者人口の割合が増加し、それに伴い救急要請件数も増えると考えられる。救急活動負荷が増大する中、一刻も早く傷病者の場所に駆け付ける必要があるため、現在の救急活動における現着時間を短縮し可能な限りその業務状況を軽減することが市の課題である。

　この課題を解決する糸口を見つけるため、令和3年度に彦根市は国立滋賀大学に「彦根市データサイエンス活用課題解決支援業務」として分析プロジェクトを委託した。分析対象データは、2011年度〜2020年度の彦根市及び犬上郡地域の救急出動統計データである。

　滋賀大学分析チームは本プロジェクトのデータ分析にあたって、大きく分けて以下の3点を目的とした。

①**救急活動に影響を与える各種要素に関する考察**：これまでの救急活動の中で、救急効率（主に現着時間）に対し、どのような外的要因が影響を与えたかについて分析する。要因としては、日時、場所、天気、道路アクセスなどが挙げられる。今後の救急業務改善に参考となる情報の発見を目的とする。

②**人口変動に基づく救急状況に関する考察**：既存の人口年齢分布に基づき、今後数年ないし数十年先の人口年齢推移を予測し、救急負荷の変動を考察する。今後の救急・医療の政策立案の参考となることを目的とする。

③**救急車増車の最適な配置方法に関する考察**：各分署の活動状況と業務負荷を分析し、新しい救急車を増車する場合、現着時間の短縮の観点で救急活動の効率を最も向上出来る配置方法を見つけることを目的とする。

市役所における本プロジェクトの成果報告（2022.7.20）

1．救急活動の現状分析

　本分析プロジェクトで主に用いたデータは以下の２つである。

1．【2011 ～ 2020年度救急出動統計データ】出動ごとの詳細状況が記載されている消防署救急出動統計データ。出動先、出動チーム、日時、天候、傷病、患者属性、所要時間、走行距離などが含まれている。このデータを統計分析することによって、出動所要時間と各種外的要因との関連性を明らかにすることが可能である。

2．【2020年の人口分布統計データ】彦根市は学区ごと、犬上郡は各町字までの年齢層人口が記載されている統計データである。蓄積データの患者属性とリンクすることで、将来の各地区の救急負荷をマクロ視点で予測することが可能である。

【図１：彦根地域消防署及び担当区域】

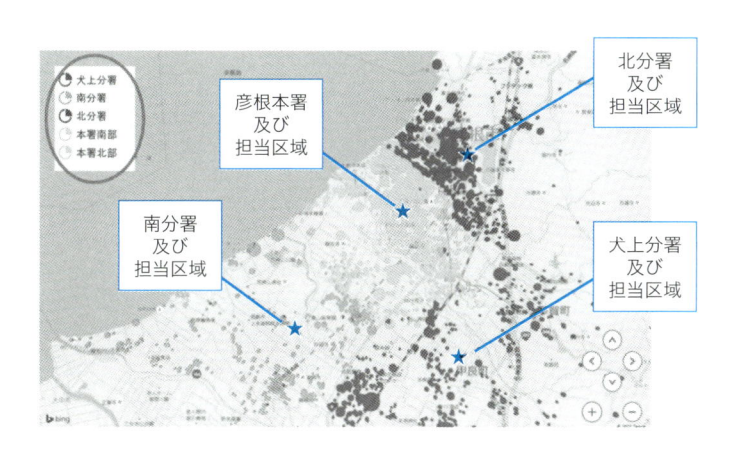

　上の図１にあるように、彦根市及び犬上郡地域には、計４つの消防署（彦根本署（第一・第二）［救急車２台］、北分署［１台］、南分署［１台］、犬上分署［１台］）がある。10年間の出動回数延べ55,659件のデータを、天候・時間・場所・傷病・人口分布などで層別することで、様々な分析を本プロジェクトで行った。

　過去のデータに対する統計的分析だけではなく、今後の人口変動による救急負荷の変化を予測し、新たに救急車を増車する際の最適化についても考察した。

　実際のデータ分析に入る前に、次のような前処理（データ研磨）を施した。

①データ研磨：データには、彦根市消防本部管轄外区域への出動したレコード21件（頻度が低く、出動距離が長いため、分析では外れ値となる）、高速道路257件（大まかな場所だけで、町名番地がない）が含まれている。これらを含めて統計分析をする場合、結果の精度を低下させる恐れがあるため、前処理で除去した。また、データには市町村名や地名コードが欠けるレコード75件あり、可能な範囲で修復した。

②出動場所修復と分割：各出動場所は、1つの文字列で市町村名番地が記載されているが、これを町村／番地に分割し、町ごとの救急状況を分析しやすくした。この操作を行う際、似た名前だが異なる場所（例：松原、松原町）を有しているレコード、同じ場所だが異体字が使われる（例：大藪、大薮）レコードなどを発見し修復した。

③経緯度情報追加：GIS（国土地理院地理情報システム）を利用して可視化する際、経緯度情報が必要となるため、各出動場所に対し、経度・緯度情報を追加した。

④出動直線距離追加：それぞれのレコードに対し、出動先の経緯度情報及び出動元消防署の経緯度情報を利用し、球面三角法*1で求めた2地点間の直線距離を追加した。

＊1　測量術や航海術によくある球面上の問題を解決するために三角関数を用いる計算法のこと。

◆ 傷病状況

【図2：10年間の傷病状況の内訳】

	件数	性別男	性別女	重傷	死亡
一般負傷	8,000	3,645	4,295	326	55
運動競技	376	299	76	0	0
加害	230	131	84	3	1
火災	132	52	29	13	3
急病	36,912	18,913	17,999	1,757	720
交通事故	5,836	3,282	2,554	149	25
自然災害	11	8	3	0	0
自損行為	657	299	358	48	87
水難	53	35	15	5	12
転院搬送	1,868	938	926	390	2
労働災害	580	493	85	41	3
欠損データ	403				
総計	55,058	28,095	26,424	2,732	908

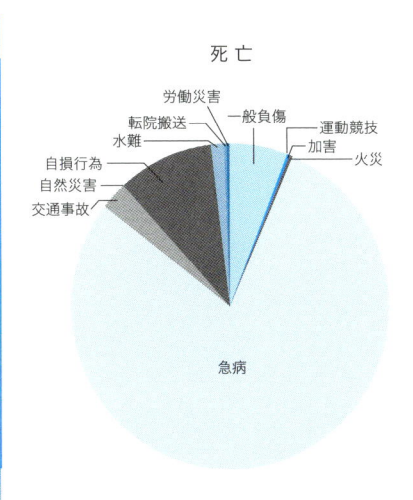

上の図2は、過去10年分の救急出動における傷病の状況を示している。

急病・一般負傷（けが）・交通事故の救急出動件数を合わせて全数の92%を占めている。性別の比較では、男性（28,095件）は女性（26,424件）より6％多く、各項目においても似た傾向が見られる。

しかし、一般負傷の項目では女性の人数は男性よりも約18％多いことに注目したい。一般負傷の女性の平均年齢は72.2歳（一方、男性の平均年齢は60.1歳）、うち68％の負傷は住宅で発生した。自宅での転倒などが原因として考えられるが、骨折など中等症や重症になる率（女性の一般負傷件数4,295のうち、中等症以上のものは1,595である）が高いと考えられる。

他の研究では、高齢者の転倒・骨折は要介護状態への移行率が高く、高齢者健康寿命の悪化、財政支出と介護負担の増大との関連が指摘されているため、長寿県である滋賀県では、高齢者の在宅サポートや健康支援が今後より重要性が増すと思われる。

加害行為による死亡者は1人である。彦根市の人口は、約11.2万人で、過去10年間の総計のため、単純計算では殺人率は人口10万人に対して0.1人未満となる。日本全国の平均殺人率0.2～0.25/10万人（WHOデータ）と比較すれば全国平均を遥かに下回り、治安が非常に良いと言えよう。

◆出動場所

【図3：場所別の出動状況】

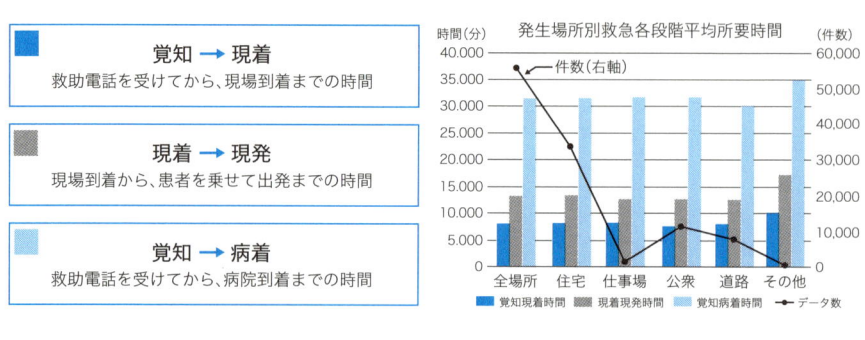

	件数	比率	距離(キロ)	覚知現着時間(分)	覚知現着／距離	対住宅比	現着現発時間(分)	対住宅比	覚知病着時間(分)	対住宅比
全場所	55,469	100%	3.061	8.046	2.629	98%	13.288	98%	31.379	100%
住宅	33,816	61%	3.023	8.151	2.696	100%	13.552	100%	31.459	100%
仕事場	1,621	3%	3.355	8.228	2.453	91%	12.789	94%	31.633	101%
公衆	11,433	21%	3.095	7.646	2.470	92%	12.695	94%	31.727	101%
道路	7,927	14%	3.024	7.958	2.631	98%	12.696	94%	30.149	96%
その他	672	1%	4.200	10.211	2.431	90%	17.300	128%	34.946	111%

　上の図3は、場所別の救急状況を示している。6割以上の出動先は住宅になっている。傷病状況内訳の分析で、女性高齢者の自宅でのけが問題についてすでに言及した通り、自宅は傷病多発な場所であり、特に昨今問題となっている独居高齢者問題を考えると、自宅での事故への対処は重大な課題である。

　また、救急車が住宅に到着するのにかかる時間が最も長いことがわかる。仕事場、公衆場所などと比べ、かかる時間は誤差範囲を明らかに超えており、その原因は①住宅地域内の位置がわかりにくい、②住宅地の道路が通りにくい、③住宅地の照明が少なく夜間だと特にわかりにくい、などが考えられる。なお、救急車が現場到着後、傷病者を収容して出発するまでの時間についても、住宅の場合時間が長いことがわかる。公衆の場合よりも、自宅での患者収容は手間がかかる。

◆ 曜日・月

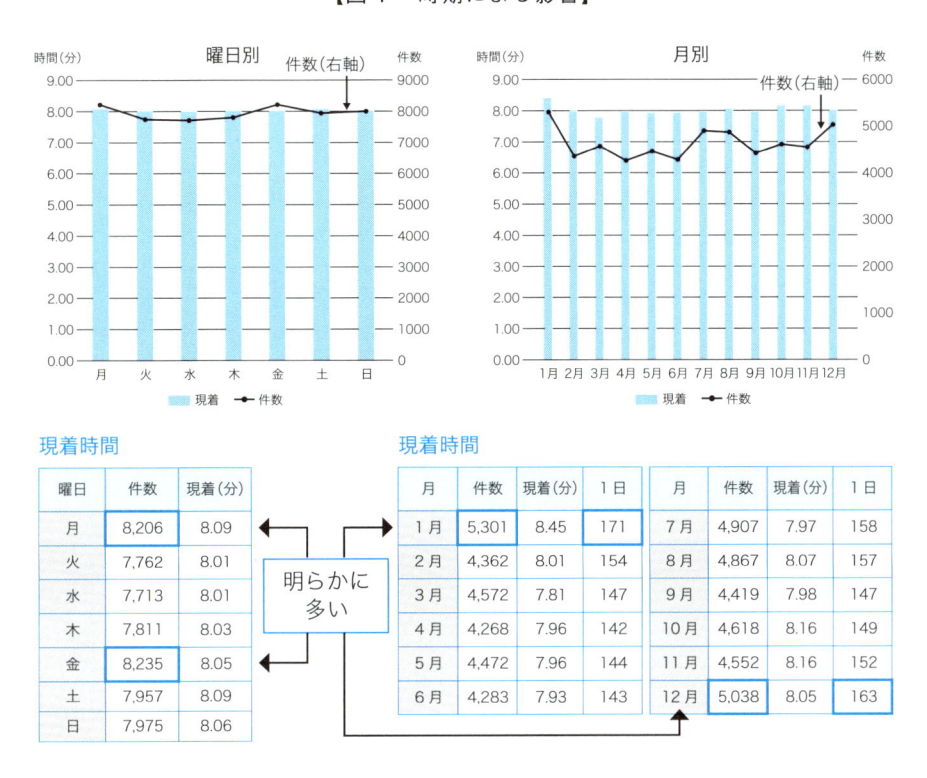

【図４：時期による影響】

現着時間

曜日	件数	現着(分)
月	8,206	8.09
火	7,762	8.01
水	7,713	8.01
木	7,811	8.03
金	8,235	8.05
土	7,957	8.09
日	7,975	8.06

明らかに
多い

現着時間

月	件数	現着(分)	1日	月	件数	現着(分)	1日
1月	5,301	8.45	171	7月	4,907	7.97	158
2月	4,362	8.01	154	8月	4,867	8.07	157
3月	4,572	7.81	147	9月	4,419	7.98	147
4月	4,268	7.96	142	10月	4,618	8.16	149
5月	4,472	7.96	144	11月	4,552	8.16	152
6月	4,283	7.93	143	12月	5,038	8.05	163

　上の図４の左は曜日ごと、右は月ごとの件数の現着時間を表している。曜日に関しては、月曜日と金曜日の出動件数がやや多く、平均現着所要時間の差は見られない。曜日別の差は原因が究明出来ていないが、土日前後の交通量や人々の過ごし方の違いによる影響の可能性がある。

　月別で見た場合、１月、12月の出動件数や１日当たりの件数が共に多く、特に１月の場合、明らかに他の時期より救急出動件数が多くなる。これは冬季の寒冷気候による病気や、降雪による交通事故や転倒事故の増加と関連性があると思われる。また、特に１月の現着所要時間が長くなっているのは、近年雪が降りやすい彦根市の気候との関連性が高いと思われる。

【図5：天候による影響】

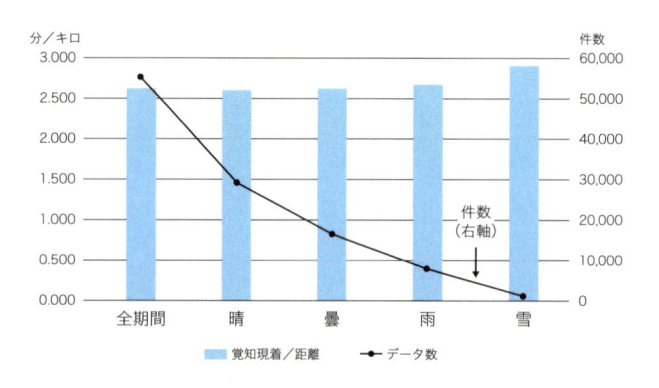

	データ数	比率	平均走行距離(キロ)	覚知現着(分)	覚知現着／距離	対晴比
全期間	55,582	100%	3.061	8.046	2.628	101%
晴	29,334	53%	3.065	7.981	2.604	100%
曇	16,607	30%	3.059	8.033	2.626	101%
雨	8,006	14%	3.013	8.066	2.677	103%
雪	1,354	2%	3.282	9.534	2.905	112%
空白	若干					

結論：
晴(半分強)の時、移動が最も早い。
曇＋雨(44%)の時、わずかに所要時間が長くなるが誤差範囲。
雪(2%)の出動所要時間は12%も長くなる。

　上の図5は、天候ごとの違いを表している。晴れと曇りの時、救急車の1キロ当たりの所要時間が最も短く、雨の時少し所要時間が長くなる。降雪時は顕著に長くなり、晴れの時より12%も時間が長くなることが見てとれる。

【図６：彦根本署担当区域の位置重心分布図】

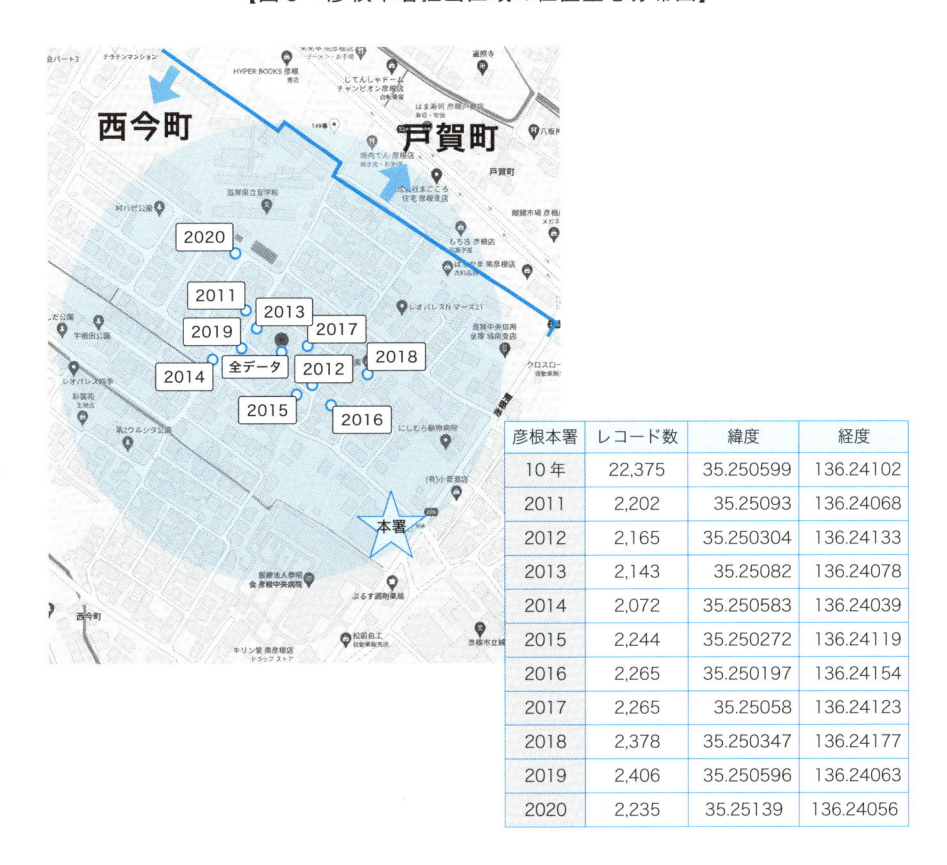

彦根本署	レコード数	緯度	経度
10 年	22,375	35.250599	136.24102
2011	2,202	35.25093	136.24068
2012	2,165	35.250304	136.24133
2013	2,143	35.25082	136.24078
2014	2,072	35.250583	136.24039
2015	2,244	35.250272	136.24119
2016	2,265	35.250197	136.24154
2017	2,265	35.25058	136.24123
2018	2,378	35.250347	136.24177
2019	2,406	35.250596	136.24063
2020	2,235	35.25139	136.24056

　消防署や車両、チームを配置する際、出来るだけ要請先に近い所に置きたいものである。近いほど、現着時間が短くなり、いち早く傷病者を収容出来るようになる。最適な設置地点を考える際、下記２つの条件を満たす必要がある。

①トータルの出動現着時間を出来るだけ短くする必要がある。

②極端に不利になる要請先がないように、公平性を配慮する必要がある。

　本章では「位置重心」の概念を設ける。全出動レコード（あるいは年度ごと）の出動先の経度と緯度のそれぞれの平均で表される場所を「位置重心」とし、消防署がこの重心に近いほど各出動先への総移動距離が短くなると想定する。

　ただし、経度緯度で算出した位置重心はあくまで道路構造を考えない時の最適位置であり、実際の走行においては、周辺道路の幅員、踏切や橋のようなボトルネック、交通密度を考慮しなければならない。

彦根本署担当区域の位置重心分布図は前ページの図6である。図に示した通り、10年間すべての位置重心は西今町に密に集中している。円の半径は約100メートルで、彦根本署も円内に位置する。

この位置分布から、彦根本署の設置場所は非常に合理的で、担当区域のどこにも効率よく出動出来ると考えられる。

【図7：北分署担当区域の位置重心分布図】

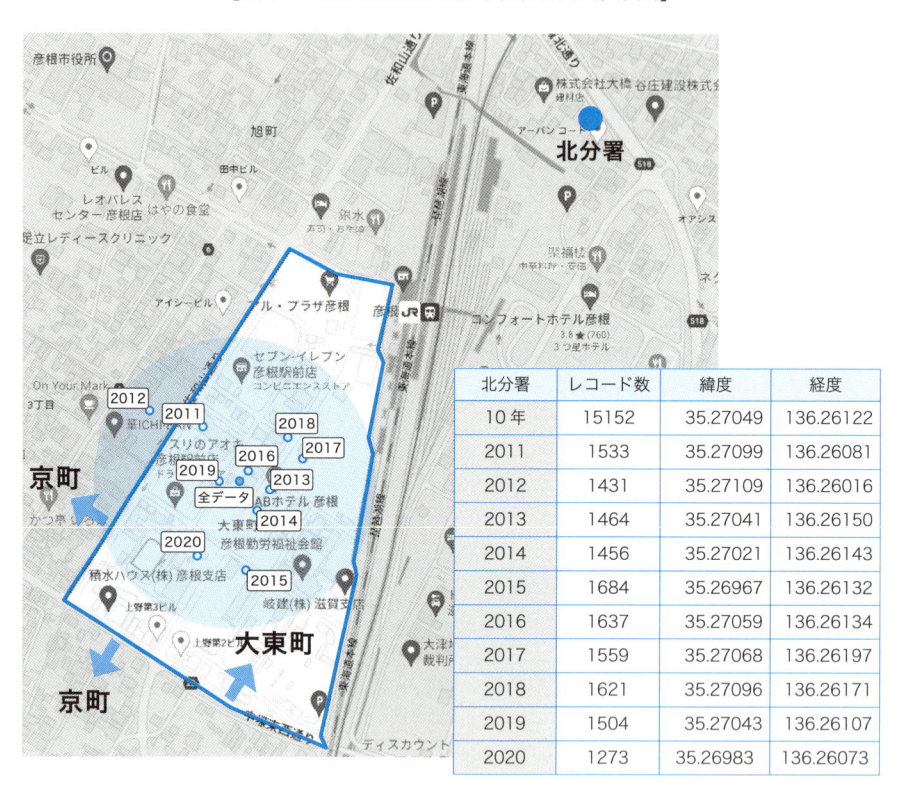

北分署	レコード数	緯度	経度
10年	15152	35.27049	136.26122
2011	1533	35.27099	136.26081
2012	1431	35.27109	136.26016
2013	1464	35.27041	136.26150
2014	1456	35.27021	136.26143
2015	1684	35.26967	136.26132
2016	1637	35.27059	136.26134
2017	1559	35.27068	136.26197
2018	1621	35.27096	136.26171
2019	1504	35.27043	136.26107
2020	1273	35.26983	136.26073

上の図7は現在の北分署担当区域の位置重心分布図である。彦根本署担当と同じく、位置重心は大東町（彦根駅西側）を中心とした半径100メートル弱の範囲に安定して点在しているが、北分署は円内ではなく、JR線路向かい側（彦根駅東側）の場所に位置する。北分署から平均位置重心までの直線距離は300~400メートルだが、JRの線路に分断される地形となるため、通常よりアクセスが悪い状況である。これが原因で、北分署の担当区域は人口密度が高くエリアも小さいが、平均現着時間の短縮は難しくなっている。

【図８：出動件数と年齢分布】

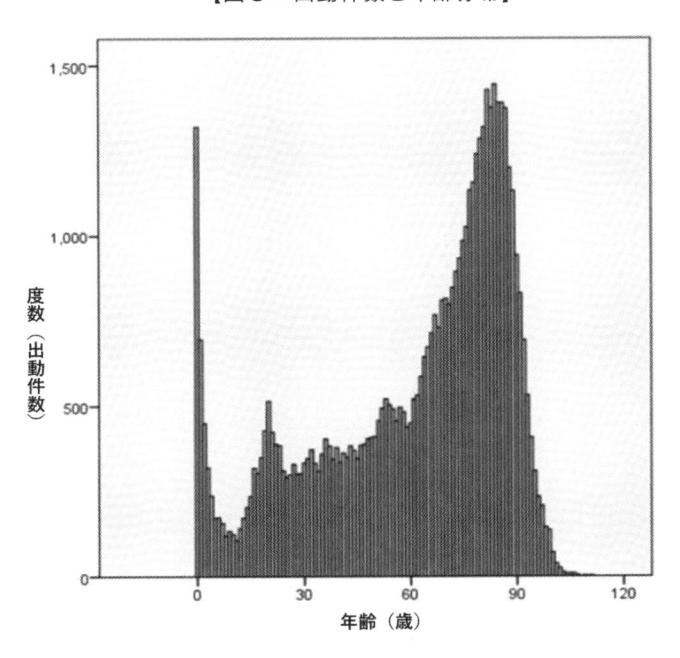

　本章では、今後の人口増減による救急負荷の変化について、人口統計データを用いて分析を行った。高齢者人口の増加にしたがい、救急出動の負荷が益々増加すると思われる。上の図８は過去10年分の出動実績から作成した、救急搬送患者の年齢別の出動件数を示すグラフ（ヒストグラム）である。縦軸に度数（出動件数）をとり、横軸に年齢をとる。

　全体の年齢の平均値は60.6歳で、バラつきを表す標準偏差は27.0歳である。特徴として、まず、０〜３歳の乳幼児の出動件数が多く、特に０歳児が多いことがわかる。その後10歳頃まで減少し、20歳頃にやや小さいピークを迎える。20代後半から60歳頃までは年齢と共に緩やかな上昇の傾向が見られる。高齢者である65歳以上から出動件数が大幅に上昇し、後期高齢者である75歳〜80歳代が最も件数が多くなり、その数は1,500件近くとなっている。

　高齢者では、加齢による運動能力、認知能力の低下により、転倒による事故の発生などが考えられ、自宅や階段といった日常生活の中でも救急搬送の要請が多くなると思われる。また、持病を抱えている場合も多く、健康状態の悪化によって件数

が増える傾向にある。０歳児（乳児）の場合、発達段階が未熟で病気・事故になりやすいだけでなく、親が経験不足や心配が原因で、過剰に救急要請をすることも考えられる。

【表１：分署ごとの年齢に関する基本統計量】

	度数	年齢平均値	標準偏差	標準誤差	平均値の95%信頼区間		最小値	最大値
					下限	上限		
彦根本署第一	15669	58.3	27.3	.22	57.8	58.7	0	110
彦根本署第二	8259	59.7	27.3	.30	59.1	60.3	0	111
南分署	8726	63.1	26.9	.29	62.5	63.7	0	105
北分署	13792	60.0	27.2	.23	59.6	60.5	0	106
犬上分署	9490	63.7	25.8	.26	63.2	64.2	0	107
合計	55936	60.6	27.0	.11	60.4	60.8	0	111

　上の表１は年齢の分布に関する記述統計の一覧である。彦根市にある救急車の待機する消防署の分署として彦根本署第一、彦根本署第二、南分署、北分署、犬上分署がある。過去10年分の出動実績から、分署ごとの出動件数、搬送患者の年齢分布が表に示されている。

　度数が出動件数で、搬送患者の年齢の平均値、標準偏差、標準誤差、信頼区間（【解説】P194を参照）、最小値、最大値が示されており、最小値はいずれの分署も０歳児、最大値は105歳から111歳の高齢者になる。

　市全体の平均は60.6歳であったが彦根市中心街に近い彦根本署出動地域はやや低く、南分署、犬上分署出動地域はやや年齢が高い傾向がある。人口分布を考慮に入れる場合、高齢者の増加が予測される地域や乳幼児が多くなるような出生率の高い地域で、出動件数が増加する可能性が高い。そのため地域ごとに、今後5年や10年～20年スパンでの人口構成の推移、まちづくりなどの指針を考慮する必要があるだろう。

【図９：年齢別出動確率】

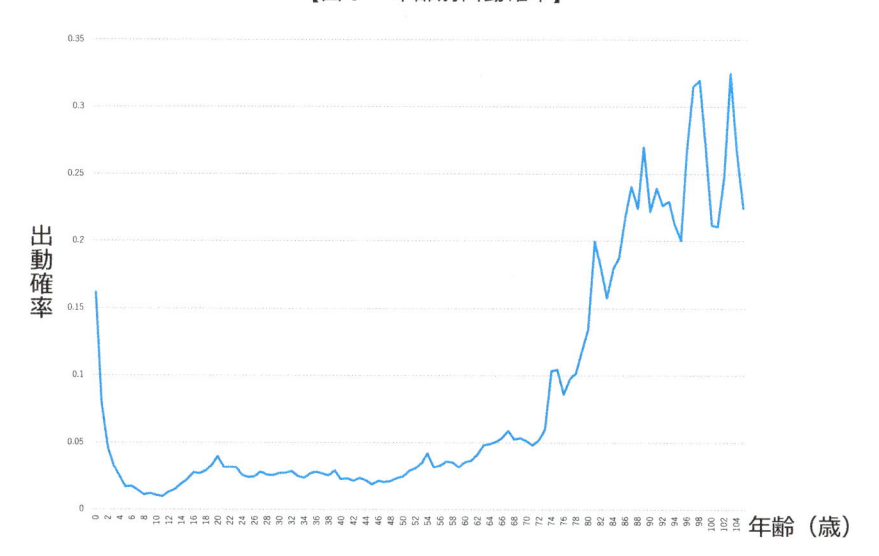

　過去10年分の年齢別の出動統計データと救急車がカバーするエリアに居住する人口分布から、年齢別の出動確率を算出した。縦軸は１年間に出動する確率を表しており、０歳児では約0.16（16％ほど）の割合の乳幼児が１年間の間に救急搬送されるということになる。出動件数そのものでは、人口の多い年齢層が多くなる傾向がもちろんあり得るが、年齢ごとの確率を求めることにより、乳幼児と高齢者で多い、より正確な救急搬送の需要を推測することが可能となる。

　前述のヒストグラム（P173参照）と似た傾向を示すが、より年齢層の高いほうで顕著な傾向を示している。20代から50代では横ばいであるが、高齢者である65歳以上から上昇が見られ、後期高齢者の75歳以上から急激に上昇し、80 ～ 100歳付近では、0.2 ～ 0.3と確率的にかなり高くなる傾向が見られる。

　人口分布として、後期高齢者や90歳以上の人口は全体割合としては今後も増えると予想され、出動確率が非常に高いため、注視する必要がある。搬送先の医療機関、病院など地域の医療体制の構築、持続可能な地域の社会構造のバランスも考慮していく必要があると考えられる。

　ここからは、救急車の出動件数が今後５年、10年、20年とどうなっていくかを推測してみる。まず、現在の彦根市の年齢別人口分布と、厚生労働省の生命表を用いた死亡による人口減少率から、５年後以降の彦根市の人口分布を算出する。生命表とは、ある期間における死亡状況（年齢別死亡率）が今後変化しないと仮定した

場合、各年齢の者が1年以内に死亡する確率や平均してあと何年生きられるかという期待値などを死亡率や平均余命などの指標（生命関数）によって表したものである。

　この生命表を用いて、現在の彦根市の年齢別人口分布から将来の年齢別人口分布を推測することが出来るが、本分析では、（1）大幅な転出転入はない、（2）出生数は一定数と仮定している。

　年齢別人口分布を令和2（2020）年を起点に5年ごとに令和7、12、17、22年の時点で推定し、今後20年の救急車の出動件数の需要を予測することを試みたのが以下の分析である。

【図10：令和2年と令和7年（推定）の彦根市の人口分布】

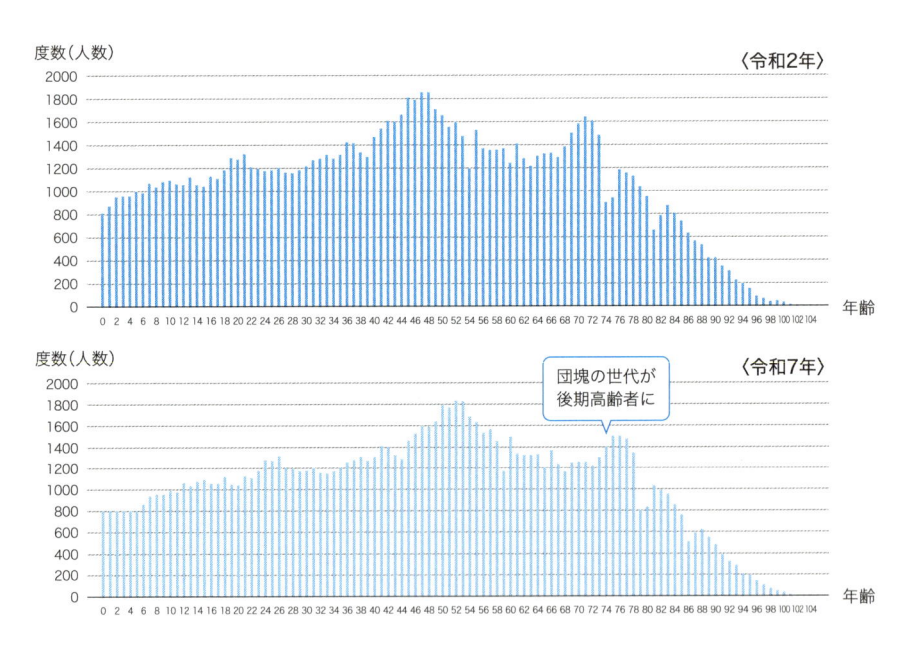

　上の図10の上段の図は、令和2年の人口分布を視覚的に表すグラフ（ヒストグラム）である。日本全体の特徴と同様に団塊の世代（第1次ベビーブーム）と第2次ベビーブームを含む団塊ジュニアの世代が人口的に多いことがわかる。総務省の国勢調査によると、日本は65歳以上の高齢者の割合が29.1%（令和3年・2021年）と超高齢社会であるが、彦根市も同様の傾向である。

【図 11：令和 7 年出動件数予測】

前ページの図10の下段が、令和7年の人口分布を推定したものになる。この推定年齢別人口分布と年齢別の出動確率より、出動件数(単位は人数)を推定したものが、上の図11である。令和7（2025）年になると団塊の世代が75歳以上の後期高齢者になっていく時代となるが、この世代は前述（P175参照）の年齢別出動確率を見ても高いので、必然的に出動件数は増える傾向にある。令和2年の年間の出動件数は5,229件だが、令和7年には5,881件ほどまで増加することが推測される。

【図 12：令和 12 年と令和 17 年の彦根市の推定人口分布】

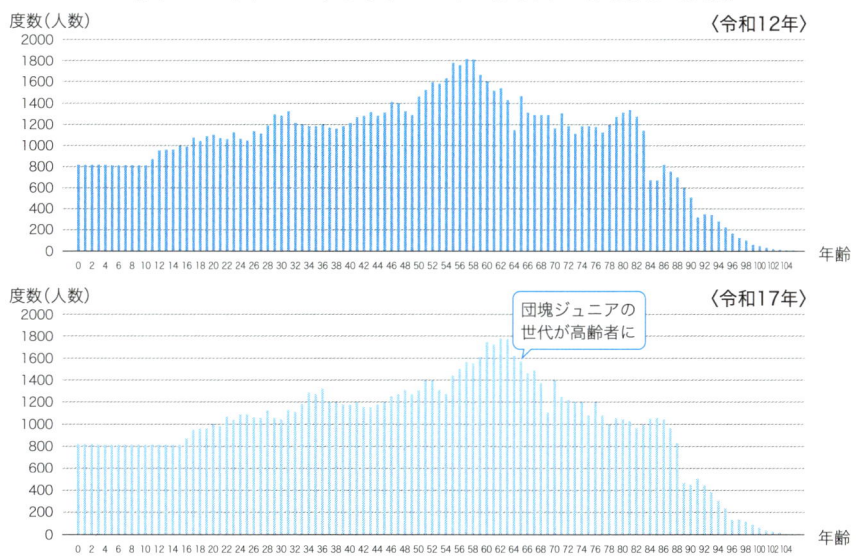

P176の図10よりさらに進んだ、令和12（2030）年と令和17（2035）年の推定人口分布を示したのが前ページの図12である。推定出動件数になると団塊の世代が75歳以上の後期高齢者に完全に入り、人口の多い団塊ジュニアの世代も高齢者に近づいてくる。

　国の推計でも国民の約3人に1人が65歳以上の高齢者となると言われており、令和17（2035）年には団塊ジュニアの世代も65歳以上の高齢者となっていき、高齢者の割合が非常に高い社会になると予想される。出生数を一定としているので若年層では平坦になっているが、実際は出生数に関しては減少傾向となる可能性もある。

【図13：令和12年出動件数予測】

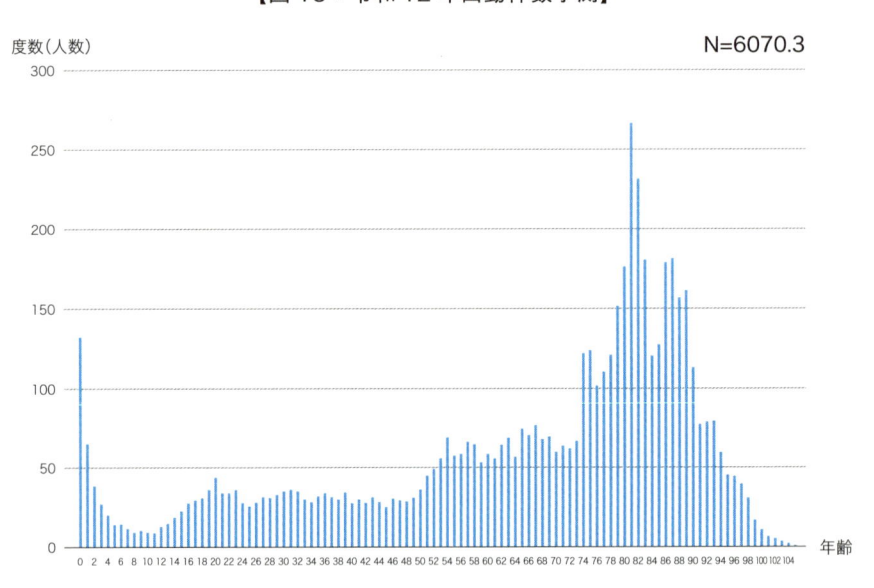

　上の図13では令和12（2030）年の出動件数の予測を表している。前述のように大きな人口集団である団塊の世代が75歳以上の後期高齢者になっており、年齢別の出動確率が70代前半において急上昇することと合わせて、結果的に出動件数が増加する。80代前半の出動件数が多く、全体では6,000件を超え、6,070件となることが推測される。

【図 14：令和 17 年出動件数予測】

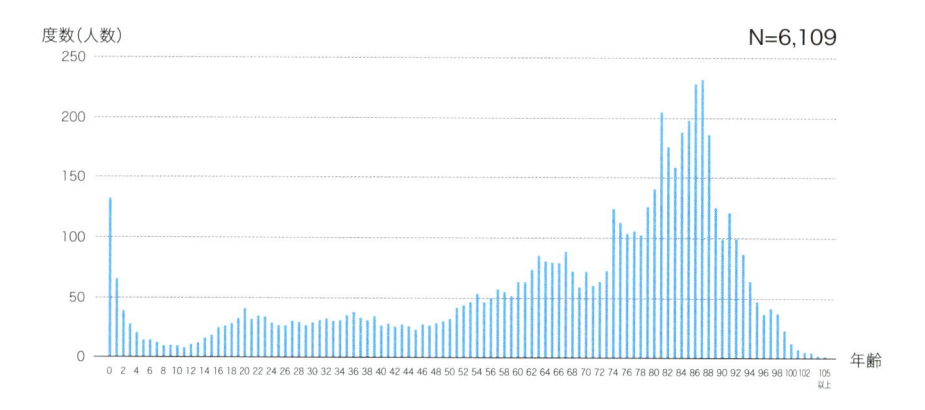

上の図14は、令和17（2035）年の出動件数を予測したものである。団塊の世代が、出動率が非常に高い80代となっており、出動件数はさらに増加する。特に80代後半の出動件数が多くなると推測される。出動件数は全体として6,109件ほどとなることが推測される。

【図 15：令和 22 年の彦根市の推定人口分布】

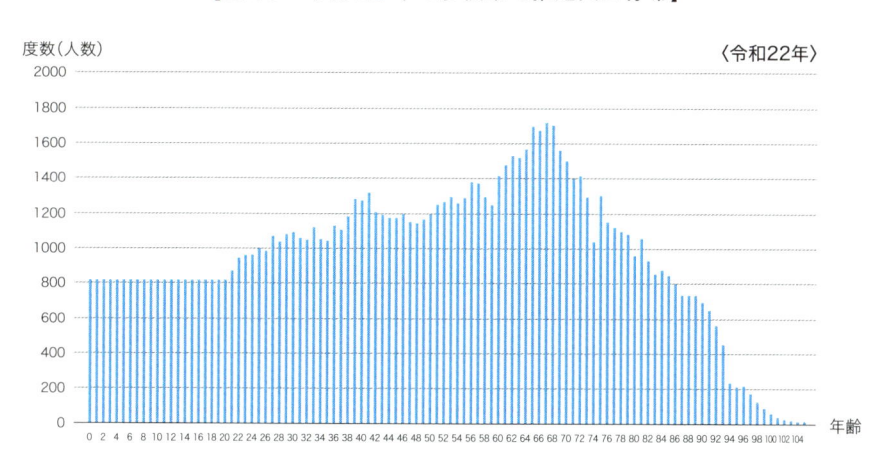

上の図15が令和22（2040）年の推定人口分布を示している。団塊ジュニアも高齢者になり、高齢者の割合が非常に高い社会（全国予測では36％ほど）であり、将来的には40％へ向かうと考えられる。

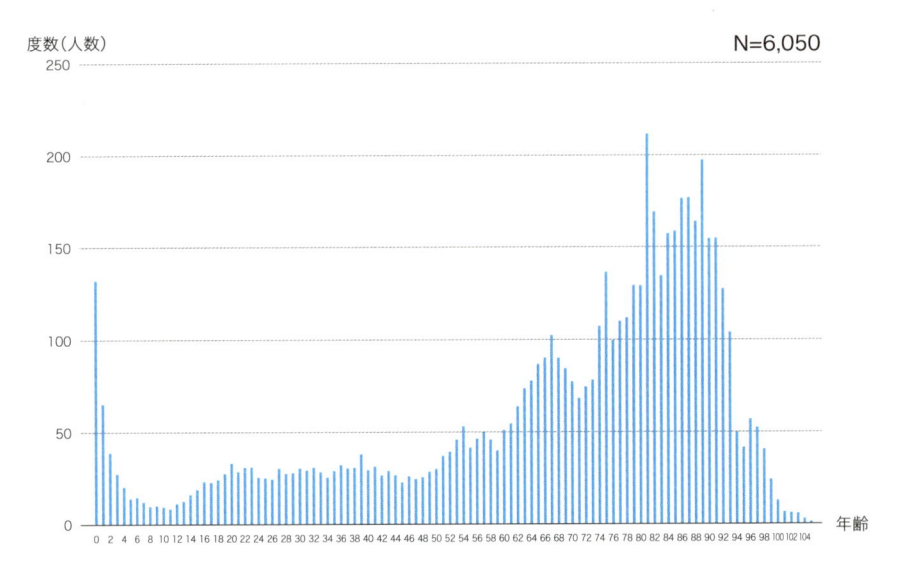

上の図16が令和22（2040）年の出動件数予測になる。出動率が非常に高い高齢者が人口の35％以上となると予測されるが、人口の全体数は減少しており、全体の出動件数は令和17（2035）年から若干減少し、6050件ほどになると予測される。

今回の試算では、令和17（2035）年には、救急出動件数が6100件程度まで増加すると考えられる。彦根市としては、救急車の増車の検討などがとりあえずの課題として浮かび上がる。一方、市民の生活習慣病予防、介護予防などによって、救急搬送が必要になる状態を減らすことも重要である。

この点で、市民の健康維持・増進のための公衆衛生・公衆栄養学的プログラムの強化も重要である。また、新型コロナウィルスの感染拡大によって救急車の出動や医療逼迫が見られたが、突発的な感染症の再来に対応することも考慮にいれる必要があると思われる。

3．救急車追加配置

前節において、今後の彦根市の人口構成を考慮すると出動件数の増加が見込まれることが予測された。この節では、その対策の一つとして救急車を1台増車するとしたら、どの署に配置すべきかを検討する。

【図17：救急車の配置図】

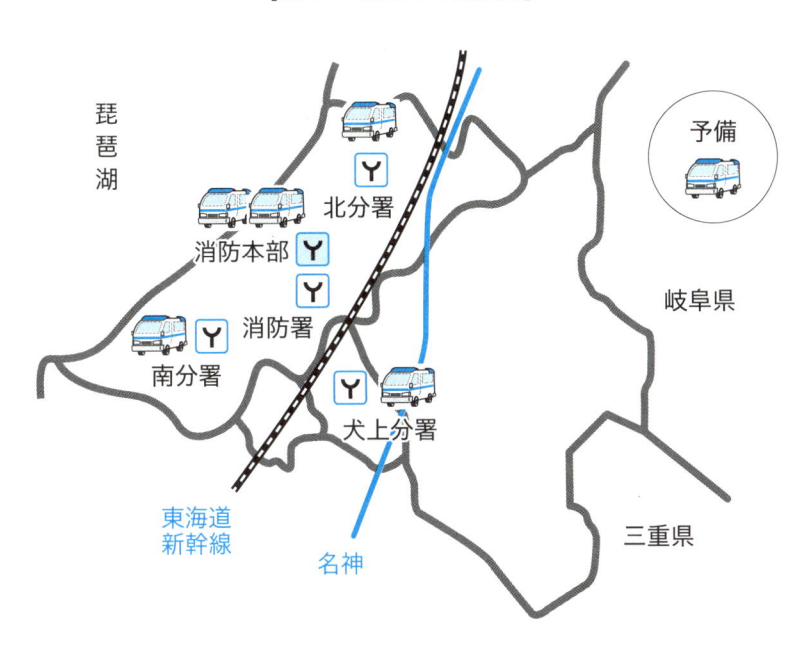

上の図17は、現在の彦根市で実働している救急車の配置を示している。彦根本署に2台、北分署に1台、南分署に1台、犬上分署に1台が実働しており、車両の整備などの予備として1台が配置されている。彦根本署は彦根本署第一として消防本部があり、彦根本署第二として消防署がある。本節では、彦根本署第一と彦根本署第二を彦根本署としてまとめたり、それぞれを分けたりして分析をしている。

この配置を基に、救急車を1台増車した時の効果について検討していく。増車は、彦根本署、北分署、南分署、犬上分署の各署にそれぞれ増車する4パターンが考えられる。そこで、増車する4パターンにより、彦根市全体での救急要請の出動時間がどのように変化するのかを検討する。

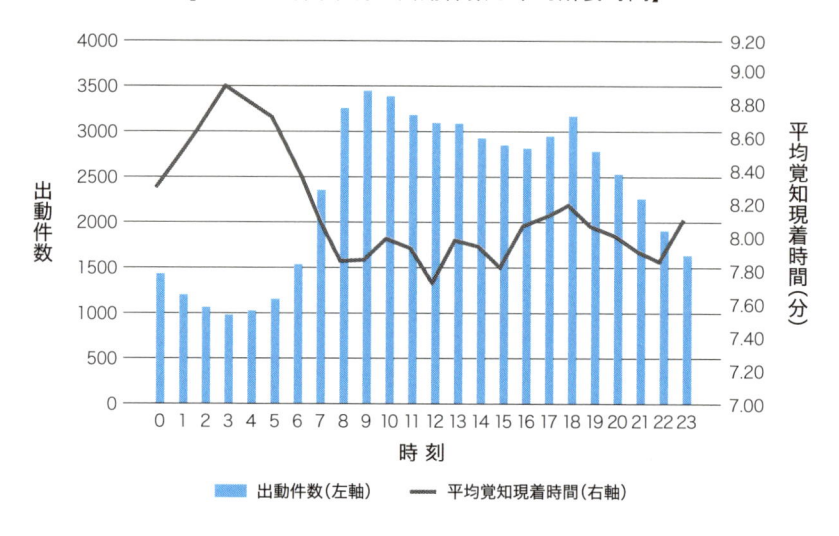

【図18：時間帯別の出動件数と平均所要時間】

　まず、現状について知るため、彦根市の過去10年間の救急出動統計データを可視化する。上の図18は、時間帯別の出動件数と覚知から現着までの所要時間の時間帯別の傾向を示したものである。横軸は時間帯、左の縦軸は件数、右の縦軸は時間（分）を、棒グラフは出動件数、折れ線グラフは覚知から現着までの所要時間を示している。上の図18から、午前1時〜5時までが、出動件数としては少なく、所要時間は長くなる傾向にあることがわかる。一方、午前8時〜10時や夕方の時間帯では出動件数は多く、所要時間は短くなる傾向にあることがわかる。

【図19：各署の仕事負荷】

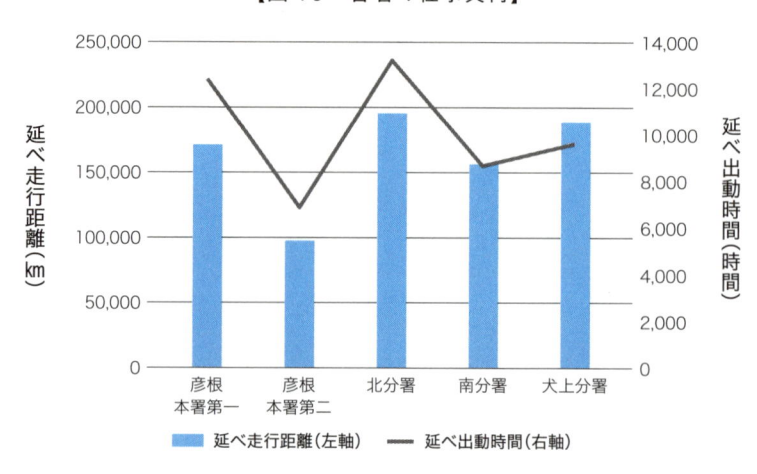

また、別の観点から可視化したものが前ページの図19になる。これは、各署の仕事負担を延べ走行距離（km）と延べ出動時間（時間）で示したものである。横軸は各署（彦根本署第一、彦根本署第二、北分署、南分署、犬上分署）、左の縦軸は延べ走行距離（km）、右の縦軸は延べ出動時間（時間）を示し、棒グラフは延べ走行距離（km）、折れ線グラフは延べ出動時間（時間）を示している。

　棒グラフから、北分署、犬上分署、彦根本署第一、南分署、彦根本署第二の順に出動距離が長いことがわかり、各分署の担当地域の広さも読み取れる。

　折れ線グラフから、北分署と彦根本署第一は走行時間が長いことがわかる。

　棒グラフと折れ線グラフの比を見ることで、彦根本署や北分署は、南分署や犬上分署よりも走行距離に対して走行時間が長くなっており、交通のアクセスが悪いことがわかる。

　ここまでは、増車前の現状を確認した。ここからは、増車することによる出動時間の変化について整理する。

　救急要請では、原則、要請のあった地点の担当区から救急車が出動する。しかし、すでに担当区の救急車が出動している場合、近くの区から代わりに出動することがある。例えば、すでに北分署の救急車が出動している場合、代わりに彦根本署から救急車が出動することがある。

　本節では、担当区でない区への出動を応援要請と定義する。そのため、応援要請の出動時間は長くなる傾向にある。例えば、北分署での救急要請に対し、彦根本署が応援要請として出動した場合、北分署から彦根本署までの距離の分、出動に時間を要することがわかる。

　増車により、救急要請を受けた分署はもう1件分の救急要請に対応することが可能となり、応援要請する必要を避けることが出来る。

　例えば、北分署に増車をした場合を考える。この時、北分署の担当区内から救急要請を受けた場合、1台が出動する。この時、もう1台は北分署で待機しているため、新たな救急要請にも応援要請することなく出動することが可能となる。

　以上より、増車には応援要請を解消する効果があり、他の分署からではなく、本来の担当区からの出動となる分、出動時間の短縮を期待することが出来るようになる。

【図20：各署の担当区と出動隊の関係】

出動隊名 担当区名	彦根本署	北分署	南分署	犬上分署
彦根本署	47(19,807)	58(595)	60(857)	61(265)
北分署	53(1,969)	58(12,001)	70(144)	65(63)
南分署	58(644)	78(18)	59(6,311)	64(153)
犬上分署	69(645)	74(116)	62(966)	62(8,453)

所要時間（出動件数）

　上の図20は、救急出動統計データを担当区名（各署の担当地域）と出動隊名で分類したものである。行には担当区名として上から彦根本署、北分署、南分署、犬上分署が並んでおり、列には出動隊名として左から彦根本署、北分署、南分署、犬上分署が並んでいる。

　背景色が薄い青色、つまり担当区名と出動隊名が同一の箇所は応援要請なく救急要請に対応出来ていることを示しており、背景色が白色、つまり担当区名と出動隊名が異なる箇所は応援要請をしたものを示している。

　図20の表内の数字は1件当たりの覚知から帰署までの所要時間（分）を表しており、（ ）内の数字は件数を示している。

　上の図20の表より、応援要請の所要時間は自身の担当区内での出動よりも長くかかる傾向にある。しかし、青太枠線で示した箇所は応援要請のほうが、時間が同じか短くなっている箇所になっている。これは、担当区内でも他分署のほうからの応援要請の方が救急要請への対応が早い場合が多いことが考えられる。

【図21：彦根本署第一の時間帯別件数と所要時間】

	度数	平均値	標準偏差	標準誤差	平均値の95%信頼区間		最小値	最大値
					下限	上限		
0	446	7.7	2.9	0.1	7.4	8.0	1	34
1	375	7.8	2.5	0.1	7.6	8.1	2	24
2	298	8.1	2.4	0.1	7.8	8.4	3	19
3	305	8.5	3.2	0.2	8.1	8.8	4	39
4	285	8.3	2.6	0.2	8.0	8.6	3	25
5	339	8.3	2.8	0.2	8.0	8.6	1	28
6	412	8.0	3.0	0.1	7.7	8.3	2	26
7	617	7.7	3.5	0.1	7.5	8.0	1	43
8	862	7.2	2.6	0.1	7.1	7.4	1	30
9	976	7.4	3.4	0.1	7.2	7.6	1	59
10	898	7.6	3.3	0.1	7.4	7.8	0	35
11	879	7.4	3.1	0.1	7.2	7.6	2	33
12	843	7.3	2.8	0.1	7.1	7.5	1	24
13	918	7.5	2.9	0.1	7.3	7.7	1	30
14	779	7.5	2.7	0.1	7.3	7.7	0	19
15	778	7.4	2.9	0.1	7.2	7.6	1	28
16	793	7.6	3.2	0.1	7.4	7.9	1	34
17	811	7.5	2.8	0.1	7.3	7.7	1	23
18	886	7.6	3.0	0.1	7.4	7.8	1	51
19	774	7.5	2.9	0.1	7.3	7.7	0	29
20	684	7.6	2.6	0.1	7.4	7.8	2	21
21	674	7.2	2.5	0.1	7.0	7.4	0	35
22	556	7.3	2.5	0.1	7.1	7.5	2	22
23	481	7.4	2.5	0.1	7.2	7.6	0	23
合計	15669	7.5	2.9	0.0	7.5	7.6	0	59

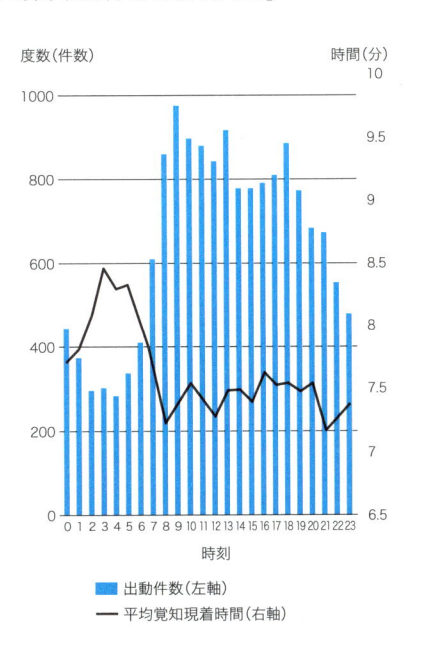

【図22：彦根本署第二の時間帯別件数と所要時間】

	度数	平均値	標準偏差	標準誤差	平均値の95%信頼区間		最小値	最大値
					下限	上限		
0	190	8.1	2.9	0.2	7.7	8.5	3	20
1	164	8.3	2.6	0.2	7.9	8.7	3	19
2	155	8.2	2.3	0.2	7.9	8.6	4	16
3	143	8.7	2.3	0.2	8.3	9.1	4	18
4	154	8.5	2.4	0.2	8.1	8.9	2	21
5	174	8.3	2.6	0.2	7.9	8.7	1	19
6	228	8.3	3.0	0.2	7.9	8.7	1	25
7	338	8.1	2.8	0.2	7.8	8.4	2	25
8	450	8.1	4.4	0.2	7.7	8.5	3	59
9	469	7.8	3.0	0.1	7.6	8.1	0	23
10	511	7.7	3.1	0.1	7.5	8.0	1	37
11	520	8.0	3.4	0.1	7.7	8.3	2	27
12	466	7.4	3.0	0.1	7.1	7.7	0	24
13	447	7.8	3.0	0.1	7.5	8.1	1	21
14	432	7.3	2.9	0.1	7.0	7.6	0	27
15	439	7.6	2.7	0.1	7.3	7.8	2	20
16	393	8.1	3.4	0.2	7.8	8.5	2	31
17	432	8.1	3.8	0.2	7.7	8.4	2	59
18	485	8.1	3.2	0.1	7.8	8.4	2	27
19	428	8.0	3.2	0.2	7.6	8.3	2	23
20	383	7.7	2.8	0.1	7.4	8.0	1	21
21	343	7.8	2.8	0.2	7.5	8.1	1	20
22	281	7.7	2.9	0.2	7.3	8.0	2	20
23	234	7.8	3.0	0.2	7.5	8.2	0	20
合計	8259	7.9	3.1	0.0	7.8	8.0	0	59

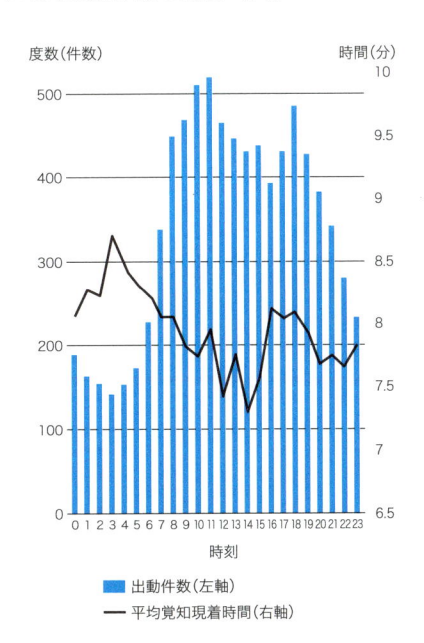

前ページの図21、22はそれぞれ彦根本署第一と彦根本署第二が出動した時間帯別の件数、覚知から現着までの所要時間の時間帯別の傾向を示している。P182の図18での全体の分析と同様に、棒グラフが出動件数を示しており、折れ線グラフは覚知から現着までの平均所要時間を示している。

　彦根本署第一（前ページの図21）では、出動件数が15,669件と多く、覚知から現着までの所要時間の平均値は7.5分である。彦根本署第二（前ページの図22）では、出動件数が8,259件で、覚知から現着までの所要時間の平均値は7.9分である。彦根本署第一ならびに彦根本署第二共に時間帯別の出動件数としては全体と同様の傾向であることがわかる。

【図23：彦根本署増車における1件当たりの移動距離の変化】

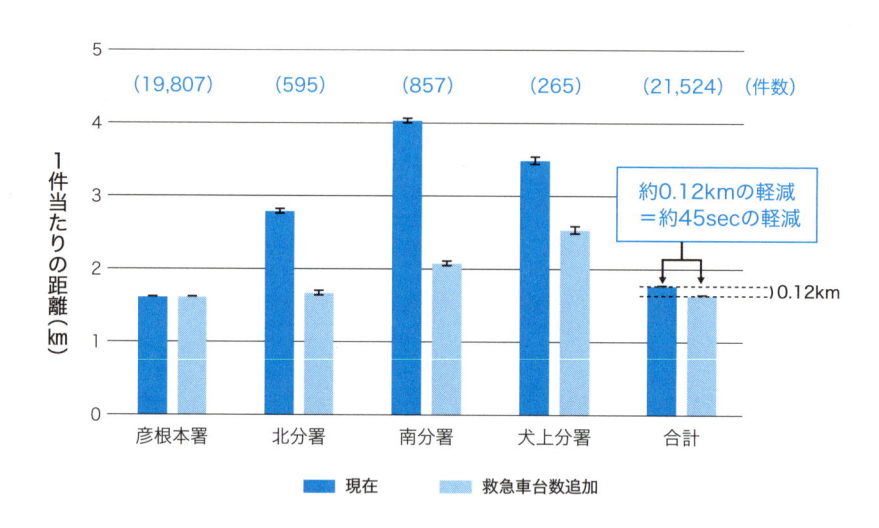

　上の図23は彦根本署担当地区における救急要請1件当たりの総移動距離をまとめたものである。棒グラフの横軸には出動隊名として彦根本署、北分署、南分署、犬上分署、合計を示し、縦軸は1件当たりの移動距離（km）を示し、棒グラフの上部には緊急要請件数が示されている。

　濃い青色の棒グラフは現状の車両配置での移動距離、薄い青色の棒グラフは彦根本署に車両を1台増車した場合、つまり合計3台にした場合の移動距離を示している。

　増車した際の移動距離の算出方法を出動隊名が北分署の場合で説明する。彦根本署に増車した場合、彦根本署担当地区からの出動要請に対して、これまで北分署か

らの応援を受けていたケースも彦根本署から出動することが可能となる。

　現状を示す濃い青色の棒グラフでは、北分署から救急要請地点までの距離を用い、増車後の薄い青色の棒グラフでは彦根本署から救急要請地点までの距離を用いて、1件当たりの移動距離を算出している。棒グラフにある黒色のバーは標準誤差を示しており、どれくらい移動距離がばらつくかを示している。

　出動隊名が南分署の場合において、移動距離の負担が一番軽減されていることがわかる。また、4つの署すべての移動距離の合計から求めた出動1件当たりの移動距離では、約0.12kmの負担軽減が見られ、救急要請にかかる平均の移動速度（約9.6km/hour）から、約45秒の負担軽減に繋がっていることがわかった。

　延べ出動時間軽減効果は約269時間になり、後述する他の分署への増車による効果と比べ、その効果が最大となった。しかし、これは平成25（2013）年までは彦根本署では他分署からの応援要請が多かったことが原因である。平成26（2014）年以降、応援要請を減らすような体制がとられ、応援要請は少なくなったため、彦根本署に増車しても、出動時間軽減への寄与効果が小さくなると思われる。

【図24：南分署の時間帯別件数と所要時間】

	度数	平均値	標準偏差	標準誤差	平均値の95%信頼区間		最小値	最大値
					下限	上限		
0	194	9.3	3.2	0.2	8.8	9.7	2	30
1	163	9.4	3.1	0.2	9.0	9.9	2	26
2	141	9.5	3.0	0.2	9.1	10.0	2	18
3	143	9.7	3.0	0.2	9.2	10.2	4	23
4	144	9.0	2.3	0.2	8.6	9.4	1	15
5	170	9.3	2.7	0.2	8.9	9.7	0	22
6	231	9.0	2.8	0.2	8.6	9.4	1	23
7	406	8.7	3.1	0.2	8.4	9.0	0	33
8	594	8.4	3.1	0.1	8.2	8.7	1	35
9	557	8.5	3.0	0.1	8.2	8.7	0	28
10	551	8.6	3.3	0.1	8.3	8.8	2	32
11	456	8.7	3.4	0.2	8.4	9.0	0	30
12	485	8.5	3.0	0.1	8.3	8.8	3	25
13	456	8.6	3.1	0.1	8.4	8.9	0	24
14	441	8.7	3.1	0.1	8.4	8.9	0	28
15	440	8.5	3.1	0.1	8.2	8.8	0	28
16	441	8.8	3.0	0.1	8.5	9.0	0	23
17	474	8.7	3.2	0.1	8.4	9.0	2	28
18	506	8.9	3.1	0.1	8.6	9.2	1	23
19	432	8.9	3.7	0.2	8.6	9.2	2	48
20	430	8.8	2.8	0.1	8.6	9.1	1	18
21	337	8.8	3.3	0.2	8.4	9.1	0	47
22	287	8.8	3.1	0.2	8.4	9.1	2	33
23	247	8.9	2.8	0.2	8.5	9.2	2	27
合計	8726	8.8	3.1	0.0	8.7	8.8	0	48

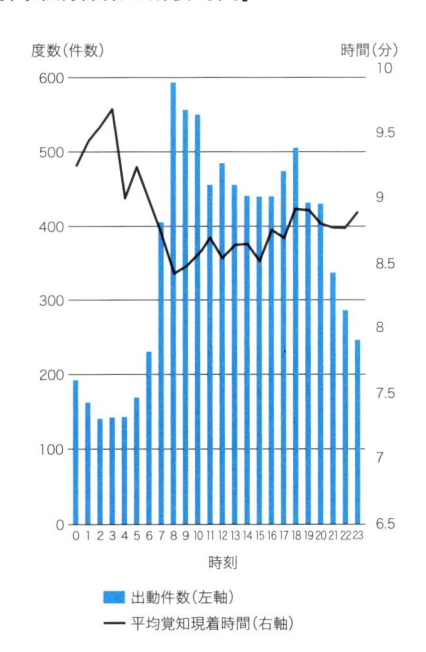

凡例：
- ■ 出動件数（左軸）
- ― 平均覚知現着時間（右軸）

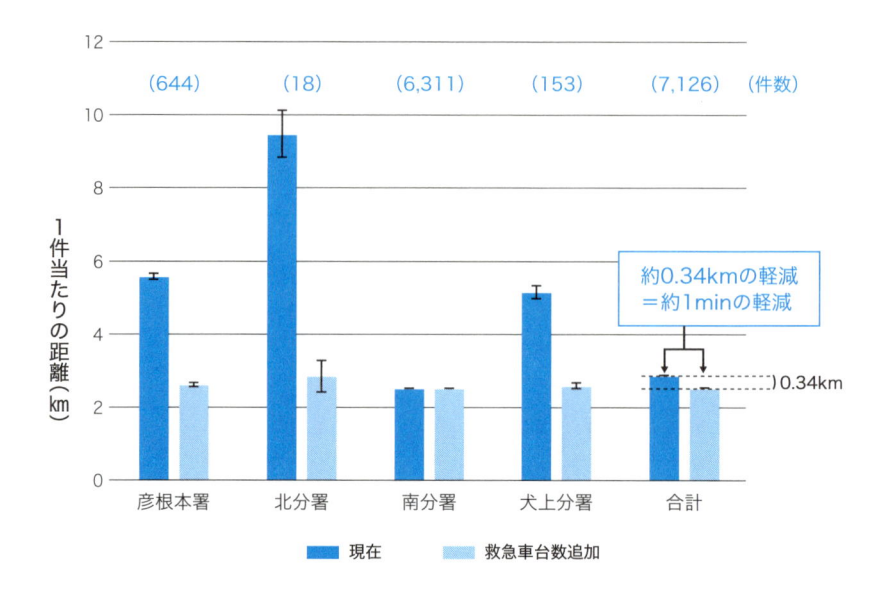

【図25：南分署増車における1件当たりの移動距離の変化】

前ページの図24は、南分署の出動した時間帯別の件数と覚知から現着までの所要時間の時間帯別の傾向を示している。出動件数が8,726件で、覚知から現着までの所要時間の平均値は8.8分である。

他署と比較すると、所要時間はやや長い傾向である。これは、件数は少なめであるものの、担当地域の広さなどの影響があると考えられる。時間帯別の出動件数としては全体と同様の傾向である。

上の図25は、出動隊ごとに、南分署担当地区の1件当たりの移動距離の変化を示したものである。南分署に1台増車した場合、つまり合計2台にした場合が薄い青色の棒グラフであるが、濃い青色の棒グラフとの差から、出動隊名が北分署の場合に、1件当たりの移動距離の負担軽減の効果が最も高いことが見られる。しかしながら、件数としては多くない。

合計として、約0.34kmの負担軽減が見られ、救急要請にかかる平均の移動速度（約20.4km/hour）から約60秒の負担軽減に繋がっており、延べ出動時間軽減効果は約119時間になる。増車による効果は大きいように思えるが、南分署は他分署と比べ応援要請の件数も多くないため、件数を考慮した場合、優先度としては他分署よりも低くなることが考えられる。

【図26：北分署の時間帯別件数と所要時間】

	度数	平均値	標準偏差	標準誤差	平均値の95%信頼区間		最小値	最大値
					下限	上限		
0	348	8.0	2.5	0.1	7.8	8.3	3	26
1	319	8.2	2.3	0.1	8.0	8.5	1	19
2	285	8.4	2.2	0.1	8.1	8.6	3	20
3	238	8.5	2.1	0.1	8.2	8.7	2	20
4	269	8.6	2.4	0.2	8.3	8.9	3	21
5	290	8.6	2.4	0.1	8.3	8.9	3	28
6	379	8.3	2.3	0.1	8.1	8.6	2	24
7	538	7.9	2.8	0.1	7.6	8.1	0	43
8	769	7.5	2.2	0.1	7.4	7.7	3	23
9	844	7.5	2.6	0.1	7.3	7.7	0	41
10	826	7.7	2.7	0.1	7.6	7.9	2	30
11	790	7.5	2.4	0.1	7.4	7.7	2	28
12	742	7.4	2.3	0.1	7.3	7.6	1	27
13	748	7.6	2.6	0.1	7.5	7.8	2	23
14	777	7.7	2.5	0.1	7.5	7.9	0	31
15	748	7.6	2.7	0.1	7.4	7.8	2	34
16	691	7.6	2.5	0.1	7.4	7.8	0	21
17	708	7.8	2.4	0.1	7.7	8.0	1	25
18	734	8.0	2.5	0.1	7.8	8.2	0	32
19	694	7.8	2.6	0.1	7.6	8.0	2	32
20	634	7.7	2.5	0.1	7.5	7.9	3	37
21	528	7.7	2.4	0.1	7.5	7.9	3	30
22	493	7.6	2.6	0.1	7.4	7.9	1	42
23	400	7.9	2.3	0.1	7.7	8.2	0	23
合計	13792	7.8	2.5	0.0	7.7	7.8	0	43

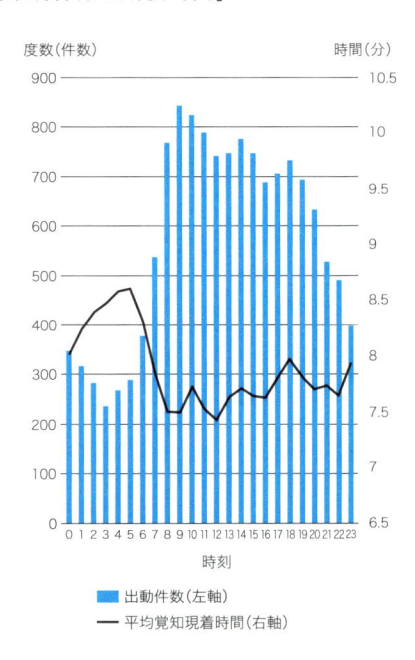

【図27：北分署増車における1件当たりの移動距離の変化】

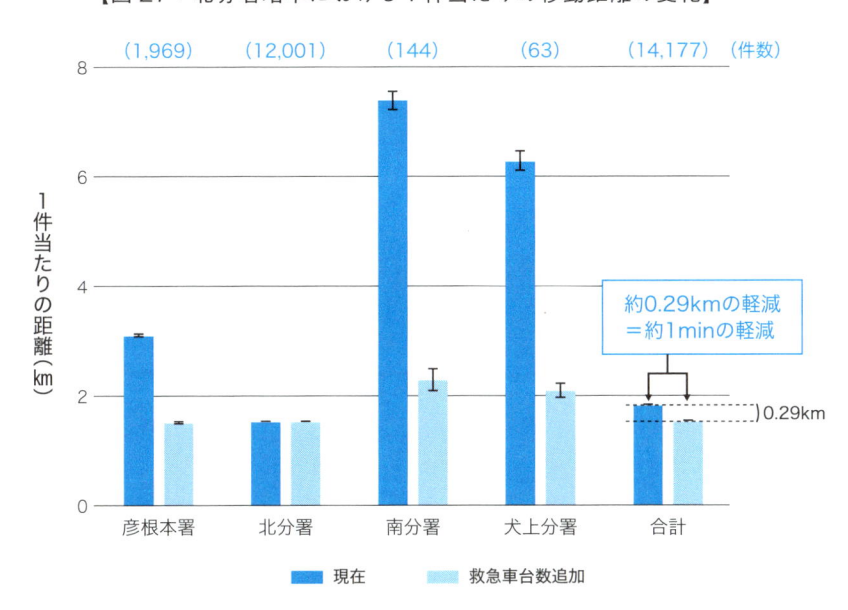

前ページの図26は北分署の、出動した時間帯別の件数と覚知から現着までの所要時間の時間帯別の傾向を示している。出動件数が13,792件で、覚知から現着までの所要時間の平均値は7.78分である。

中心部のため件数が多いが、時間帯の件数の傾向は全体と似ている。午前1時〜5時までの明け方が、出動件数としては相対的に少なく、現着までの時間は長くなる傾向があるが、人員配置、出動体制などの影響も考えられる。

前ページの図27は、これまでと同様な方法で北分署に増車した場合の緊急要請1件当たりの移動距離の変化を示したものである。移動距離の負担軽減として出動隊名が南分署の場合に一番効果があることが見られるが件数としては多くない。

北分署から近い彦根本署からの出動件数も多く、また、総移動距離の負担軽減も約2kmと効果は大きいことが見られる。合計として、約0.29kmの負担軽減が見られ、救急要請にかかる平均の移動速度（約17.4km/hour）から約60秒の負担軽減に繋がり、延べ出動時間軽減効果は約236時間になる。

北分署に増車する場合、出動時間軽減に大きく寄与することとなり、彦根本署に比べるとその負担軽減の効果は小さいが、彦根本署において平成26（2014）年以降の応援要請を減らす体制となったことを考慮すると、北分署への増車による効果が見込めると考えられる。

【図28：犬上分署の時間帯別件数と所要時間】

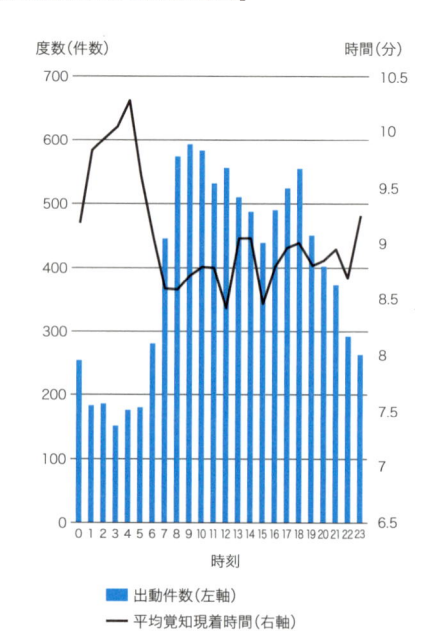

	度数	平均値	標準偏差	標準誤差	平均値の95%信頼区間 下限	上限	最小値	最大値
0	254	9.2	3.3	0.2	8.8	9.6	1	28
1	183	9.8	3.7	0.3	9.3	10.4	0	32
2	187	10.0	3.2	0.2	9.5	10.4	1	22
3	152	10.0	4.8	0.4	9.3	10.8	1	44
4	177	10.3	3.4	0.3	9.8	10.8	0	22
5	181	9.6	3.0	0.2	9.2	10.1	1	21
6	281	9.1	3.7	0.2	8.7	9.5	1	37
7	446	8.6	3.2	0.2	8.3	8.9	1	31
8	574	8.6	3.4	0.1	8.3	8.9	0	28
9	593	8.7	3.8	0.2	8.4	9.0	0	59
10	584	8.8	3.6	0.1	8.5	9.1	0	34
11	532	8.8	4.5	0.2	8.4	9.2	1	63
12	556	8.4	3.8	0.2	8.1	8.7	0	47
13	511	9.1	3.4	0.2	8.8	9.3	0	31
14	488	9.1	4.4	0.2	8.7	9.5	0	46
15	439	8.5	3.5	0.2	8.1	8.8	0	35
16	491	8.8	3.8	0.2	8.4	9.1	1	54
17	524	9.0	3.2	0.1	8.7	9.2	1	21
18	555	9.0	3.5	0.1	8.7	9.3	0	32
19	451	8.8	3.3	0.2	8.5	9.1	0	31
20	402	8.9	3.5	0.2	8.5	9.2	0	30
21	373	9.0	3.8	0.2	8.6	9.3	1	39
22	292	8.7	3.1	0.2	8.3	9.1	0	21
23	264	9.3	3.6	0.2	8.8	9.7	1	30
合計	9490	8.9	3.7	0.0	8.9	9.0	0	63

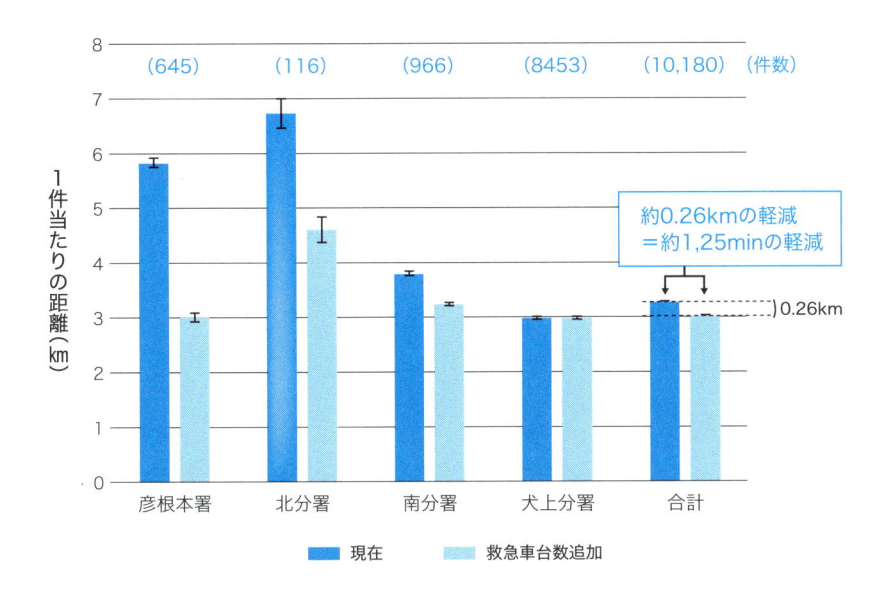

【図29：犬上分署増車における1件当たりの移動距離の変化】

前ページの図28は犬上分署での、出動した時間帯別の件数と覚知から現着までの所要時間の時間帯別の傾向である。出動件数が9,490件で、覚知から現着までの所要時間の平均値は8.9分である。

他署と比較すると所要時間が長い傾向が見られ、担当地域の広さなどの影響があると考えられる。時間帯別の出動件数としては全体と同様の傾向で、出動件数が多い時間や、遠方への出動で時間がかかる場合があると思われる。

上の図29は、犬上分署に1台増車した場合、つまり合計2台にした場合の緊急要請1件当たりの総移動距離の変化を示したものである。

合計として、約0.26kmの負担軽減が見られ、救急要請にかかる平均の移動速度（約12.5km/hour）から約75秒の負担軽減に繋がり、延べ出動時間軽減効果は約212時間になるが、南分署同様、応援要請の件数も少ないため、優先度としては他分署よりも低くなることが考えられる。

【図30：増車による現着時間の変化の年ごとの予測】

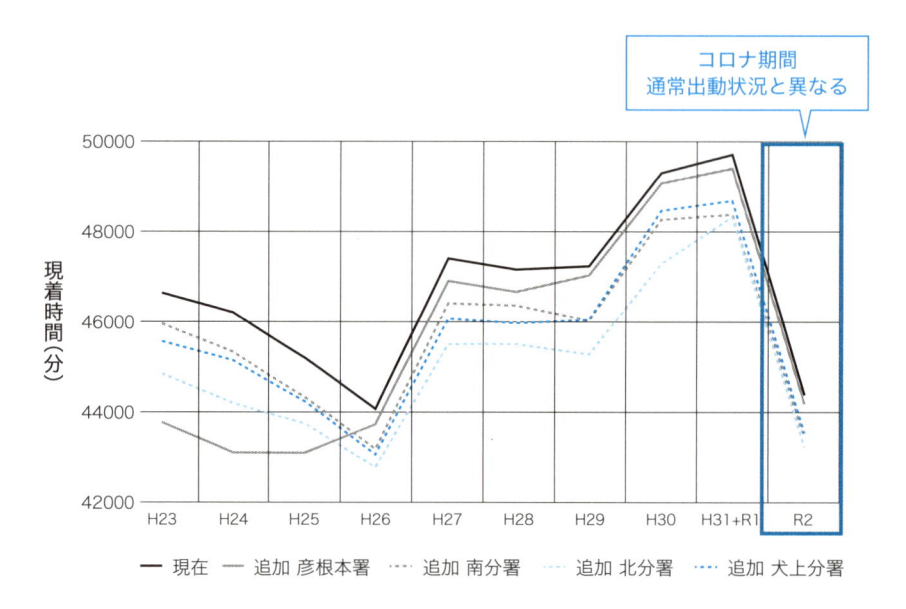

上の図30は救急車増車前（現状）と増車後の年ごとの現着時間（合計）の推移を示したものである。黒色の実線は増車前（現状）の現着時間の推移、灰色の実線は彦根本署に増車後の現着時間、灰色の点線は南分署に増車後の現着時間、薄い青色の点線は北分署に増車後の現着時間、濃い青色の点線は犬上分署に増車後の現着時間の推移をそれぞれ示したものである。

横軸は和暦、縦軸は現着時間の合計（分）を示している。増車後の数字は、前述のように（ただし、今回は年度ごと）計算された、増車のあった署に関する現着時間と、増車されず変化がない他署の現着時間を合わせた全体の現着時間の推移となっている。

まず、平成23（2011）年から平成25（2013）年までの期間を見てみる。黒色の実線と、それ以外の線を比較すると、彦根本署に増車した場合である灰色の実線との差が一番大きい。つまり、彦根本署に救急車を増車した際の効果が大きいことがわかる。この時期、出動は他分署からの応援が多い。

平成26（2014）年以降は、増車による負担軽減効果としては、北分署（薄い青色の点線）が一番大きく、次に南分署、犬上分署が同等程度であり、彦根本署は効果が小さいことがわかる。令和2（2020）年は新型コロナウィルスの影響で出動件数自体が減少したため、現着時間も大きく減少しているが、通常の出動状況と異な

るため比較することは出来ない。

　本節では、救急車の増車について検討した。増車前、つまり現在の救急車台数における各分署での応援要請の全体件数は、北分署が一番多く、次に彦根本署と犬上分署、そして、南分署となっている。細かく応援要請の件数を見ていくと、北分署が彦根本署より応援要請をしてもらう件数が突出して多いことが見受けられる。

　北分署は救急車両が1台にもかかわらず、救急要請件数は多い。1件当たりの所要時間（覚知から現着）は南分署や犬上分署と比較すると短いが、実際の救急要請では現場への到着後、病院への搬送から帰着まで救急車は分署にいないため、救急車両不在の時間は長くなる。その間での救急要請に対応する必要があり、応援要請が多くなることが考えられる。

　応援要請の変化がある平成26（2014）年以降では、ある署に救急車を1台増車した場合の全署での出動時間の負担軽減効果は、北分署が一番大きい。各分署に増車した際の負担軽減効果を全署での出動時間の負担軽減効果として算出すると、北分署では1件当たり28秒程の効果がある。彦根本署と犬上分署で1件当たり18秒程、南分署では1件当たり17秒程の効果となっている。

　この結果は年ごとの推移で見た場合も傾向は同じであるため、救急車台数を1台増車する候補案としては北分署が挙げられる。この案はあくまで今までの出動時間を元にしたものであるため、出動要請者の年齢や症状などは考慮されているものではない。そのため、今後の人口変動など、他の要因と合わせて検討することが必要だと考えられる。

　下の表1は彦根消防本署第一救急隊が自らの担当区内に出動した15件で、現場の到着までにかかった時間（分）を記録したものである。

【表1：救急車の所要時間（分）】

ID	1	2	3	4	5	6	7	8	9	10	11	12	13	14	15
Time	9	8	5	7	7	6	5	2	5	6	13	7	5	7	7

　これらのデータから「平均的に」所要時間はどれくらいと考えればいいだろうか。これら15個のデータの平均をとると、約6.6分となる。

　もちろん、この数字から、「平均的に6.6分かかる」と説明することは一つのやり方である。この場合、データだけを使って説明を行っているが、このようなやり方を「記述統計」という。手元にあるデータから、平均値を計算したり、ヒストグラムを書いたり、箱ひげ図（第3章の【解説】P56を参照）を書いたりするのは、すべて記述統計になる。

　一方で、このデータは、何らかの仕組み（確率分布と呼ぶ）からランダムに生まれてきたものだと考えるとどうなるだろうか。

　もし、この仕組み、確率分布を知ることが出来れば、単に今回の15回の所要時間に関して平均やヒストグラムを使って現状を整理するだけでなく、例えば次のような質問に対して解答することも可能になる。

（1）新たに出動要請があった場合に10分以上かかる確率はどの程度か。

（2）別の機会の15回の所要時間の平均をとったら、今回の平均と1分以上ずれる確率はどの程度か。

　これらは、あくまでも例に過ぎず、その他にも所要時間に関する非常に多くの確率的な質問に答えられるようになる。

　この場合、データの背後にある確率分布を知る、正確に言うと、データを基にして「推測」[*1]するのが目的となり、これを「推測統計」と呼ぶ。

＊1　残念ながらどんなにたくさんのデータがあっても、完全に確率分布を知ることは出来ないので、あくまで「推測」である。

推測統計の魅力は、相手に単に情報を与えるだけでなく、その情報の確からしさ（確率）まで伝えられることにある。単に「平均的に6.6分の所要時間がかかる」と言うだけでなく、場合によっては非常に時間がかかる場合もあることを考慮に入れて、さらに詳しく「10分を超える確率はX％以下である」というようなことまで言えると、具体的な行動の指針になる。

「推測統計」の中心的な技法として「推定」と「検定」があり、ここでは前者を簡単に紹介する（後者は、P224の第9章の【解説】で扱っている。）

　データの背後には確率分布と呼ばれる仕組みがあって、データはその確率分布からランダムに生まれたものであると考えるのが推測統計学の基本であると述べた。確率分布に関しては、様々な分布がこれまで発案・研究されてきたが、圧倒的によく使われる確率分布は、正規分布と呼ばれるものである。

　正規分布にはいろんなタイプの正規分布があるが、2つの数字を指定すると1つの正規分布が決まる。

　一つは、「平均」と呼ばれる数字であり、どんな数字（正でも負でも、どんなに大きくても小さくても構わない）でも指定出来る。もう一つは、「分散」と呼ばれる数字であり、こちらは必ず正の数字でなければならない。

　ここでいう「平均」とか「分散」は、前ページの表1のデータのような数字から計算される平均や分散とは異なるもので、パラメーターとか母数と呼ばれる。

　この区別をつけるために、記号として、平均パラメーターを μ（ミュー）、分散パラメーターを σ^2（シグマ二乗）で表し、データから計算された平均（標本平均とも呼ばれる）を $\bar{x}$（エックスバー）、分散（不偏分散とも呼ばれる）を $\hat{\sigma}^2$（シグマハット二乗）[*2]で表現することが多い。

　もし、背後にある確率分布が正規分布だと仮定した場合、2つのパラメーター（平均パラメーター μ と分散パラメーター σ^2）をデータから「推定」することが1つの目標になる。

　推定には、2つのやり方がある。一つは、μ や σ^2 はこれくらいの値でしょうという表現で、1つの値(点)で言い切ってしまうので、これを「点推定」という。

　多くの場合、μ は $\bar{x}$ で、σ^2 は $\hat{\sigma}^2$ で点推定する。実際に前ページの表1のデータから、標本平均 $\bar{x}$、不偏分散 $\hat{\sigma}^2$ を計算すると、$\bar{x}=6.6$ 、不偏分散はおおよそ $\hat{\sigma}^2=5.83$ になるので、「平均パラメーターは6.6くらい、分散パラメーターは5.83くらいで

[*2]　データから計算する分散にはnで割るもの（標本分散）と、n－1で割るもの（不偏分散）があるが、推測統計では後者がよく使われる。

しょう」という言い方になる。

　1つの値で言い切ってしまうので、とてもすっきりしているのだが、残念ながらこの数字をどの程度信頼していいのかという情報はないのが大きな欠点である。

　もう一つの推定のやり方が「区間推定」と呼ばれるもので、ここでは平均パラメーター（μ）に関する区間推定を考えてみよう。データ x が平均パラメーター μ と分散パラメーター σ^2 で指定された正規分布からランダムに生まれたものだとすると、

$$\frac{x - \mu}{\sqrt{\sigma^2}} \quad (1)$$

が、-1.96 と 1.96 の間に収まる確率がほぼ 0.95 であることが知られている。数式で表すと、

$$P\left(-1.96 \leq \frac{x - \mu}{\sqrt{\sigma^2}} \leq 1.96\right) = 0.95 \quad (2)$$

となる。

　さて、P194 の表 1 のようなデータが与えられた時に、このデータから平均 $\bar{x}$ を計算する。これも一つのデータであるが、この $\bar{x}$ も何かしらの分布からランダムに生まれたものだと考えることが出来る。

　もし n 個の一つひとつのデータ $x_1, \cdots, x_n$ が、平均パラメーター μ と分散パラメーター σ^2 で指定された正規分布からランダムに生まれたものだとした場合、$\bar{x} = (x_1 + \cdots + x_n)/n$ の背後にある分布は、平均パラメーターが μ で、分散パラメーターが $\hat{\sigma}^2/n$ であるような正規分布になることが知られている。このことと、上の式(1)から、

$$P\left(-1.96 \leq \frac{\bar{x} - \mu}{\sqrt{\frac{\hat{\sigma}^2}{n}}} \leq 1.96\right) = 0.95$$

となる。この式の中を整理すると、

$$P\left(\bar{x} - 1.96\sqrt{\frac{\hat{\sigma}^2}{n}} \leq \mu \leq \bar{x} + 1.96\sqrt{\frac{\hat{\sigma}^2}{n}}\right) = 0.95 \quad (3)$$

となる。

　(3)の式は、データの背後にある正規分布の平均パラメーター μ が、下限が

$$\bar{x} - 1.96\sqrt{\frac{\hat{\sigma}^2}{n}} \quad (4)$$

上限が

$$\bar{x} + 1.96\sqrt{\frac{\hat{\sigma}^2}{n}} \quad (5)$$

であるような区間の中に収まる確率がおおよそ0.95であること示している。このような形の推定の方法を、「区間推定」と呼び、この区間のことを「信頼区間」、確率のことを「信頼係数」と呼ぶ。

　前ページの式(3)に関して次の2つのことに注意して欲しい。

1）式(3)の真ん中にあるのは、データそのもの平均$\bar{x}$ではなく、背後にある正規分布の平均パラメーターμである。つまり、この式はμが主役であって、それがどの程度の範囲にあるかを示している。区間推定の対象となっているのは、あくまでもデータの背後にある確率分布の平均パラメーターであり、データの平均（標本平均）はそのための道具に過ぎない。

2）どの程度の範囲にあるかということを確率で表現している。つまり、100回に5回くらいは外れるかもしれないが、残りの95回は、μはこの範囲に収まっていますよと主張している。点推定のように、μは6.6くらいといって終わりにしてしまうのではなく、信頼性に関する情報が付加されている。

　実際に$\bar{x}=6.6$、$\hat{\sigma}^2=5.83$、$n=15$ を式(3)のカッコの内側に代入すると、

$$6.6 - 1.96 \times \sqrt{\frac{5.83}{15}} \le \mu \le 6.6 + 1.96 \times \sqrt{\frac{5.83}{15}}$$

となり、信頼係数95％の信頼区間は、おおよそ［5.38, 7.82］と算出される。

　次ページのように、Python言語のライブラリーを用いてデータの信頼区間の算出をしてみよう。

```
import pandas as pd
import numpy as np
from scipy import stats

# データの読み込み
data = pd.read_csv("./hyo1_data.csv")
# 一列目がID, 二列目がTime
arrive_time = data.iloc[:,1]

# 標本平均
mean = np.mean(arrive_time)
# 不偏分散
var = stats.tvar(arrive_time)
# データの大きさ
n = 15
print(mean,var,n)
print(stats.norm.interval(confidence=0.95, loc =mean,
scale=np.sqrt(var/n)))
```

　pandasモジュールでcsvファイルを読み込み、必要なデータ列（Time）を取り出している。信頼区間を算出するには、scipyの統計モジュールstatsをインポートして使う。numpyモジュールのmean関数で標本平均を求め、statsモジュールのtvarで不偏分散を求める。

　信頼区間を出力するにはstats.norm.interval()関数を用いる。confidence値は信頼係数で0.95とし、locに標本平均、scaleに不偏分散をサンプルサイズで割ったものの平方根（np.sqrtで平方根が計算されている）を与える。

本格的なデータ分析の実例

第 9 章

事 例

ペットボトル茶の分析
~統計的仮説検定を知る~

ペットボトル茶の分析

コンビニやスーパーマーケットの飲料品棚には多種多様な飲み物が陳列されており、消費者はシーンに合わせて商品を選んでいる。

例えば私の場合は、朝目を覚ましたい時はコーヒーを選んだり、気分転換したい時は炭酸飲料を選ぶ。飲み物には様々なカテゴリが存在するが、なかでも「緑茶」は食事時やリラックスしたい時など飲用シーンが多岐にわたり、私たちの生活に欠かせない存在となっている。また、緑茶はコンビニや自動販売機で必ずと言って良いほど売られており、きっと多くの読者が一度は買ったことがあるだろう。

この章では、ペットボトル入りの緑茶に着目し、消費者がどのように評価を行っているのかを調査したデータを紹介し、データ収集の方法や基礎的なデータの見方について解説する。

コンビニに陳列されているペットボトルの緑茶の代表的なブランドとしては、伊藤園の「お〜いお茶 緑茶」（以降では「お〜いお茶」と表記）、コカ・コーラの「綾鷹」、サントリーの「伊右衛門」、キリンの「生茶」があり、これら4種類の緑茶すべてが陳列されているコンビニも少なくない。

では、消費者はこれら4種類のペットボトルの緑茶をどのように選んでいるのだろうか。特に決まったブランドはないという人も多いだろうが、好きな味・好きなブランドの商品を選んでいるという人もいるだろう。

ここで気になることが大きく2点ある。

1点目は、各ブランドの緑茶の味を消費者たちがどのように評価しているかである。各飲料メーカーは1人でも多くの消費者に買ってもらえるよう、おいしい味を追求していると考えられるが、その違いは消費者にどのように認識されているのだろうか。

2点目は、商品の味そのものではなく「ブランド力」である。ここで言う「ブランド力」とは、商品の品質そのものだけでなく、商品の名称やパッケージ、テレビCMなど様々な要素が消費者に与える印象や影響のことである。高級ブランドの商品を食べると、実際に味の違いはわからなくても何となくおいしく感じた経験があるのではないだろうか。

マーケティング領域では、消費者の商品に対する評価が「ブランド力」によって左右されると考える。では、4種類の緑茶で「ブランド力」が高いのはどのブラン

ドなのだろうか。この章で紹介する調査データは、こういったことを調べるために収集されたデータである。

伊藤園
お〜いお茶

コカ・コーラ
綾鷹

サントリー
伊右衛門

キリン
生茶

1 − 1．調査方法

商品の「ブランド力」を調べるには、どのようなデータが使えるだろうか。

ペットボトル飲料に関するデータには、メーカーが保有する出荷データや、小売店などが保有するPOSデータ、調査会社が保有する購買パネルデータなどが存在するが、商品の満足度や次回購入意向のような「商品に対する購入後の定性的な評価」を知ることは出来ない。

こうした消費者からの評価を得るには、通常、アンケート調査を実施することが多い。アンケート調査の実施方法も複数存在するが、今回は味に関する評価を得るため、ペットボトル茶を実際に飲み比べて評価が出来るように、Webアンケートではなく会場アンケート調査を実施した。

調査対象者は、東京都・神奈川県・埼玉県・千葉県に在住する20〜59歳の男女で、市販のペットボトル茶飲料を週1本以上自分で飲むために買っている人とし、事前にWebアンケート調査を実施して呼集した。会場調査の実施日は2020年2月29日（土）〜3月2日（月）の3日間[1]である。

調査の回答を得た人数は合計258人で、その内訳は、性別・年代・最も好きな緑茶ブランドごとに均等になるように次のような人数とした。観察データ群と実験データ群の違いは後述する（次ページの図1参照）。

* 1　調査時点以降に、各ペットボトル茶の製法やパッケージ等が変化している可能性があることに注意。

〈観察データ群（129 人）〉

		最も好きな緑茶ブランド			
		お〜い お茶	綾鷹	伊右 衛門	生茶
男性	20代	5	5	4	4
	30代	4	4	4	4
	40代	4	4	4	4
	50代	3	4	4	4
女性	20代	5	5	3	4
	30代	4	4	4	4
	40代	4	4	4	4
	50代	4	4	3	4

〈実験データ群（129 人）〉

		最も好きな緑茶ブランド			
		お〜い お茶	綾鷹	伊右 衛門	生茶
男性	20代	5	5	4	4
	30代	4	4	4	4
	40代	4	4	4	4
	50代	4	3	4	4
女性	20代	5	5	3	4
	30代	4	4	4	4
	40代	4	4	4	4
	50代	3	4	4	4

【図２：調査会場の様子】

1－2．調査の流れ

　ここからは、会場アンケート調査の流れを説明する。調査は大きく５つのパートに分かれており、各パートの中にいくつかの質問項目がある（次ページの図３）。

　この調査における特徴的なことについて３点解説する。

　１点目は、ブランド提示の有無である。「1.味覚絶対評価」や「2.味覚相対評価・試飲品のブランド当て」では調査対象者はどのブランドの緑茶を飲んでいるのかがわからない状態で、緑茶の味や香り、色などのみで評価することになる。

　一方で「5.味覚絶対評価」ではどのブランドの緑茶かをわかった状態で評価するため、ブランドに対する印象も含んだ評価となると考えられる。つまり、1.と5.の評価を比較することで、味や香りといった商品そのものではなく、その商品が持つ「ブランド力」を観察することが出来る。

また、「5. 味覚絶対評価」については、調査対象者によってどのブランドを評価してもらうのかも異なる。観察データ群に割り当てられた回答者は、5.の直前に「最も買いたい」と回答したブランドを評価してもらうのに対し、実験データ群に割り当てられた回答者は、事前にランダムに決められた緑茶を評価してもらう[2]。

　なお、各調査回答者が「観察データ群」「実験データ群」のどちらに割り当てられるかは、ランダムに決定した。

　2点目は、「2. 味覚相対評価・試飲品のブランド当て」である。結果は後述するため、ここでは概要のみ記載する。前述の通り、2.まではブランドを提示していないため、調査対象者はどのブランドの緑茶を飲んでいるかを正確にはわからない。その状況を利用し、味や香りだけでどのブランドの緑茶かを当てられるのかを評価したのがこの項目である。

　3点目は、「3. 棚前購入意向評価」である。今回の調査対象としている4種類のペットボトル茶は、実際にコンビニやスーパーなどで他の飲料と並んで売られている。そのため、味の評価だけでなく実際の商品棚の中で目立つことや、「買いたい」と思って手に取ってもらうことは重要である。

　そこで、この調査ではコンビニの冷蔵庫を模したお茶の商品棚を組み立て、買いたいと思う商品を商品棚の前で選んでもらうよう調査を設計した（下の図4）。

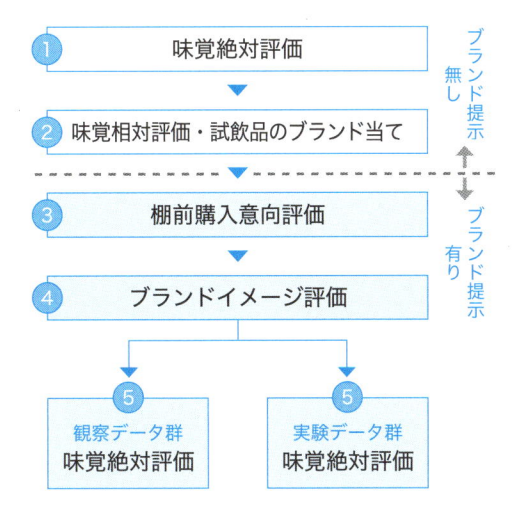

【図3：調査の流れ】

【図4：今回の調査で用いた模擬商品棚】

＊2　本章では解説しないが、「最も買いたい」と回答したブランドについて評価することで、どのようなバイアスが発生するのかを検証出来るようにこのような設計を行った。

2−1. 味覚総合評価（ブランド提示無し）

　ここからは、この調査の流れに沿って結果を紹介する。まずは、ブランドを提示せずに緑茶を提供した、各社の緑茶の味の全体的な評価の結果である[*3]。評価は10点満点とし、「10点（とてもおいしい）」〜「0点（全くおいしくない）」で点数を入力してもらった。

　各商品の評価を1点ずつの区間に区切りヒストグラムで図示し、データの分布を確認した（次ページの図6）。いずれのブランドも7〜8点付近が最も高くなっており、左右に裾が伸びている形状となっている。

　このようなヒストグラムは一般的によく見られる形状で、各ブランドが多くの調査対象者からおおよそ10点満点中7〜8点で評価されており、その周辺で評価がバラついていることが読み取れる[*4]。

　データを観察する際は、平均や標準偏差などだけでなく、ヒストグラムなどによって分布の形状も図示することでデータに対する理解を深めることが出来る。

　各商品の評価の平均を見ると、「Q：綾鷹」が最も高く7.48点、次いで「S：生茶」が7.39点である。データのばらつきを表す標準偏差は「P：お〜いお茶」「R：伊右衛門」が約2.0点と、相対的に高評価のブランド(綾鷹、生茶)と比べて評価のばらつきが大きいことがわかる。

　「Q：綾鷹」「S：生茶」は他2ブランドと比べて評価が8点に集中している傾向だが、「P：お〜いお茶」「R：伊右衛門」は評価が1〜3点という人も5％程度いる。

【図5：提供した試飲品】

[*3]　調査対象者にはブランド名を提示していないが、本文ではわかりやすさのためにブランド名を記載している。P〜Sは試飲品を区別するための調査内の記号である。

[*4]　好き嫌いの差が大きいもの（例えばパクチー）の評価であれば、ヒストグラムの形状は2つの山が重なったような形状になるだろう。

【図6：味覚総合評価（ブランド非提示）】

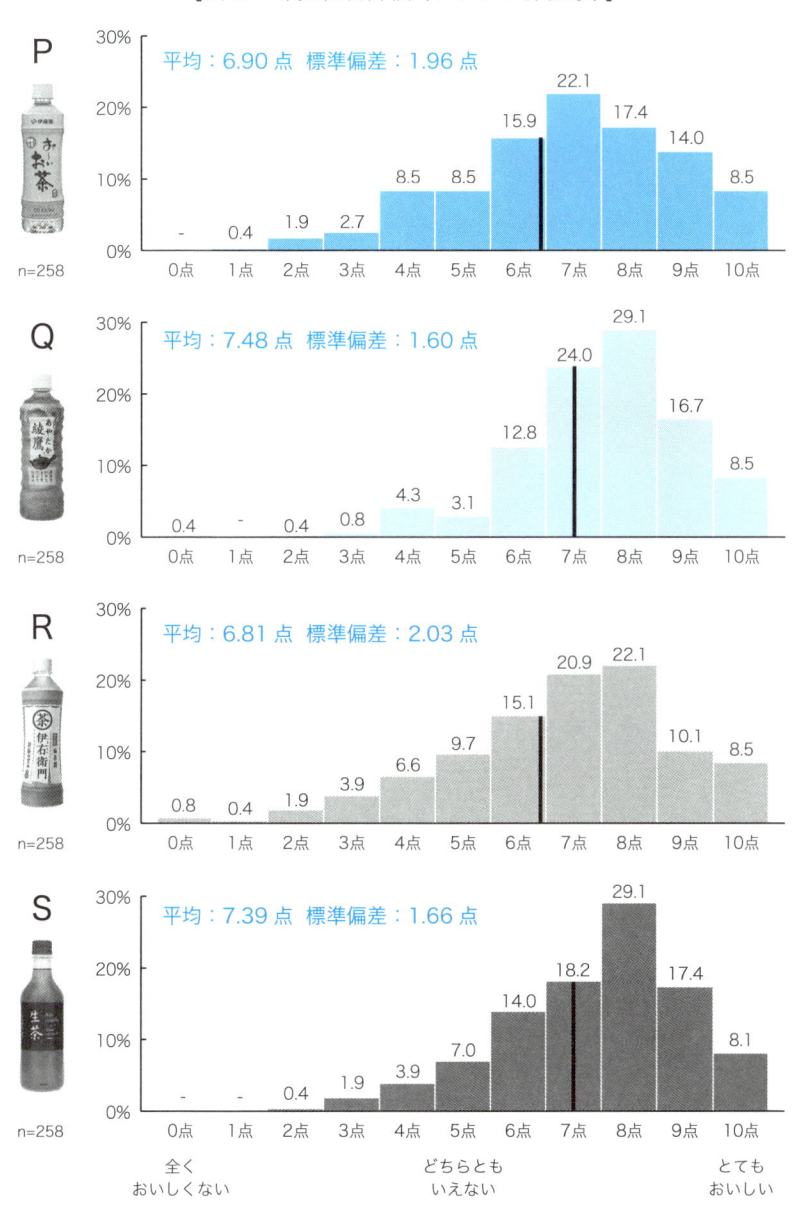

P　n=258

平均：6.90点　標準偏差：1.96点

0点：-　1点：0.4　2点：1.9　3点：2.7　4点：8.5　5点：8.5　6点：15.9　7点：22.1　8点：17.4　9点：14.0　10点：8.5

Q　n=258

平均：7.48点　標準偏差：1.60点

0点：0.4　1点：-　2点：0.4　3点：0.8　4点：4.3　5点：3.1　6点：12.8　7点：24.0　8点：29.1　9点：16.7　10点：8.5

R　n=258

平均：6.81点　標準偏差：2.03点

0点：0.8　1点：0.4　2点：1.9　3点：3.9　4点：6.6　5点：9.7　6点：15.1　7点：20.9　8点：22.1　9点：10.1　10点：8.5

S　n=258

平均：7.39点　標準偏差：1.66点

0点：-　1点：-　2点：0.4　3点：1.9　4点：3.9　5点：7.0　6点：14.0　7点：18.2　8点：29.1　9点：17.4　10点：8.1

全く
おいしくない　どちらとも
いえない　とても
おいしい

　最後に、各緑茶はどのような観点で評価が行われているのだろうか。先程の「10点満点の評価の理由」を自由記述形式で聴取した結果から読み取ってみよう（次ページの図7）。

約250人が4種類の緑茶を評価しているため合計で約1,000件の回答がある。1,000件程度であれば実際の記述内容に一つひとつ目を通すことも可能だが、ここでは各緑茶がどのような観点で評価されているのかを把握するために、各回答に含まれる単語のランキングを確認した（第5章の【解説】テキスト解析P108を参照）。

　単語の出現頻度を直感的に把握できるよう、出現頻度が高い単語は大きく表示している。総合評価の理由の中で挙げられる単語は、4種類の緑茶で大きな違いはなく、「苦み」「渋み」「甘み」「香り」「後味」などと言った観点で評価されているということがわかる。ただし、具体的にどのような点がどのように評価されているかまで詳細にはわからないため、適宜、元の記述内容を確認することも必要である。

【図7：評価に使われた単語】

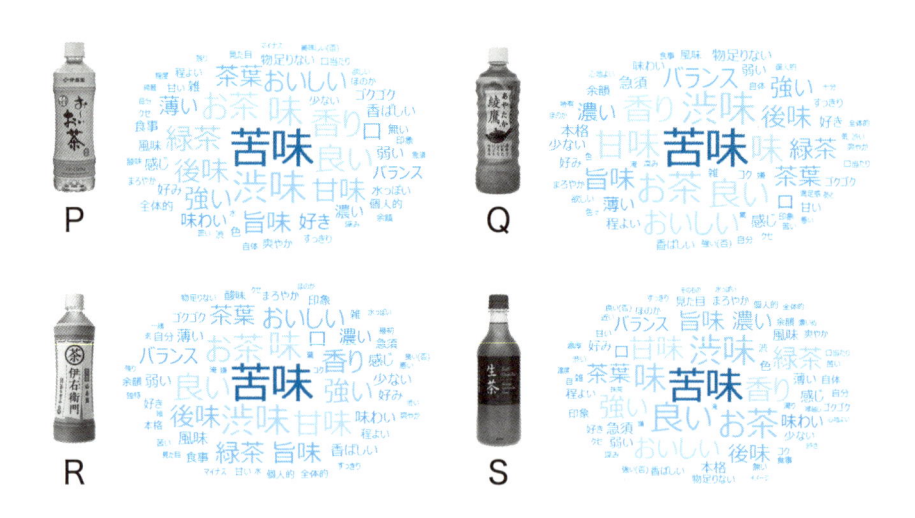

206

2-2. 味覚要素の評価

　緑茶の味覚を6つの要素に分けてそれぞれについて「強弱」と「好意度」の2つの観点で評価を得た。今回の調査では味覚の要素について「甘み」「旨み」「苦み」「渋み」「味の濃さ」「香りの強さ」の6種類を設定している。

　強弱は「弱すぎる（薄すぎる）」～「強すぎる（濃すぎる）」、好みは「全く好きではない」～「とても好き」を7段階に分けて聴取している。7段階の選択肢にそれぞれ1点～7点で点数をつけ平均値を集計した（下の図8）。

　例えば、平均値が4点以上の場合「強い（濃い）・好き」、4点未満の場合「弱い（薄い）・好きではない」と感じられていると解釈することが出来る（このデータを使った年齢と味覚に関する分析を、第3章「年齢とお茶の味覚の関係」（P45～）で行っている）。前節で相対的に高評価だった「Q：綾鷹」「S：生茶」は「甘み」「旨み」「味の濃さ」「香りの強さ」が強く感じられていることがわかる。

　また、これらの強く感じられている要素は、同時に「好き」と評価されていることも読み取れる。一方で、「Q：綾鷹」「S：生茶」の「苦み」「渋み」は他の2つのブランドと比べて同程度のスコアとなっているが、好意度のスコアは高い。

　このことから、味覚要素が強く感じられているからといって好意度が高いとは限らないことが推察される。次の節では「味覚要素の強弱」と「味覚の総合的な評価」といった2つの変数間の関係性について考察してみよう。

【図 8：味覚要素の評価】

味覚要素の強弱

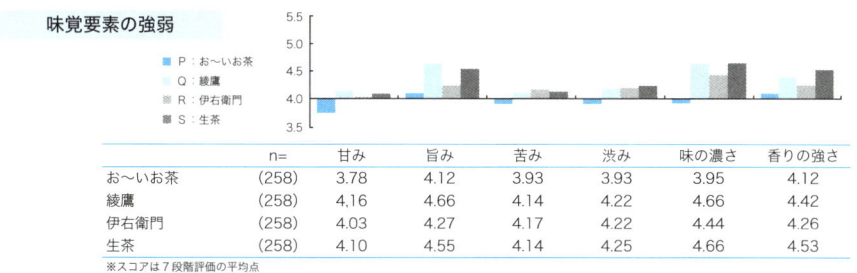

■ P：お～いお茶
■ Q：綾鷹
■ R：伊右衛門
■ S：生茶

	n=	甘み	旨み	苦み	渋み	味の濃さ	香りの強さ
お～いお茶	(258)	3.78	4.12	3.93	3.93	3.95	4.12
綾鷹	(258)	4.16	4.66	4.14	4.22	4.66	4.42
伊右衛門	(258)	4.03	4.27	4.17	4.22	4.44	4.26
生茶	(258)	4.10	4.55	4.14	4.25	4.66	4.53

※スコアは7段階評価の平均点

味覚要素の好み

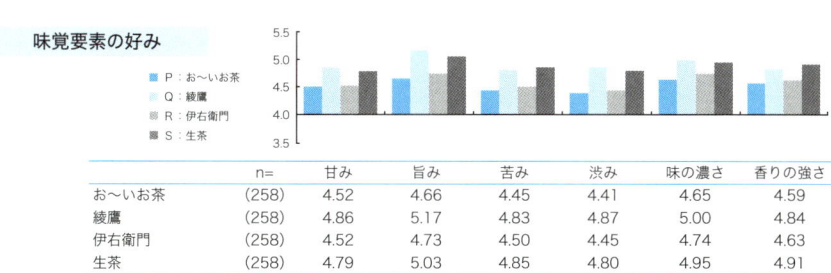

■ P：お～いお茶
■ Q：綾鷹
■ R：伊右衛門
■ S：生茶

	n=	甘み	旨み	苦み	渋み	味の濃さ	香りの強さ
お～いお茶	(258)	4.52	4.66	4.45	4.41	4.65	4.59
綾鷹	(258)	4.86	5.17	4.83	4.87	5.00	4.84
伊右衛門	(258)	4.52	4.73	4.50	4.45	4.74	4.63
生茶	(258)	4.79	5.03	4.85	4.80	4.95	4.91

※スコアは7段階評価の平均点

2−3．味覚要素と総合評価の相関

　各味覚要素の強弱と味覚総合評価の高低にはどのような関係性があるのかについて、「P：お〜いお茶」に着目して分析してみよう。

　2変数の関係性を図示して調べるには、散布図がよく用いられる。しかし、アンケート調査のようなデータではデータが離散的であるため、そのまま散布図にすると多くの点が重なり合ってしまい、うまく図示することが出来ない。

　そこでここでは、横軸に「各味覚要素の強弱」を、縦軸に「総合評価」をとり、表内のスコアを全体に占める割合（％）とした集計表を作成した（次ページの図9）[5]。また、表を読み取りやすいようにスコアが大きいほど濃い色をつけている。

　次ページの図9の「旨み」の表を見ると、旨みが「強い」と感じた人ほど総合評価で「おいしい」と評価している傾向があることがわかる（表の左下から右上にかけてデータが分布している様子から読み取れる）。

　このように、一方の変数が高いスコアをとる時に、もう一方の変数も高いスコアをとるような時、それらの2つの変数の間には「正の相関関係がある」と言う。ただし一般的に、相関関係は因果関係を意味するとは限らない。そのため、この情報だけでは「旨みを濃くすれば評価が高くなる」とは言い切れない点には注意する必要がある[6]。

　続いて「苦み」「渋み」の表を見てみる。上述した「旨み」と比べて、「苦み」や「渋み」を強く感じたとしても総合評価が高いわけではないことが読みとれる。苦みや渋みが強いと感じているが総合評価が低い人（表の右下）や、逆に苦みや渋みが弱いと感じているが総合評価が高い人（表の左上）が存在するからである。

　このことから、「苦み」「渋み」という味覚要素は好みが分かれる要素であり、苦み・渋みが強いほどおいしいと評価する人と、おいしくないと評価する人が混在しているのではないかといった仮説を立てることが出来る。

　こういった比較的単純なデータの分布などを確認し仮説を立てることは、回帰分析や多変量解析などの統計手法を用いる事前の分析として重要な役割を果たす。

＊5　統計学の用語を用いると、この表は「2つの確率変数の同時確率分布」の可視化となっている。
＊6　相関関係だけでは因果関係を意味しないが、相関関係から因果関係に関する仮説を立てることはある。
　　　因果関係の大きさを評価するには、別途実験や解析を行う必要がある。

甘み(相関係数:0.44)

旨み(相関係数:0.66)

苦み(相関係数:0.23)

(%)

-	0.8	0.4	2.7	2.3	1.2	1.2
0.4	1.2	1.6	3.5	3.1	2.7	1.6
0.4	1.9	1.9	8.5	2.7	1.2	0.8
0.4	2.7	3.1	11.2	3.1	1.6	-
0.8	1.9	6.2	5.8	0.8	0.4	-
0.8	1.9	1.2	3.9	0.8	-	-
0.8	2.3	3.5	1.2	0.4	0.4	-
-	0.4	1.2	0.8	0.4	-	-
0.8	0.8	0.4	-	-	-	-
-	-	0.4	-	-	-	-
-	0.4	-	-	-	-	-

0.4	-	-	2.7	1.6	2.3	1.6
-	0.4	-	2.3	3.9	4.7	2.7
-	-	1.2	4.3	8.1	3.5	0.4
-	1.2	4.7	7.8	5.8	2.7	-
0.8	2.7	4.3	6.6	1.6	-	-
0.4	1.9	3.5	1.9	0.4	-	-
0.4	2.7	3.1	1.9	0.4	-	-
0.4	0.8	1.2	0.4	-	-	-
1.2	0.8	-	-	-	-	-

0.8	0.4	0.8	2.7	1.6	1.9	0.4
0.4	0.8	1.6	2.7	4.7	3.5	0.4
0.4	2.3	5.0	2.7	5.0	1.2	0.8
-	4.7	4.7	4.7	4.7	2.3	1.2
0.8	2.7	2.7	4.7	3.5	1.2	0.4
0.8	3.1	0.8	0.8	2.3	-	0.8
0.8	1.6	1.9	1.2	0.8	1.9	0.4
0.8	0.8	0.4	-	-	0.4	0.4
0.8	0.4	-	-	0.4	-	-
-	0.4	-	-	-	-	-

渋み(相関係数:0.29)

味の濃さ(相関係数:0.56)

香りの強さ(相関係数:0.45)

0.4	1.2	0.4	1.2	2.3	2.7	0.4
0.4	0.8	1.6	2.7	4.3	3.9	0.4
0.8	2.3	5.0	2.7	5.4	1.2	-
-	4.3	3.9	4.7	4.7	3.9	0.8
0.4	3.5	2.7	2.7	3.9	1.6	1.2
1.2	3.5	0.4	0.8	1.9	0.4	-
0.8	1.6	2.3	1.2	0.4	2.3	-
0.4	1.6	-	-	0.4	0.4	-
1.6	0.4	-	-	-	-	-
-	0.4	-	-	-	-	-

-	-	0.4	2.3	2.7	1.2	1.9
-	-	0.8	2.3	7.0	3.1	0.8
-	0.4	2.3	8.9	3.9	1.9	-
0.4	2.3	2.7	8.1	7.0	1.6	-
0.4	3.5	6.2	4.3	1.2	0.4	-
1.6	2.3	2.3	1.9	-	0.4	-
-	2.7	2.7	1.6	0.8	0.4	-
0.4	1.2	0.8	-	0.4	-	-
0.8	0.4	-	0.4	-	-	-
-	0.4	-	-	-	-	-

0.4	-	-	3.5	1.6	1.9	1.2
-	-	0.4	4.7	4.3	2.7	1.9
-	1.6	1.9	5.0	5.0	3.5	0.4
-	1.2	3.9	8.5	4.7	3.5	0.4
0.4	3.5	5.4	5.0	1.2	-	0.4
-	3.1	0.8	3.1	1.6	-	-
0.4	1.9	1.9	3.1	0.8	0.4	-
-	0.8	-	0.4	0.8	0.8	-
1.2	0.4	-	-	0.4	-	-
-	0.4	-	-	-	-	-

おいしい ← 総合評価 → おいしくない

弱い（薄い）　　各味覚要素の強弱　　強い（濃い）

※各表内のスコアは、全体に占める割合(%)である。

2−4．味覚イメージ

　ここまでは各ブランドの緑茶の全体的なおいしさや、甘みや苦みなどの味覚要素に関する評価を見てきた。ここからは調査対象者が各緑茶を飲んでどのようなことを感じたのかについて確認する。

　この調査では「後味が良い」や「雑味がない」など様々な観点を挙げ、それらについて「とてもよく当てはまる」〜「全く当てはまらない」の7段階に分けて聴取している。

　前述の[味覚要素の評価]と同様に、7段階の選択肢にそれぞれ7点〜1点で点数をつけ平均値を集計したものが次ページの図10である。例えば、4点以上の場合「当てはまる」、4点未満の場合「当てはまらない」と評価されていると解釈することが出来る。

　相対的に高評価だった「Q：綾鷹」「S：生茶」に着目してみると、「本格的な味がする」「急須で淹れたお茶の味がする」「茶葉本来の旨みを感じる」の点数が「P：お〜いお茶」「R：伊右衛門」と比べて高いことが読み取れる。ペットボトル入りの緑茶でも「急須で淹れたお茶に近い本格的な味わい」を感じると評価が高いようである。

　また、「Q：綾鷹」「S：生茶」は、「甘み・苦み・渋みのバランスが良い」の点数も高い。「味覚要素の評価」においても、「Q：綾鷹」「S：生茶」は「味」「香りの強さ」が強く感じられていた。

　味覚イメージの結果と合わせて考えると、「Q：綾鷹」「S：生茶」は、味や香りがただ強く感じられているだけでなく、味覚全体のバランスが良いことが全体的な高評価に繋がっていると解釈することが出来る。

　一方で、「P：お〜いお茶」は総合評価が相対的に低かったが、「雑味がない」「ゴクゴク飲める」「口の中がスッキリする」は4つのブランドの中で最も高い。「味覚要素の評価」において、「P：お〜いお茶」は各味覚要素があまり強くないことを考えると、味覚の総合評価が相対的に低いことは必ずしもネガティブな評価ではなく、むしろ雑味のなさや飲みやすさといった要素こそが「P：お〜いお茶」の良さとなっていると仮説を立てることも出来る。

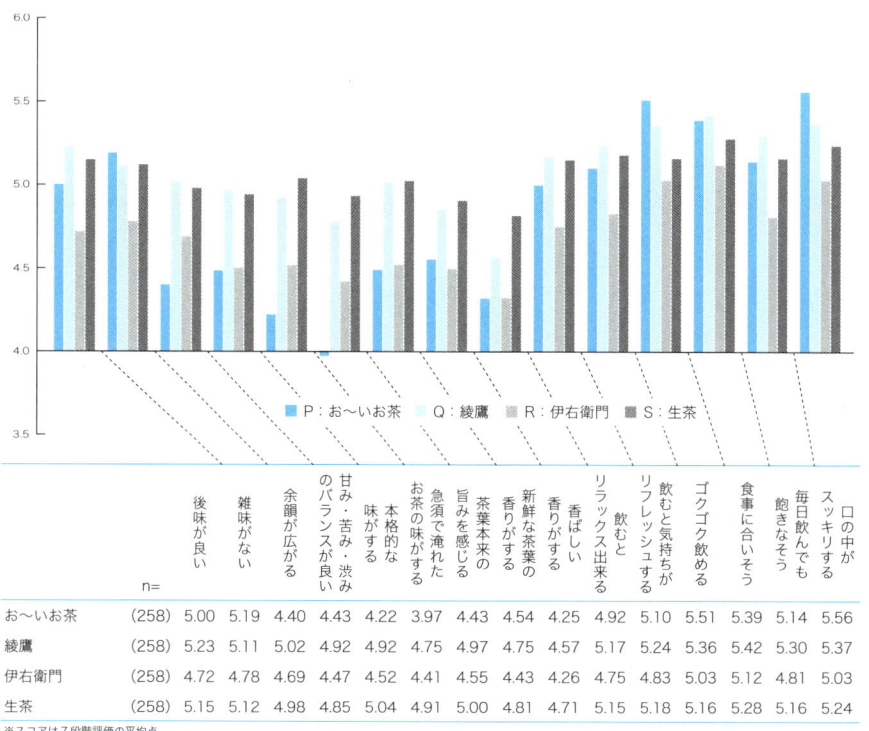

	n=	後味が良い	雑味がない	余韻が広がる	甘み・苦み・渋みのバランスが良い	本格的な味がする	お茶の味がする	急須で淹れた旨みを感じる	茶葉本来の香りがする	新鮮な茶葉の香りがする	香ばしい香りがする	飲むとリラックス出来る	飲むと気持ちがリフレッシュする	ゴクゴク飲める	食事に合いそう	毎日飲んでも飽きなそう	口の中がスッキリする
お〜いお茶	(258)	5.00	5.19	4.40	4.43	4.22	3.97	4.43	4.54	4.25	4.92	5.10	5.51	5.39	5.14	5.56	
綾鷹	(258)	5.23	5.11	5.02	4.92	4.92	4.75	4.97	4.75	4.57	5.17	5.24	5.36	5.42	5.30	5.37	
伊右衛門	(258)	4.72	4.78	4.69	4.47	4.52	4.41	4.55	4.43	4.26	4.75	4.83	5.03	5.12	4.81	5.03	
生茶	(258)	5.15	5.12	4.98	4.85	5.04	4.91	5.00	4.81	4.71	5.15	5.18	5.16	5.28	5.16	5.24	

※スコアは7段階評価の平均点

　このように同じペットボトルの緑茶であっても、ブランドによって味の感じられ方は様々である。では、どのような味覚イメージが総合評価と関連性が大きいのだろうか。ここでは「P：お〜いお茶」に着目し、関係性の大きさの指標として「相関係数」を用いて分析してみる。

「P：お〜いお茶」の各味覚イメージのスコアを縦軸、総合評価と味覚イメージとの関係性の大きさ（相関係数）を横軸にとり、各味覚イメージを散布図にプロットした（次ページの図11）。散布図の右上のエリアにある「毎日飲んでも飽きなそう」「飲むと気持ちがリフレッシュする」などの項目は、現状の味覚イメージのスコアが高く、総合評価との関係性も大きいため、「お〜いお茶」の総合評価の源泉となっていると考えることが出来る。

　また、散布図の左上のエリアの項目は、現状の味覚イメージのスコアは高いものの総合評価との関係性は小さいため、とりあえずは現状を維持しておけば良いものと考えられる。一方で、散布図の右下のエリアは、総合評価との関係性が大きいに

もかかわらず味覚イメージのスコアが低いエリアである。

　このような分析を通して、「バランスの良さ」や「本格さ」といった味覚イメージをより強化することが望ましいといった示唆が得られる。ただし、「バランスの良さ」や「本格さ」は「綾鷹」や「生茶」と訴求ポイントが競合するため、ブランド戦略としては注意する必要がある。

　また、横軸の「総合評価と味覚イメージとの関係性の大きさ」は相関関係のみで評価しており、必ずしも因果関係を表していないため、総合評価と関係性の大きい味覚イメージを強化したからと言って総合評価が高まるとは限らない点には注意すべきである。

【図11：「P：お〜いお茶」の味覚イメージと総合評価との関係】

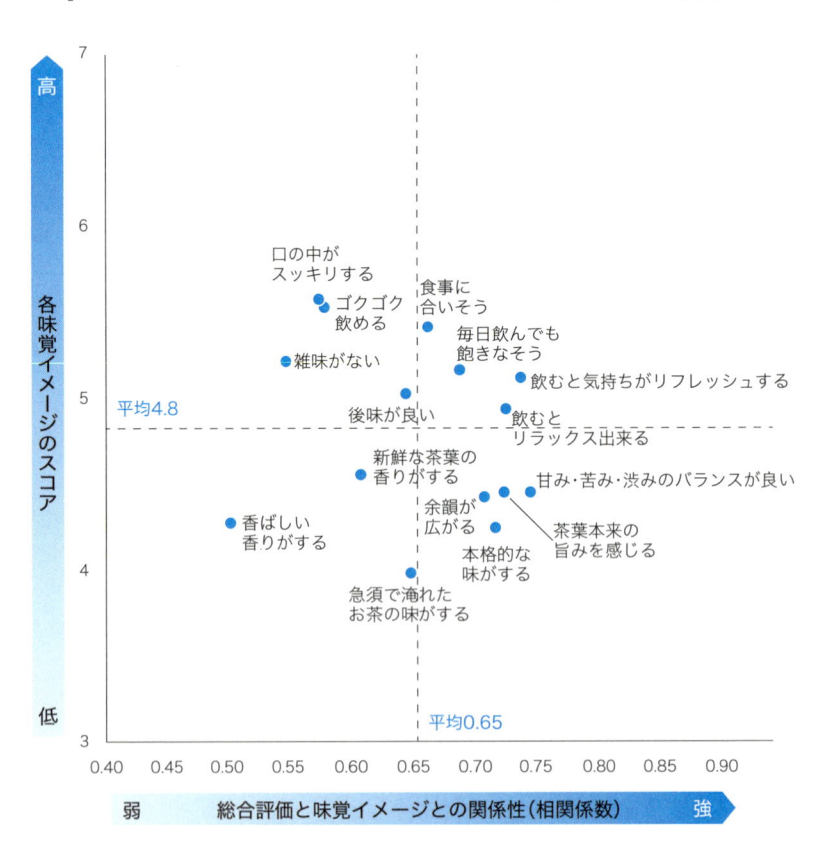

3-1. 相対評価とその理由

　ここまで4種類の緑茶の味に関する様々な観点のデータを見てきたが、いずれもブランドごとに別々に聴取したいわゆる絶対評価の結果だった。ここでは評価の仕方を少し変えて、4種類の緑茶を相対評価した結果を紹介する。

　相対評価の方法は様々あるが、この調査では4種類の緑茶を飲み比べた上で、「買いたい気持ち（合計100点）」を4種類の緑茶に振り分けてもらう方法で聴取した（定和法とも言う）。

　実際に商品を購入する時は複数のブランドの中で比較しながら最も買いたい商品を選ぶため、普段の購買行動は相対評価と言えるだろう。

　ただし、実際の購入シーンではブランド名がわかった状態で比較するだろうし、基本的に商品を飲み比べたりは出来ないため、今回の調査の状況は実際の購入時とは異なる。ここで紹介するデータは、緑茶の味や色だけで4種類を比較した結果であることに注意してご覧いただきたい。

　まず全体を見ると、「Q：綾鷹」が29.5％で最も高く、次いで「S：生茶」「P：お～いお茶」「R：伊右衛門」という順である。

　これは味覚総合評価の順位（P205の図6）と同様である。味に対する嗜好性は性別や年齢によって異なる可能性が考えられるが、この4種類の緑茶に対する評価は性別や年代によって異なるのだろうか。

　そこで、性年代別に相対評価の結果を確認してみよう。多少の数値の変動はあるものの、いずれの性年代でも「Q：綾鷹」「S：生茶」の評価が高く、「P：お～いお茶」「R：伊右衛門」の評価が低いという傾向は変わらない結果となっている。ただし、わずかにではあるが、男性は「Q：綾鷹」より「S：生茶」を好む傾向があることが読み取れる（下の図12）。

【図12：味覚の相対評価（全体・性年代別）】

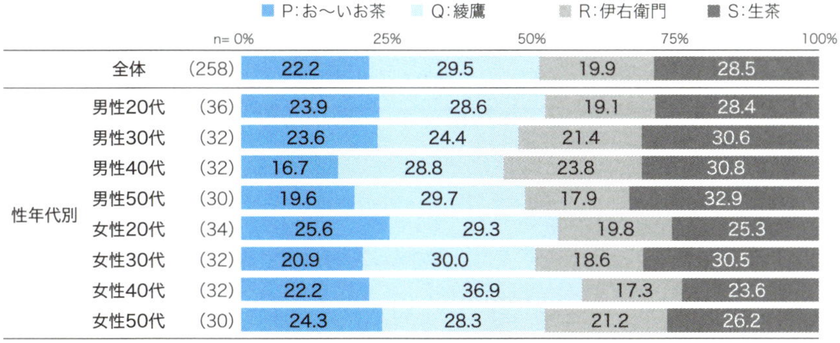

■ P：お～いお茶　　Q：綾鷹　　R：伊右衛門　　■ S：生茶

		P：お～いお茶	Q：綾鷹	R：伊右衛門	S：生茶
全体	(258)	22.2	29.5	19.9	28.5
男性20代	(36)	23.9	28.6	19.1	28.4
男性30代	(32)	23.6	24.4	21.4	30.6
男性40代	(32)	16.7	28.8	23.8	30.8
男性50代	(30)	19.6	29.7	17.9	32.9
女性20代	(34)	25.6	29.3	19.8	25.3
女性30代	(32)	20.9	30.0	18.6	30.5
女性40代	(32)	22.2	36.9	17.3	23.6
女性50代	(30)	24.3	28.3	21.2	26.2

（n= 0%　25%　50%　75%　100%、性年代別）

次に少し別の視点でデータを見てみよう。

会場調査に来てもらう回答対象者を選定抽出するための事前アンケートにて、4種類の緑茶ブランドのうち「最も好きな緑茶ブランド」を聴取している。

ブランドを「好き」になるには様々な要素が関連するが、ペットボトル飲料の場合「味」は重要な要素であると考えられる。事前アンケートで「お〜いお茶」を最も好きと回答していた人は、味覚評価でも「P：お〜いお茶」の評価が最も高いのだろうか。そこで、最も好きなブランド別に味覚相対評価の結果を確認した。

その結果、「綾鷹」を最も好きと回答した人や「生茶」を最も好きと回答した人は、それぞれ「Q：綾鷹」「S：生茶」の評価が最も高く、好きなブランドと味覚評価の結果が一致しているのに対し、「お〜いお茶」と「伊右衛門」ではそうとは限らなかった。

例えば事前に「お〜いお茶」が最も好きと回答した人のうち、最も味覚評価が高かったのは「Q：綾鷹」で30.4%となっている*7（下の図13）。このように、緑茶の味の評価とブランドの好みは必ずしも一致しないため、味以外の要素（ブランドイメージやパッケージなど）が購入に影響を与えていることが考えられる。

ここでは紹介しないが、この調査では各緑茶のパッケージの視認性やブランドイメージについて聴取した設問もあるため、興味のある読者は実際にデータを確認してみると良いだろう。

【図13：味覚の相対評価（最も好きなブランド別）】

凡例: ■ P:お〜いお茶　　■ Q:綾鷹　　■ R:伊右衛門　　■ S:生茶

最も好きなブランド別		n=	P:お〜いお茶	Q:綾鷹	R:伊右衛門	S:生茶
	お〜いお茶	(66)	26.5	30.4	17.6	25.5
	綾鷹	(67)	17.7	31.3	22.6	28.4
	伊右衛門	(61)	21.8	27.6	20.8	29.8
	生茶	(64)	22.7	28.4	18.5	30.4

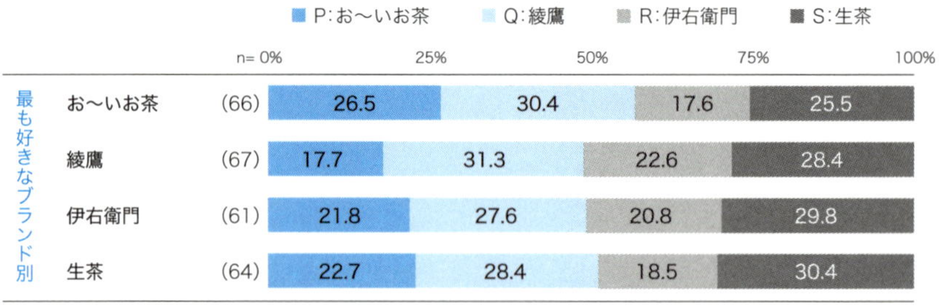

※スコアは「買いたい気持ち」の合計を100%とした場合の各銘柄への購入意向の平均値

ところで、回答者たちは各緑茶のどのような点を評価し、上記のような結果となったのだろうか。この調査では相対評価の理由を自由記述形式で聴取した。ここ

---

*7　回答者は、試飲した緑茶がどのブランドの商品であるかはわからない状態で評価している点に留意。

では「P：お〜いお茶」に着目し、回答内容を確認してみよう。下の図14では、「P：お〜いお茶」を各順位で評価した人の回答内容の中から、いくつか代表的な意見を抜粋したものである。なお、解説する上でポイントとなる箇所を青字にしている。

1位や2位で評価した人は、苦みや渋みが薄いことを「スッキリ」と表現し、「食事と一緒に飲みたい」「いつでも飲める」と評価していることがわかる。一方で、3位や4位のような低い順位で評価した人は、味の薄さを「水っぽい」「物足りない」と表現し、味の濃い他のお茶より本格的でない点で評価が低くなってしまっている様子が伺える。

客観的に見れば同じ「味の薄さ」に対する意見だが、「P：お〜いお茶」が好きな人にとっては魅力として、そうでない人にとっては物足りなさとして解釈される点は興味深い。

【図14：「P：お〜いお茶」の相対評価の理由】

「お〜いお茶」が1位の人のコメント

- Pは渋みが強くスッキリしていることから、普段の食事に合わせやすくお昼のお弁当などに合わせやすいと感じたから。〈男性33歳〉
- Pは合わせる食事やシチュエーション、世代を問わずいつでも飲みやすそう。〈女性38歳〉
- Pが一番茶葉の香りが感じられて緑茶を飲んでいる気がした。またPは他と比べてスッキリと飲みやすかったが苦みも程よくあり美味しい。〈男性27歳〉

「お〜いお茶」が2位の人のコメント

- Sは急須でいれたような濃い味わいのお茶で渋みや雑味が少なくバランスがとれているので一番良かった。Pはまろやかな優しい口当たりでリラックス出来そうなところが良かったが味が薄い気がしたのでSを選んだ〈女性54歳〉
- Pは食事と一緒に、Sはゆっくりしたい時と使い分けて飲みたい。〈男性30歳〉
- Pはスッキリ飲めるが、少し旨みと甘みなどの味わいが薄い。〈女性49歳〉

「お〜いお茶」が3位の人のコメント

- Pはスッキリしていてどんな食事にも合いそうではあるのですが、急須でいれたような濁りや深い味わいがなかったので3番にしました。〈女性34歳〉
- Pは見た目が透き通っていて味、風味、コクがすべて弱くて水っぽい感じがしたから。〈男性54歳〉
- Pはスッキリしすぎていて物足りなく、QとRは渋みが口に残るのが気になり、Sが一番バランスのとれた味で美味しく、香りも良いし本格的な感じがするから。〈女性46歳〉

「お〜いお茶」が4位の人のコメント

- Qは、香り・旨み・渋み・後味の強さとバランスが群を抜いている。（中略）Pは、味のバランスは良いものの弱く、薄い味の印象が強い。〈男性47歳〉
- Pは1番、甘みや苦みなどの茶葉の味を感じられず、水っぽくて好きではなかった。〈女性26歳〉
- Pについてはスッキリとしているものの苦みが強めに感じられ、後味についても雑味感が残ったと感じた。〈男性28歳〉

※代表的な意見を抜粋。紙面の都合上、記述の一部のみを掲載している。

　ブランド名を伏せた状態で味覚評価とは別の視点から聴取したデータについて紹介する。これまで見てきた通り、4種類の緑茶は味の濃さや飲んだ感想も様々だったが、ブランド名を伏せた状態で試飲した緑茶について、その緑茶がどのブランドの緑茶なのかを当てることは出来るのだろうか。

　4種類のブランドのいずれかであることを告知した上で、4つの試飲した緑茶がそれぞれどのブランドのものであると思うかを回答してもらった。

　その結果を次ページの図15に示す。Pを「お～いお茶」と正答した人は58.1%で正答率が4種類の緑茶の中で最も高い。一方で、Qを「綾鷹」と正答した人は29.1%であるのに対し、「伊右衛門」と誤答した人は30.6%で、わずかに誤答のほうが多い。また、Sを「生茶」と正答した人と「綾鷹」と誤答した人はいずれも35.7%だった。

「お～いお茶」は多くの人が判別出来るのに対し、「綾鷹」「伊右衛門」「生茶」は味覚からは判別がつきにくい様子である。この結果から、人々がこの3ブランドのどれを選ぶかは、味覚以外の要素が影響しているという仮説を立てることが出来る。

　それでは、各ブランドが最も好きな人は、自分が好きなブランドの緑茶を言い当てられる（正答率が高い）のだろうか。

　事前調査の回答を元に各ブランドが最も好きな人における正答率と、全体での正答率とを比較し、その結果、「綾鷹」と「生茶」はわずかに正答率が高いが目立った差は見られなかった。

　これらの結果から、ペットボトル緑茶は味の評価だけでなく、CMなどの広告宣伝から受ける印象や店頭での視認性、それから形成されるブランドそのものに対する評価が影響していると想像出来るかもしれない。

【図 15：試飲品のブランド当て】

各試飲品のブランド当て

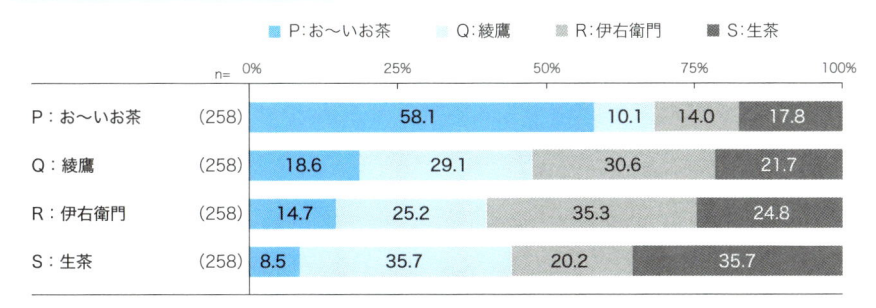

凡例: ■ P：お～いお茶　Q：綾鷹　R：伊右衛門　■ S：生茶

	n=	P：お～いお茶	Q：綾鷹	R：伊右衛門	S：生茶
P：お～いお茶	(258)	58.1	10.1	14.0	17.8
Q：綾鷹	(258)	18.6	29.1	30.6	21.7
R：伊右衛門	(258)	14.7	25.2	35.3	24.8
S：生茶	(258)	8.5	35.7	20.2	35.7

各ブランドの正答率

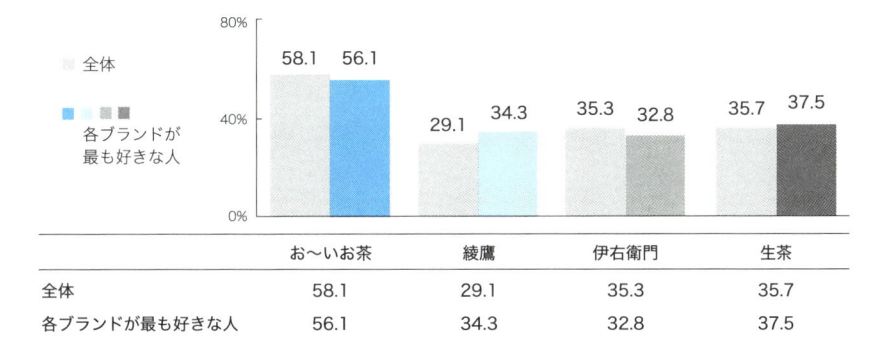

凡例: 全体 ／ 各ブランドが最も好きな人

	お～いお茶	綾鷹	伊右衛門	生茶
全体	58.1	29.1	35.3	35.7
各ブランドが最も好きな人	56.1	34.3	32.8	37.5

※「各ブランドが最も好きな人」の標本サイズは、お～いお茶：66人、綾鷹：67人、伊右衛門：61人、生茶：64人

4−1．ブランド提示有無による評価の比較

　ペットボトル茶の評価は味だけではなく様々な要素が影響していることは、ここまでの分析を通して見てきた通りである。それでは、ペットボトル茶の「ブランド」は各緑茶の評価にどの程度影響を与えるのだろうか。

　最後にブランド名を提示しながら改めて試飲してもらい、「総合評価」「味覚要素ごとの強弱・好み」「味覚イメージ」を聴取した。

　この結果で得られる評価を、ブランドを伏せた状態での評価と比較することで、「ブランド」による影響を確認することを企図している。ただし、前半で4杯も試飲しているため、ブランド名を提示して試飲するのは1杯だけとした。

　試飲するブランドは回答者によって異なる。「実験データ群」はあらかじめ回答者ごとにランダムに決定したブランドを提供したのに対し、「観察データ群」についてはこの会場調査内で聴取した「最も買いたいと思ったブランド」を提供した。

　そのため、「観察データ群」の回答を含めてそのままブランド提示有無で比較すると、ブランドを提示したことの影響だけでなく、「自分が買いたいと思ったブランド」であることの影響も受けてしまう。

　そのため、ここでは「実験データ群」の回答に限定し、ブランドの提示有無による評価の違いを確認する。

　まずは全体的な味の評価(総合評価)の結果から確認する。

　前半の「ブランド提示無し」と同様に各商品の評価を1点ずつの区間に区切りヒストグラムで図示した（P220の図16）。ブランド提示有無で評価の分布がどのように変化したのかを確認するため、それぞれ「ブランド提示無し」「ブランド提示有り」をブランド別に色分けしている。

　ブランド提示有無で比較すると、いずれのブランドもブランド提示有りのほうが、分布の山が若干右側に寄っていることがわかる。つまり、ブランドを提示することによって全体的に評価が高くなっているのである。

　このことはデータの平均からも読み取れ、「P：お～いお茶」「Q：綾鷹」「R：伊右衛門」でブランド提示有りのほうが高くなっている。

　試飲品の中身は変えていないため、この点数の差はブランドを提示したことによる影響が大きいと考えられる。

　つまり、点数の差が大きいほど緑茶の味以外の点（ブランドなど）で評価されていると考えられる。ちなみに、ブランド提示有無の差が最も大きかったブランドは「R：伊右衛門」だった。一方で、「S：生茶」は平均には差が見られなかった。

　ブランド提示有無で平均を比較し、ブランド提示有りのほうが高いことを確認し

たが、これはこの調査データで偶然起こったことではなく、市場において一般的に言えることなのだろうか。

ここで計算されている「平均」はこの調査によって集められたデータの特性を表す値(標本平均)でしかない。例えば、別の日に調査をやり直したり、もっと多くのデータを集めたりしたデータを使えば値も変わってくるだろう。

ここで私たちが知りたいことは、手元に得られているデータについてではなく、「ブランドを提示しない場合と、提示した場合を比べて、後者のほうが前者よりも評価が高くなるかどうか（＝味覚評価はブランドの有無によって影響される）」というデータ（標本）の背後にある未知の全体（母集団）における関係性である。

このように、標本から母集団における関係性について推測する時に用いられる学問分野が「推測統計学」である。統計学の中の1つの手法として、今回のように2つのデータ(ブランドを提示した場合の総合評価と、ブランドを提示しなかった場合の総合評価)の間に差があるかどうかを調べる「統計的仮説検定」と呼ばれるものがある（統計的仮説検定の詳細な説明は【解説】P224に記載）。

ここでは「P：お～いお茶」に着目して統計的仮説検定を行った結果を記載する。今回のデータでは、同じ回答者が「ブランドを提示しなかった場合」と「ブランドを提示した場合」の2回評価を行っているため、「対応のある2群の差のt検定」を行う。

帰無仮説は「ブランドを提示しなかった場合と提示した場合の味覚総合評価の平均には差がない」である。ブランドを提示することによって評価が高くなることが予想出来たため、片側検定を行うこととし、有意水準は5%に設定した。標本サイズは32であり、提示しなかった場合の平均は6.63、提示した場合の平均は7.34である。

これらを元に有意水準5%の設定で検定を行うと、帰無仮説は棄却され、2群の平均の差は統計的に有意であると推測される。よって「ブランドを提示しない場合より、ブランドを提示した場合のほうが、味覚評価が高い」と判定することが出来る。

統計的仮説検定は統計学の入門書などで必ずと言って良いほど取り上げられるトピックであり、聞いたことのある読者も多いかもしれない。しかしその一方で、統計的仮説検定の中で用いられるP値と呼ばれる指標は誤解や誤用も多く、一部の学術雑誌ではP値の使用を控えるように勧告したりしている[8]。

＊8　統計的有意性と P 値に関する ASA 声明
　　（"The ASA Statement of Statistical Significance and P-Values"）など

【図16：味覚総合評価（ブランド提示有無比較）】

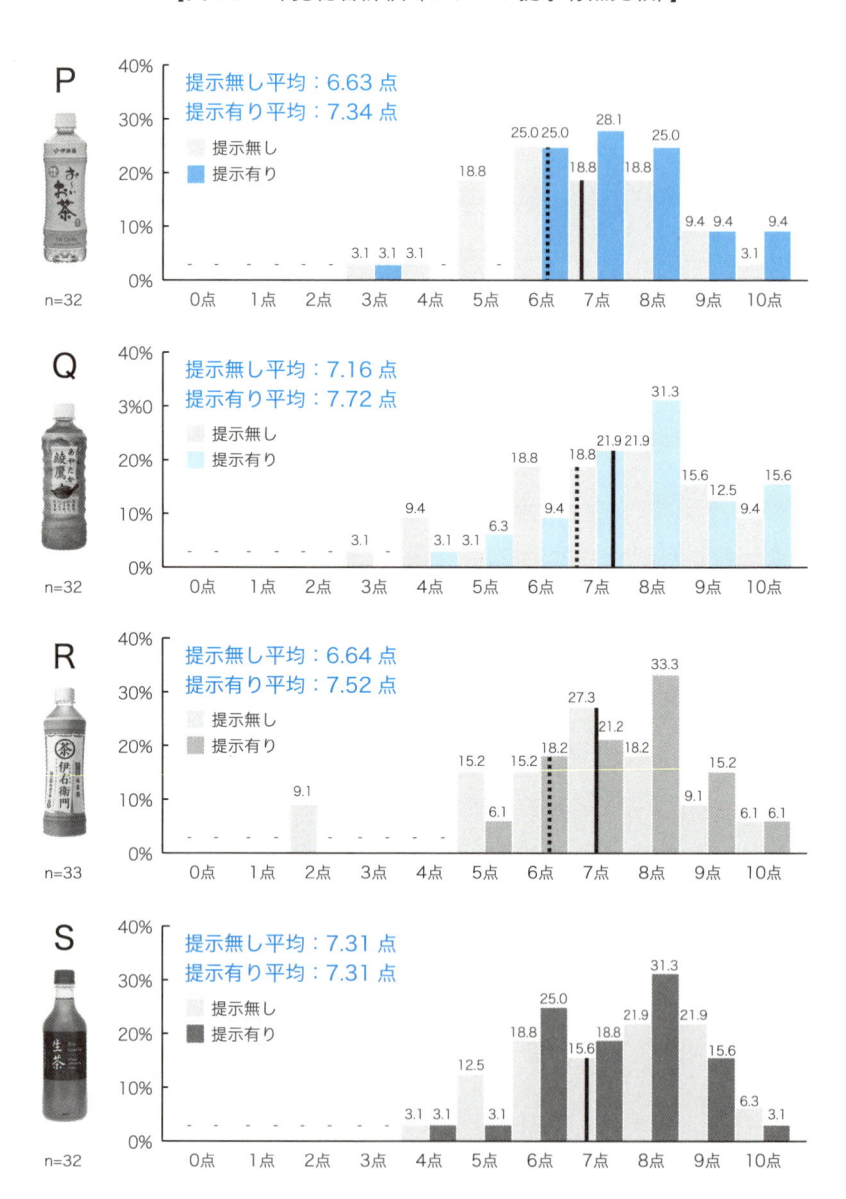

- P　n=32
  - 提示無し平均：6.63 点
  - 提示有り平均：7.34 点
  - 提示無し
  - 提示有り

- Q　n=32
  - 提示無し平均：7.16 点
  - 提示有り平均：7.72 点
  - 提示無し
  - 提示有り

- R　n=33
  - 提示無し平均：6.64 点
  - 提示有り平均：7.52 点
  - 提示無し
  - 提示有り

- S　n=32
  - 提示無し平均：7.31 点
  - 提示有り平均：7.31 点
  - 提示無し
  - 提示有り

続いて各味覚要素の感じ方は、ブランド提示有無で変化があるのだろうか。2 − 2の「味覚要素の評価」（P207参照）と同様の内容を、ブランドを提示した状態で聴取し、その平均値をブランド提示しない状態の平均値と比較した（下の図17）。

グラフは、［ブランド提示有りの平均値］ − ［ブランド提示無しの平均値］という差を表しているため、値が正の場合はブランド提示有りのほうが高いことを示す。逆に値が負の場合はブランド提示有りのほうが低いことを示す。

まず、味覚要素の強弱の変化のグラフを見るとほとんどの項目で正の値となっているため、ブランドを提示することで各味覚が強く感じられるようになっている様子が伺える。

また、味覚要素の好意度も同様に、ブランドを提示したほうが、平均値が高いことが読み取れる。特に「R：伊右衛門」は、ほとんどの項目で好意度の差分が他のブランドと比べて大きくなっており、同じ試飲品でも「R：伊右衛門」というブランドを提示することで評価が高くなる様子が観察された。

【図 17：味覚要素の評価の変化】

味覚要素の強弱の変化（提示有り - 提示無し）

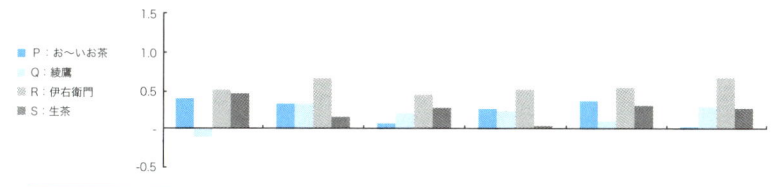

	n=	甘み	旨み	苦み	渋み	味の濃さ	香りの強さ
お〜いお茶	(32)	0.41	0.34	0.09	0.28	0.38	0.03
綾鷹	(32)	-0.09	0.34	0.22	0.25	0.13	0.31
伊右衛門	(33)	0.52	0.67	0.45	0.52	0.55	0.67
生茶	(32)	0.47	0.16	0.28	0.03	0.31	0.28

※スコアは7段階評価の平均点の「ブランド提示無し」と「ブランド提示有り」の差分

味覚要素の好みの変化（提示有り - 提示無し）

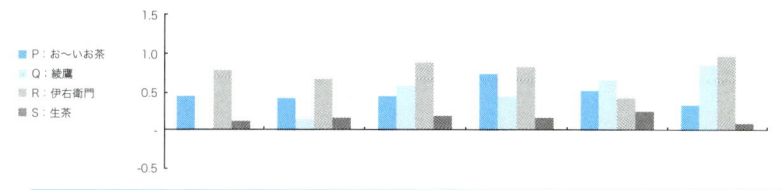

	n=	甘み	旨み	苦み	渋み	味の濃さ	香りの強さ
お〜いお茶	(32)	0.47	0.44	0.47	0.75	0.53	0.34
綾鷹	(32)	0.03	0.16	0.59	0.47	0.69	0.88
伊右衛門	(33)	0.79	0.67	0.88	0.82	0.42	0.97
生茶	(32)	0.13	0.16	0.19	0.16	0.25	0.09

※スコアは7段階評価の平均点の「ブランド提示無し」と「ブランド提示有り」の差分

最後に「味覚イメージ」についても同様にブランド提示有無での差を確認する（下の図18）。「P：お〜いお茶」「Q：綾鷹」「R：伊右衛門」はすべての項目で差が正の値になっており、ブランドを提示した時のほうが高いことがわかる。

なかでも「R：伊右衛門」は多くの項目で他のブランドよりも差が大きいことが特徴である。特に「甘み・苦み・渋みのバランスが良い」「後味が良い」「新鮮な茶葉の香りがする」「毎日飲んでも飽きなそう」でブランド提示有無による差分が大きい。

伊右衛門というブランドは、商品そのものの味だけではなくテレビCMや商品パッケージなどを通してこうしたブランドイメージを構築出来ており、このような差分が生じているのだろうか。

一方で「S：生茶」は他のブランドと比較してブランド提示有無の差分は小さく、負の値となっている項目もある。つまり、生茶というブランドは味覚評価にあまり影響を与えていないと言える。

【図18：各緑茶の味覚イメージの変化】

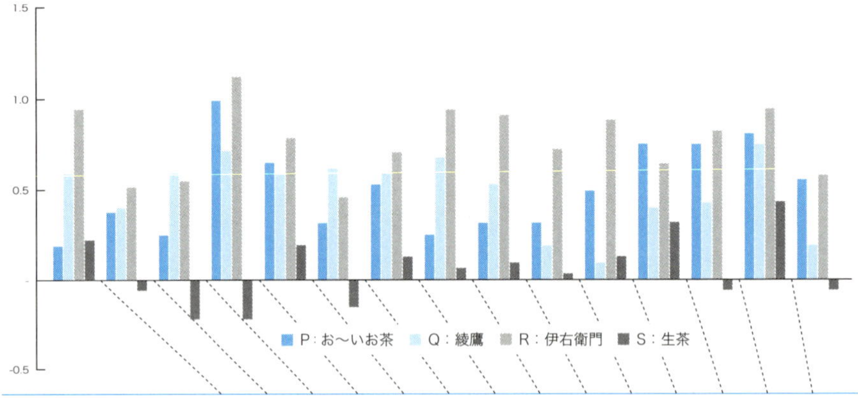

	n=	後味が良い	雑味がない	余韻が広がる	甘み・苦み・渋みのバランスが良い	本格的な味がする	急須で淹れたお茶の味がする	茶葉本来の旨みを感じる	新鮮な茶葉の香りがする	香りがする	香ばしい	リラックス出来る	飲むと気持ちがリフレッシュする	ゴクゴク飲める	食事に合いそう	毎日飲んでも飽きなそう	口の中がスッキリする
お〜いお茶	(32)	0.19	0.38	0.25	1.00	0.66	0.31	0.53	0.25	0.31	0.31	0.50	0.75	0.75	0.81	056	
綾鷹	(32)	0.59	0.41	0.59	0.72	0.59	0.63	0.59	0.69	0.53	0.19	0.09	0.41	0.44	0.75	0.19	
伊右衛門	(33)	0.94	0.52	0.55	1.12	0.79	0.45	0.70	0.94	0.91	0.73	0.88	0.64	0.82	0.94	0.58	
生茶	(32)	0.22	-0.06	-0.22	-0.22	0.19	-0.16	0.13	0.06	0.09	0.03	0.13	0.31	-0.06	0.44	-0.06	

※スコアは7段階評価の平均点

この章では、私たちの生活の中で身近な「ペットボトル茶」を題材とし、主に商品の味に関する内容を調査したデータを紹介した。

　回帰分析をはじめとした複雑な統計手法は使わず基本的な集計のみで分析を行ってきたが、基礎的な集計だけでも、味覚要素と総合評価の関係性やブランドの提示有無による評価の変化など様々な示唆を得ることが出来た。一方でこの分析やデータだけからでははっきりとしたことが言えず、新たな疑問や仮説も多く出てくるだろう。

　紹介したデータはWebページ[9]で公開されているので、この章を読んで疑問に思ったことや検証したい仮説が出てきた方はぜひデータを自分自身で分析を行ってみて欲しい。

＊9　https://data.mdsc.hokudai.ac.jp/es/dataset/mdsc28

統計的仮説検定

　ある飲料メーカーは緑茶の新商品を開発しており、A案とB案の2つのうちどちらか一方を発売しようと考えている。そこで消費者に商品を試飲してもらい、評価点を100点満点で聴取した。下の表1はその結果をまとめたものである。各新商品案に対して40人ずつ調査を行ったところ、それぞれの評価の平均点はA案70.9点、B案61.3点だった。[1]

【表1：緑茶の新商品(2案)の評価】

新商品案	調査人数 (n)	平均点 ($\bar{x}$)	不偏分散 ($\hat{\sigma}^2$)
A案	40	70.9	78.55
B案	40	61.3	86.11

　このデータから「評価点はA案のほうがB案より高い」と判断し、飲料メーカーはA案を発売すべきだろうか。もちろんそのように意思決定することも一つの方法ではあるが、上記の調査結果から「A案のほうがB案より評価が高い」と判断することには懸念がある。

　例えば、上の表1のデータは調査対象者としてたまたま選ばれた各案40人の評価の平均点であるが、別の対象者に対してもう一度同じ調査を実施した時に「評価点はA案のほうがB案より高い」という結果が得られるとは限らない。

　このような時、統計学ではデータの背後に何らかの仕組み（確率分布と呼ぶ）を想定し、手元のデータが得られる確率を用いて結論を導く。ここでは第8章の解説P194で紹介した「推測統計」の技法の一つである「統計的仮説検定」（あるいは単に「検定」）について説明する。

　検定は以下のような手順で行われる。

1. 「否定したい仮説」と「その内容と相反する仮説（主張したい仮説）」を立てる。

---

[1] A案・B案共に調査人数は40人だが、調査対象者は異なる。調査対象者全員（80人）を性別や年代などの偏りがないように2つのグループに等分し、一方のグループではA案を、他方のグループではB案を評価してもらうテスト方法をマーケティング・リサーチでは「モナディック・テスト」と呼ぶ。

2. 1.で立てた「否定したい仮説」のもとで、実際に起こった結果の「起こりやすさ」を求める。
3. 滅多に起きないことが起こっていると考えられる場合、「最初に立てた仮説がそもそも間違いだった」と解釈し、最初に立てた仮説を棄却する。
4. 一方で、よく起きることが起きただけであれば、「最初に立てた仮説は正しいかもしれない」と結論を保留する。

検定ではこのように「主張したい内容と相反する仮説を立て、その仮説が矛盾していることを証明し棄却することで結論を導く」という手順で行われる。[*2]

今回の場合、「A案の評価点とB案の評価点が異なる」という結論を導きたいため「A案とB案の平均点は同じである」という仮説を立てる。

このように否定したい仮説を「**帰無仮説**」と呼び、一方で立証したい仮説を「**対立仮説**」と呼ぶ。仮説を意味するHypothesisの頭文字を使って、帰無仮説を H_0、対立仮説を H_1 と表現することが多い。

ここからは冒頭の緑茶の新商品の評価を例に、検定の具体的な流れについて解説する。

A案、B案の評価の背後に確率分布（母集団分布と呼ぶ）を想定し、調査対象となった人々の評価点は、この母集団分布からランダムに得られた標本（サンプル）だと考える。

今回の例ではA案とB案それぞれの母集団分布の平均点（母平均と呼ぶ）に差があるかどうかを検定する「2群の平均の差の検定」を行う。

まずは「否定したい仮説（帰無仮説）」と「その内容と相反する仮説（対立仮説）」を立てる。

A案とB案の母平均を μ_A, μ_B とすると、帰無仮説は「A案とB案の平均点は同じである」という内容のため、「$H_0 : \mu_A = \mu_B$」となる。一方で、対立仮説は帰無仮説と相対する「A案とB案の平均点は異なる」という内容で、「$H_1 : \mu_A \neq \mu_B$」となる。

検定の2つ目の手順は、帰無仮説が成立しているもとで、実際に起こった結果の「起こりやすさ」を求めることである。

ここでは簡単にするためにA案とB案の評価点は、それぞれ平均パラメータ μ_A, μ_B と分散パラメータ σ^2_A, σ^2_B で指定された正規分布からランダムに得られていると仮定しよう。2群の平均の差の検定の場合、A案とB案の標本平均（標本から計算

[*2] 統計的仮説検定の手順は、命題の証明方法の1つである「背理法」と似ている。

した平均のこと。母平均と区別してこう呼ぶ）の差 $\bar{x}_A - \bar{x}_B$ が何らかの確率分布にしたがうことを仮定して、帰無仮説の「起こりやすさ」を計算する。

　データから計算される標本平均 $\bar{x}_A, \bar{x}_B$ は、正規分布にしたがうことを第8章「区間推定」（P194を参照）で解説したが、2つの標本平均の差や和も正規分布にしたがうことが知られている。[*3]

　具体的には、2つの標本平均の差 $\bar{x}_A - \bar{x}_B$ は、平均パラメータが $\mu_A - \mu_B$、分散パラメータが $\frac{\sigma_A^2}{n_A} + \frac{\sigma_B^2}{n_B}$ の正規分布にしたがう。

　このことから、第8章の【解説】P196の式(2)と同様にして以下の式を導くことが出来る。

$$P\left(-1.96 \leq \frac{(\bar{x}_A - \bar{x}_B) - (\mu_A - \mu_B)}{\sqrt{\frac{\sigma_A^2}{n_A} + \frac{\sigma_B^2}{n_B}}} \leq 1.96 \right) = 0.95 \quad (1)$$

　ここで、帰無仮説が正しい場合、A案とB案の平均パラメータは等しいため $\mu_A - \mu_B = 0$ である。よって式の中を整理すると、

$$P\left(-1.96 \sqrt{\frac{\sigma_A^2}{n_A} + \frac{\sigma_B^2}{n_B}} \leq \bar{x}_A - \bar{x}_B \leq 1.96 \sqrt{\frac{\sigma_A^2}{n_A} + \frac{\sigma_B^2}{n_B}} \right) = 0.95 \quad (2)$$

となる。

　上の式(2)は、帰無仮説が正しい場合、A案とB案の標本平均の差 $\bar{x}_A - \bar{x}_B$ が左辺のカッコの中の不等式で表される範囲に収まる確率が95％であることを示している。

　つまり、A案とB案の標本平均の差 $\bar{x}_A - \bar{x}_B$ が式(2)の左辺の範囲外の場合、帰無仮説のもとでは5％しか起きないと考えられる事象が起きていると解釈出来る。

　検定の最後の手順は、実際に得られたデータが「滅多に起きないこと」を表しているのか「よく起きること」を表しているのかを判断することである。しかし、どの程度の確率であれば「滅多に起きないこと」と判断するかは特に決まっておらず、分析者が設定する必要がある。

　この「滅多に起きないこと」と判断する確率の基準を「有意水準」（記号では、α がよく使われる）と呼ぶ。一般的には1％や5％が採用されることが多い。実際、上の式では $\alpha = 0.05$ としている。逆に言うと、式(1)(2)では、95％の範囲を「よく起きること」の基準として定めていることになる。実際にA案とB案のデータを式(2)に代入して計算をすると、

---

*3　この性質を「再生性」という。黒木学 (2020)『数理統計学 統計的推論の基礎』共立出版などが詳しい。

$$P\left(-1.96 \times \sqrt{\frac{78.55}{40} + \frac{86.11}{40}} \leq \bar{x}_A - \bar{x}_B \leq 1.96 \times \sqrt{\frac{78.55}{40} + \frac{86.11}{40}}\right) = 0.95 \qquad (3)$$

$$P(-3.977 \leq \bar{x}_A - \bar{x}_B \leq 3.977) = 0.95 \qquad (4)$$

となる。[*4]

つまり、帰無仮説のもとでA案とB案の標本平均の差が-3.977 〜 +3.977の範囲に収まる確率は95%である。

しかし、A案とB案の標本平均の差は9.6（= 70.9 − 61.3）であるため、この範囲に収まらない。つまり、有意水準5%では「滅多に起きないことが起きた」と解釈することが出来る。

よって、帰無仮説を棄却し、「A案とB案の平均は（有意水準5%で）異なる」と結論づける。

以上の手順を別の視点から見てみる。

実際に今回得られた標本から、A案とB案の標本平均の差を計算すると9.6だった。帰無仮説のもとで、この標本平均の差がどのくらいの確率で9.6より極端な値になるのかを計算して、その確率（P値と呼ぶ）が有意水準より小さければ、帰無仮説を棄却するという手順にしても、上記と同じ結論になる。

上記の例ではP値を求める場合、次の確率を帰無仮説のもとで計算する。

$$P(|\bar{x}_A - \bar{x}_B| > 9.6)$$

この値を実際に計算すると$2.23/10^6$であり、有意水準5%よりも小さいので、帰無仮説は棄却されることになる。[*5]

統計的仮説検定では、実験や調査によって得られたデータと、データの背後に確率分布を仮定することで、母集団において差があるかどうかを「推測」している。そのため、誤った結論を導く可能性があることに注意する必要がある。検定において得られる結論には次の2種類の誤りの可能性がある。

---

* 4　式(2)の σ_A^2, σ_B^2 はA案とB案の母集団における分散パラメータであるが、この値は未知であるため、その推定量である不偏分散 $\hat{\sigma}_A^2$, $\hat{\sigma}_B^2$ を用いた。標本サイズ n_A, n_B が充分に大きい（30以上が目安とされることが多い）場合、不偏分散を用いても標本平均の差 $\bar{x}_A - \bar{x}_B$ の分布は正規分布で近似できる。詳しくは蓑谷千凰彦(2004)『統計学入門』(東京図書)などを参照。

* 5　P値は誤解や誤用も多く、一部の学術雑誌ではP値の使用を控えるように勧告したりしている。（統計的有意性とP値に関するASA声明（"The ASA Statement of Statistical Significance and P-Values"）など）

1．本当は帰無仮説 H_0 が正しいにもかかわらず棄却してしまう誤り
（第1種の過誤）

2．本当は帰無仮説 H_0 が正しくないにもかかわらず棄却しない誤り
（第2種の過誤）

　検定の最後の手順において、帰無仮説のもとでは実際に得られた結果が「小さい確率でしか起きない」と解釈出来るから帰無仮説を棄却すると判断している。

　言い換えると、帰無仮説のもとでも実際に得られた結果が「小さい確率ではあるが起こり得る」ということである。「小さい確率でしか起きないこと」と判断する確率の基準として「有意水準 α」を設定していたが、有意水準 α は、まさに第1種の過誤を犯す確率である。

　次に、第2種の過誤について見てみる。（こちらは β で表されることが多い。）

　帰無仮説が正しくない場合、A案とB案の母平均パラメータが異なるが、A案とB案の平均パラメータの差が大きければ大きいほど、正しく帰無仮説を棄却出来ると考えられるだろう。

　つまり、A案とB案の平均の差が大きい時のほうが β は小さくなる。一般に、「帰無仮説 H_0 が正しくない時に、正しく帰無仮説 H_0 を棄却する確率」は $1-\beta$ となり、これを「検出力」と呼ぶ。

　検定の結果の表現の仕方にはいくつか注意すべき点がある。

　有意水準 α は第1種の過誤を犯す確率を表しており、検定を行う際に事前に、例えば5%と分析者が設定している。

　検定の結果、帰無仮説 H_0 を棄却した場合、誤りである確率 α は小さいため、積極的に対立仮説 H_1 を採択するという結論を述べることが出来る。

　一方で検定の結果、帰無仮説 H_0 が棄却されないとなった場合でも、帰無仮説 H_0 を採択するわけではない。なぜなら、分析者が設定する有意水準 α は第1種の過誤を表しており、検出力 $1-\beta$ については考慮していないためである。

　そこで、帰無仮説 H_0 が棄却されなかった場合でも、「A案とB案の平均は等しい」といった積極的な結論を導くことはせず、「A案とB案の平均は異なるとは言えない」といった保守的な表現に留める必要がある。

　検定は多くの場面で用いられる手法だが、誤って用いられるケースも少なくない。ここからは検定に関して注意すべき点について触れておく。

　1点目は「標本サイズが非常に大きいデータに対して検定を実施する」際の注意

である。P226の式(2)を見ると左辺の分母に標本サイズが入っているため、標本サイズが大きくなると「よく起きること」と判定する範囲が狭くなることが読み取れる。

つまり、標本サイズが大きくなると検出力が大きくなり、実務的に意味のない差でも「滅多に起きないこと」として検出してしまう確率が高くなるのである。

こうした問題を避けるために、検定を用いる際は「検出したい差の大きさ」を事前に設定し、その差を検出するために必要な標本サイズを設計することが適切である。

2点目は「比較したい2群の間に対応関係があるにもかかわらず、そのことを考慮していない手法を用いること」である。

緑茶の新商品の例ではA案を評価する人とB案を評価する人は完全に分けていた。しかし、実験方法として「A案を評価してもらった後、同じ人にB案を評価してもらう（またはその反対）」というパターンも考えられる。

こういった実験方法の場合、2つの群のデータには同じ人が判断しているという対応関係があり、2つの群に 共通の偏りや分散の影響が含まれると考えられる。

そのため、このような比較したい2群の間に対応関係があるデータに対しては「対応のある2群の平均の差の検定」という手法を用いることが適切である。

最後に、R言語を用いて緑茶の新商品案のデータについて「2群の平均値の差の検定」を実行してみよう。

【Code1】

```r
# データの読み込み
dat <- read.csv("tea_test.csv ")

# A案とB案の評価点を取り出す
dat_A <- dat$評価点 [dat$評価案 == "A"]
dat_B <- dat$評価点 [dat$評価案 == "B"]

# 標本サイズ
n_A <- length(dat_A)
n_B <- length(dat_B)

# 標本平均
```

```
mean_A <- mean(dat_A)
mean_B <- mean(dat_B)

# 不偏分散
var_A <- var(dat_A)
var_B <- var(dat_B)

# 2群の平均値の差の検定
r1 <- qnorm(p = 0.025, mean = 0, sd = sqrt(var_A/n_A +
var_B/n_B))
r2 <- qnorm(p = 0.975, mean = 0, sd = sqrt(var_A/n_A +
var_B/n_B))
print(c(r1, r2))

# P値の計算
q <- pnorm(q = abs(mean_A-mean_B), mean = 0, sd =
sqrt(var_A/n_A + var_B/n_B))
p <- 2*(1-q)
print(p)
```

tea_test.csv というファイルでは、試飲した一人ひとりのデータが各行に入っている。「評価案」という名前の列は、AとBのどちらの案に関して試飲したかを示しており、AまたはBという文字が記入されている。「評価点」という列には、評価点を示す数字が入っている。

read.csv()関数でデータファイルを読み込み、各案のデータを取り出している。標本サイズや標本平均、不偏分散を求める関数は、R言語に標準で実装されている。

次に2群の平均値の差の検定を行うために qnorm()関数を用いている。qnorm()関数は、引数meanと引数sdでパラメータを指定した正規分布において、累積確率が引数pで指定した値となる点を求める関数である。

ここでは帰無仮説のもとで、2群の標本平均の差 $\overline{x}_A - \overline{x}_B$ が平均パラメータ0、分散パラメータ $\frac{\sigma_A^2}{n_A} + \frac{\sigma_B^2}{n_B}$ の正規分布にしたがうことを利用し、標本平均の差が確率95%で収まる区間を求めている[6]。

---

[6] R言語に標準で実装されている t.test()関数で検定を実行することもできる。t.test()関数では、正規分布でなく「t分布」と呼ばれる分布を用いる。t分布は標本サイズが小さい時に標本平均が従う分布である。

P値を求める際はpnorm( )関数を用いる。pnorm( )関数は、引数meanと引数sdでパラメータを指定した正規分布において、引数qで指定した値以下となる累積確率を求める関数である。

　帰無仮説のもとでの母集団分布は、平均パラメータが0の正規分布なので、0を中心に左右対称である。そのため、$2*(1 - q)$ で、今回の標本平均の差がより極端な値になる確率が得られる。

第 10 章

企業・自治体の
データサイエンス活用の最前線

活用の始まったデータサイエンス

　データサイエンス人材の育成が急がれる日本。しかし、「データサイエンス」や「データサイエンス人材」「データサイエンティスト」という言葉はよく見聞きするようになったものの、言葉の意味まで理解されているかと言えば残念ながらまだというのが現状です。

　本書はデータの分析方法を紹介すると同時に、データサイエンスがいったいどういうものなのか、また、実社会においてどのように活用出来るのかを紹介していますが、ここでは実社会においての利活用の現状について、少し触れていきたいと思います。

　技術革新により、世の中はものすごいスピードで変わってきました。例えば、いつでもどこでも気軽にインターネットと接続することが出来るようになったスマートフォン。世の中を変えた代表とも言えるものですが、スマートフォンの出現は、日常生活が便利になったというだけでなく、イノベーションの種となる宝の山を生んでいます。移動の際に常に持ち歩くスマートフォーンにより、人々の行動履歴がネット上に蓄積されるようになりました。

　それまでカード型のものを持ち歩くようになっていた交通系ICカードもアプリとしてスマートフォンに入るようになっていますから、行動履歴は益々スマートフォンに集まってきます。また、SNSの出現で、画像データや人々の会話文も集まるようになりました。多種多様なデータが日々蓄積され、膨大な量のデータ情報が集まるようになりました。ビッグデータ時代の到来です。

　もちろん、スマートフォンが出現する前からデータの集積は様々な方法で行われていました。例えば、国が実施する統計調査がそれにあたります。こちらは今でも半ば人海戦術で集められていますが、統計調査が求めるデータは行動履歴のように自動的に集められるものではないため、今後もアンケート方式による調査の重要性は変わらないでしょう。

　統計調査の結果はこれまでも政策を作る上で大切な情報として活用されてきまし

たが、ビッグデータ時代の到来により、より多くの分野で統計を活用できる土台が出来るようになったのです。

　アメリカや中国はこのビッグデータの価値をすでに理解していたからなのか、かなり前から統計学を大学の学部として設け、研究が進んでいました。ところが日本の場合、統計学が学部や学科として単独で存在することはありませんでした。しかし、ビックデータ時代が到来した今、データという宝の山から必要なデータを取り出し、分析し、価値へと結び付けることの出来る人材の育成は急務と言えます。これを担える人材が「データサイエンティスト」と呼ばれる存在です。

　データサイエンティストの育成は国力に関わると考えたからでしょう。内閣府は「AI戦略2019」を策定し、具体的な教育目標を掲げました。その中で、「理数・データサイエンス・AI」をデジタル社会の「読み・書き・そろばん」として位置付け、必要な力をすべての国民が育めるように教育を進めていくと示しました。

【図1：「AI戦略2019」における AI 人材育成に係る主な取組】

主な取組	育成目標（2025年）

エキスパート

先鋭的な人材を発掘・伸ばす環境整備
● 若手の自由な研究と海外挑戦の機会を拡充
● 実課題をAIで発見・解決する学習中心の
　課題解決型AI人材育成

トップクラス育成
100人程度／年

2,000人／年

応用基礎

AI応用力の習得
● AI×専門分野のダブルメジャーの促進
● AIで地域課題等の解決ができる
　人材育成（産学連携）

認定制度・資格の活用
● 大学等の優れた教育プログラムを
　政府が認定する制度構築
● 国家試験(ITパスポート)の見直し、
　高校等での活用促進

25万人／年
（高校の一部、高専・大学の50%）

リテラシー

学習内容の強化
● 大学の標準カリキュラムの開発と
　展開（MOOC※活用等）
● 高校におけるAIの基礎となる
　実習授業の充実

小中高校における教育環境の整備
● 多様なICT人材の登用（高校は1校に
　1人以上、小中学校は4校に1人以上）
● 生徒一人一人が端末を持つICT環境整備

50万人／年
（大学・高専卒業者全員）

100万人／年
（高校卒業者全員）
（小中学生全員）

※Massive open online course：大規模公開オンライン講座

国の動きに伴い、大学教育の中にもデータサイエンスの学びが入ってきています。データサイエンスの学びは文系、理系にかかわらずすべての学部に必要な力として、全学部の必須科目とする大学も出てきました。

　しかし、こうしたデータサイエンス教育のためには、教員の育成も必要です。特に、統計学を教えることの出来る人材の不足は顕著で、この問題を解消すべく、文部科学省では2021年より、「統計エキスパート人材育成プロジェクト」を開始しました。これにより、全国30以上の大学がコンソーシアム（中核機関：統計数理研究所、サテライト施設：滋賀大学）を構成して、修士レベルの統計学を教えることが出来る教員を養成しています。また、滋賀大学の呼びかけで、データサイエンス系学部を持つ14の大学が「データサイエンス系大学教育組織連絡会」を作り、データサイエンス教育のために協力しています。

　世界の状況を見ても分野を問わずデータサイエンティストの力が必要となる中、マスコミの目に留まったのが金融機関による採用の動きでした。2021年にはデータサイエンス人材を含むデジタル人材の確保のため、新卒でも年収1000万円を打ち出す会社が出たことが話題となりました。試しにある金融系企業の採用情報を見てみると、データサイエンティスト枠が設けられていました。

　データサイエンス学部は文理を融合した学部のため、文系、理系と分けることは出来ませんが、一定の数学知識が必要な学部のため、理系に近い学部と言えます。理系学部の専門職と言えば、応募条件として修士以上を求められることが多いのですが、データサイエンティスト枠の場合、大卒から応募可能な企業もあります。しかも初任給は修士並です。同社の場合、一般的に総合職と呼ばれる枠の採用の初任給は23万円、データサイエンティスト枠の初任給は35万円となっています。データサイエンス人材の育成が始まったばかりの日本では、データサイエンティストとして働ける人の数がまだ少ないため、人材の獲得競争が起きていると言われています。初任給の差はその表れとも言えそうです。

　データサイエンスはどの業種でも必要不可欠なものになると言われているものの、日本の場合はまだすべての業種で利活用が進んでいるわけでもないようです。実際、筆者が取材をした大手企業の中にも、DX（デジタルトランスフォーメーション）の文脈でデータサイエンスを使っているというニュースが出たにもかかわらず、広報担当が「データサイエンス」という言葉の意味すら知らないという残念な企業

もありました。

　日本の場合、データサイエンスについての活用フェーズは大きく分けて以下の3つの段階にあります。

① 集めたデータをどう活かすかを検討中

② データの分析が終わり、結果の活用を始めている

③ すでに積極的な利活用が行われている

　では、この活用フェーズのそれぞれの段階で、いったいどのようなことが起こっているのか、実際の様子を見て行きたいと思います。

フェーズ❶
集めたデータをどう活かすか 〜ある自治体の取り組み〜

　本書でも事例として紹介した彦根市は、市内にある滋賀大学に日本初の国立のデータサイエンス学部が創設されたことをきっかけに、連携を申し出ました。行政機関である彦根市には、いろいろなデータが集まるため、集まるデータを行政施策に役立てたいと考えたからです。しかし、積極的に活用するには少々ハードルの高いデータもあります。まずは、使えるデータにどんなものがあるのかを考えなくてはいけませんでした。

　例えば、健康分野など、個人情報に関わるものを含むデータの場合は取り扱いが難しく、利用することが出来ません。市役所に集まるデータは個人情報とリンクするものが多いという特徴があります。しかし、特定の個人と紐付かないデータに整理されているものでなければ検証に使うことは出来ません。

　滋賀大学との連携が決まった後、庁舎内でアイディアを募りましたが、この部分をクリアしつつ、検証に必要なデータ量があるものとなると、思いのほか難しいということがわかりました。そんな中、検証候補として上がったのが救急車増車の配

置についてでした。

　彦根市では近年、救急車の出動要請件数が増加、要請を受けてから現地に到着するまでにかかる時間が以前よりも延びるようになっていました。そのため、救急車増車の最適な配置方法を検討していました。同市には現在、彦根本署、南分署、北分署、犬上分署の4つの部隊があります。救急車を増やす場合、どこの署に配置するのが適切なのか、それをデータサイエンスの力を使って検証することにしました。

　救急車や消防車などの緊急車両は出動回数をはじめ、現地到着までにかかった時間、病院への到着時間、傷病の具合などをまとめ、国に報告するようになっています。そのため、市にはデータの蓄積がありました。このデータを使って検証したのが本書の第8章（P163を参照）で紹介した実例です。

　今回の検証では通常時だけでなく、大雪が降った場合の傾向についてもデータによる検証を行いました。大雪の時は大変だという感覚が現場にはあったため、これまでも、大雪の予報が出た時は臨時の部隊を増やすなど、対応をしていました。しかし、この「大変」の中身について、具体的に説明をすることが難しく、「現場の勘」のような捉え方をされる向きもありました。

　検証により客観的な数字として出動回数や頻度などが表されたことにより、単なる「現場の勘」ではなく、事実として伝えることが出来るようになりました。また、新たに救急車を増車する場合、どこに配置するのが最も効果的かについてもデータを根拠に話し合うことが出来るようになったといいます。彦根市の担当者は「今後の政策に活かしたい」と、データサイエンスの意義を高く評価しています。

フェーズ❷
結果の活用を始めた組織

　本書でも取り上げた観光産業では、それぞれの会社、組織においてデータの分析を活かす取り組みが始まっています。コロナ禍前までオーバーツーリズムが度々話題となっていた京都では事業所の協力を得てデータの蓄積と活用が始まっています。

京都市観光協会では、10年前から様々なデータの収集を始めていました。市内にある宿泊施設の月ごとの宿泊実績データをはじめ、観光名所を訪れる人の数、市内にある百貨店の売り上げなど、観光に関連する数字を広く集めていたのです。実は京都市観光協会が統計を取り始める前から行政機関の京都市でも昭和33（1958）年から統計を取っていました。しかし、統計結果は掌握から公表までにタイムラグがありました。国内市場が中心の時代は市場が安定していたため、公表までのタイムラグはさほどデメリットになりませんでしたが、現在のようにインバウンドが増えるとそうはいきません。情勢の急激な変化もあるため、近況を把握する必要が高まりました。

例えば、前年度の宿泊者数の統計データは翌年の夏に発表という具合です。宿泊者数の推移は市内の飲食店や土産物店などの売り上げにも影響しますが、公表までにタイムラグがあるため、各施設が策を打つための材料にするには情報が出るのが遅すぎたのです。そこで京都市観光協会はマーケティングにも役立ててもらおうと、月次報告として集計結果をタイムリーに公表する試みを始めました。

【図２：宿泊者推移集計結果月次報告例】

KYOTO CITY TOURISM ASSOCIATION　京都市観光協会とは　京都市観光レポート　観光協会の事業　お知らせ・調達情報　研修動画

調査対象

2023年12月時点	ホテル		旅館	
	施設数	客室数	施設数	客室数
調査対象	110	18,925	25	604
市内全体	270	36,416	367	5,311
カバー率	40.7%	52.0%	6.8%	11.4%

- 平成30年の旅館業法改正にともないホテル・旅館の区分が廃止されたため、市内全体におけるホテルの施設数および客室数は、区分が廃止される直前までの旅館の数値に変動が無いものと仮定して算出している。
- 前年と本年では対象施設数が異なる場合があるため、今回発表する前年の数値は昨年の発表値と異なる。
- 客室収益指数（RevPAR）等の数値は、ホテルデータサービス会社STR（本社：イギリス・ロンドン）からの提供によるもので、上記ホテル施設数とは対象が一部異なる。

（出所）京都市観光協会「データ月報2023年12月および年次速報」より

この取り組みを始めるには、まず各事業所が保有するデータを集めることが必要でした。事業所はそれぞれにデータを保有しているものの、お互いのデータを公表し合うわけにはいきません。商売敵に自らの情報を教えることになってしまうからです。しかし、第三者である観光協会に集約すれば、そのリスクは薄まります。同協会の担当者は市内の観光業界全体の益となる取り組みであることを各事業所に丁寧に説明し、データを共有してもらう協力事業者を一軒一軒増やすことから始めていきました。地道な声かけの結果、ホテルにおいては市全体の40％を超える施設から情報提供を得られるようになりました。

　集まったデータを実際に分析してみると、意外なこともわかりました。例えば、2023年のゴールデンウィークにはコロナ禍以前の客足が戻ったかのような賑わいだと、同市内の様子がニュース番組で取り上げられていました。しかし、データを見るとゴールデンウィークよりも3月や4月のほうが人出としては多く、観光地が賑わっていたことがわかりました。原因はどうやら外国人観光客にあるようです。宿泊施設の客室稼働数を調べると、3月から4月は海外からの観光客が多いことがわかったのです。

　ゴールデンウィークは日本の休日ではあるものの、海外の休日とは重なりません。京都市観光協会の担当者は、

　「日本の休日期間は宿も値上がりすることを外国人観光客もわかっているため、あえてこの時期を選んで来る人は少なく、春の桜を見に京都を訪れる外国人観光客の増加がゴールデンウィークの人出を上回る結果となったのではないか」

　と分析します。

　また、宿泊施設についてもある特徴が見えてきました。従来の宿泊数に加え、同協会で利用価格帯と価格帯ごとの国別データの集計を始めてみると、高価格帯の宿に宿泊するのは圧倒的に北米からの観光客であることがわかったのです。こうした結果はプロモーション戦略に役立てることが出来そうです。

【図3：京都市内主要ホテルにおける客室稼働率の推移】

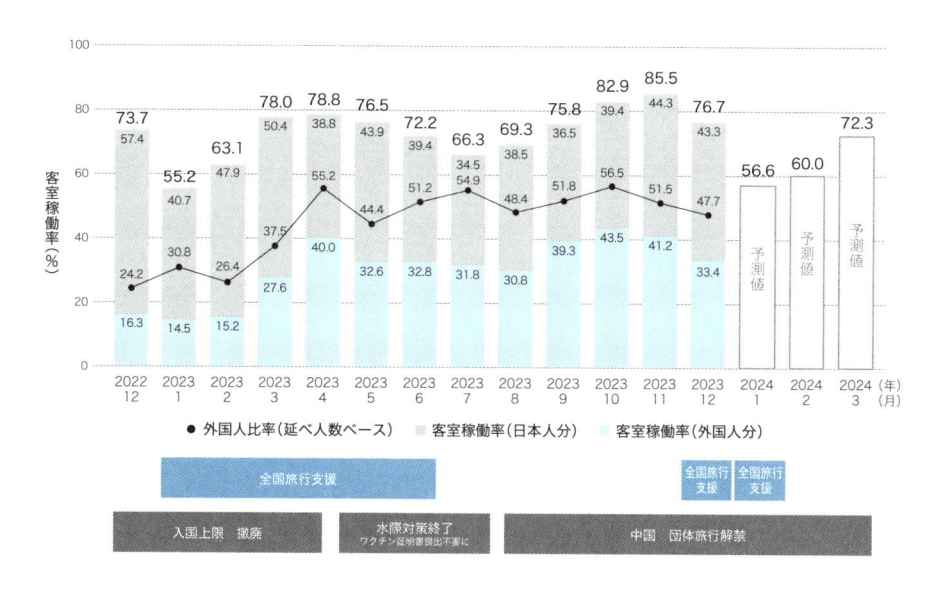

　データの活用フェーズに入った観光産業ではいったいどのようなデータサイエンス人材を必要としているのか、取材に応じてくれた同市観光協会の担当者はこう話してくれました。

「今後はいかにしてデータを収集するかの方法の開発が求められると思います。また、分析したデータを関係者や市民にわかりやすく提示するため、データから見えたことを視覚化出来ることも大切です。Pythonなどを使って解析する技術を持ち合わせる人というよりも、そうした専門家に渡せるようにデータを整えるための基礎的な知識を持ちつつ、出てきたデータの解説が出来る、そんな人材が求められていると思います」

広がるデータサイエンティストの活躍の場

　データサイエンス人材を専門職として採用する動きがようやく日本でも出てきました。必要とする企業は増えているものの、会社が必要とするスキルを持ち合わせている人材が不足しているという声も聞こえてきます。企業経営にデータサイエンスを取り入れたいと思うところは多いのですが、そもそもの人材が少なく、マッチングは難しいようです。

　データサイエンティストの採用について毎年調査を行っている一般社団法人データサイエンティスト協会の調査結果を見ると、採用の難しさがわかります。データサイエンティストが欲しいと思っていたが、目標通りの採用ができないという企業は年々増えており、2021年調査では過去最高の62%が「確保できなかった」「どちらかといえば確保できなかった」と回答しているのです。

【図4：データサイエンティスト採用の充足度】

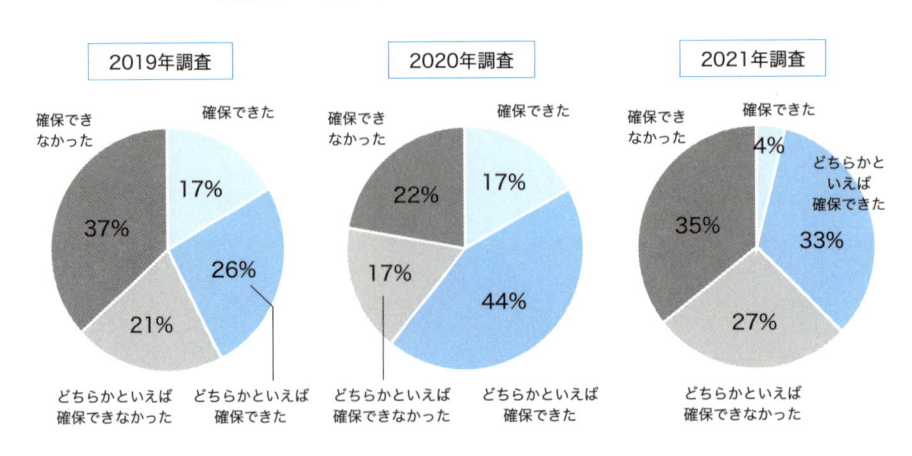

この1年間でデータサイエンティストを確保する予定だった企業（2019 n=82, 2020 n=41, 2021 n=51）

以前、取材で訪れたある大手メーカーの担当者は、

　「会社によっては100人規模で募集をかけている。弊社のように数人単位の採用では就活中の人の目に留まりにくいため、なかなか難しい」

　と話していました。

　そんな中、オファーレターの高い承諾率を誇っているのが資生堂インタラクティブビューティー株式会社です。日本を代表する世界的化粧品メーカーを母体に、デジタル・ITの戦略機能会社として2021年に生まれました。新しい会社ですが、すでに100人以上の専門職人材を採用しています。

　化粧品とデータサイエンス、一般の消費者からすると接点が見えにくいものですが、化粧品の世界はテクノロジーなくして語れないものとなっています。そもそも、「化粧品」という言葉は、最新の化学が関わった粧い（よそおい）という意味が込められているという説があるほどです。

　日本で化粧品という言葉が生まれたのは明治時代とされていますが、この時代は国策として化学振興が唱えられた時期で、化粧は西欧の技術に追いつこうとする日本にとって、化学技術の振興を支える一翼を担うものとなりました。

　資生堂が創業したのはそんな明治時代のこと。日本でも化粧文化自体は古墳時代からありましたが、資生堂が日本の近代的な化粧を牽引し、技術の開発に励んできたことは間違いありません。そのため、資生堂には脈々と受け継がれてきた化粧品開発に関わる膨大な資料、データが存在します。

　1980年代には一人ひとりの肌の状態をチェックし、肌質を科学的に判別する機械を開発、カスタマー一人ひとりの肌質に合った化粧品の提案に役立てていきます。そしてこの機械の開発は、結果的に多くの人の肌質データや購買行動情報といったマーケティングや商品開発に関わるビッグデータを集めることに繋がっていったのです。

　資生堂グループが持つ様々なデータをビジネスに役立つものにする役割を担うのが資生堂インタラクティブビューティーです。資生堂グループ全体がデータを基に

意思決定を行うデータドリブンカンパニーとなるための根幹を支える組織として、2021年に世界的なコンサルティングファームであるアクセンチュアとのジョイントベンチャーという形で立ち上がりました。

　大手企業の中には、データサイエンティストを自社で抱えるのではなく、データサイエンス人材を多く抱えるIT専門集団に任せるという所もあります。一方、資生堂の場合は内製化の道を選択しました。

　ビューティー領域のメーカーですから、当然、美容に対する知見がなくてはなりません。外部パートナーはITに関してのエキスパートであったとしても、ビューティービジネスについての知識を持ち合わせてない場合がほとんどです。しかし、この知見なくして資生堂のビジネスは生まれません。その点、社内にデータサイエンティストなどの専門家がいれば、データの裏側にある背景・経緯を踏まえた上でデータ分析、インサイトの提供が可能となり、よりビジネスに強く貢献できます。
　また社外の専門家に任せるよりも格段に早く実行できるため、ビジネスを加速することが可能です。

　資生堂インタラクティブビューティーが目指すのは、ビューティーをよく知るデジタル、IT専門家集団、この分野で世界を牽引する存在となるため、データサイエンス人材の採用を積極的に行っているのです。

　デジタルマーケティングとITの2つをビジネスの柱に据えて活動している同社。いずれのチームでも重要視されているのが自走・自立する力です。そのため、半期ごとにスキルアセスメントを実施し、社員の力の底上げを図っています。

　資生堂を母体として生まれた同社には、新たに採用した人の他、資生堂から異動した社員もいます。こうした社員はビューティー分野に関する知識は豊富なものの、デジタルマーケティングやIT知識についてはこれからという社員もいました。
　そのため、各自がどの程度のスキルを持っているか、定量的にトラッキングする仕組みを作りました。

　同社のKPI（重要業績評価指数）を見ると、データエンジニアやITストラテジストなど、IT・デジタルマーケティング領域で自立・自走がより色濃く問われる業務に関連した人材を「ウェーブ1人材」と呼んでいますが、この領域においては

「P3ミドル以上30％」というものがありました。

　KPIとは、Key Performance Indicatorの頭文字をとった言葉で、業績を評価、管理するための定量的な指標です。簡単に言うならば、目標を達成するために、日々どのようなことを行い、達成する必要があるかを見える化するものです。同社のいう「P3ミドル」は、コンサルティングファームでいうところのマネージャークラス以上に匹敵する能力となります。

　半期に一度スキルアセスメントを健康診断のように行うことで、足りない部分を可視化、そこを補うような研修を行うようになっています。具体的な人材育成の方法にも工夫が見られます。「Define」「Discover 」「Develop 」「Deploy」の４つをフレームワークとする独自の「4Dサイクル」というものを構築、これに沿って計画的に人材育成を実施してるのです。

【図 5：4D サイクル】

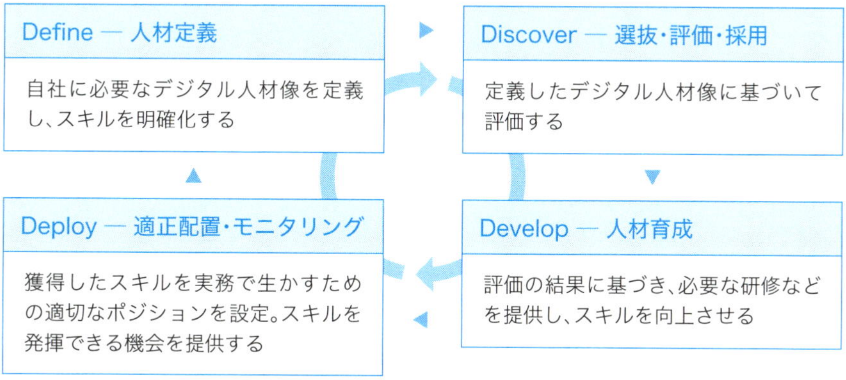

Define ― 人材定義	Discover ― 選抜・評価・採用
自社に必要なデジタル人材像を定義し、スキルを明確化する	定義したデジタル人材像に基づいて評価する
Deploy ― 適正配置・モニタリング	Develop ― 人材育成
獲得したスキルを実務で生かすための適切なポジションを設定。スキルを発揮できる機会を提供する	評価の結果に基づき、必要な研修などを提供し、スキルを向上させる

　この「4Dサイクル」を回しながら、同社が掲げるKPIとの照合を行い、ギャップがある場合はディベロップ研修を行うようにしています。母体である資生堂は昔から研修に定評のある企業ですが、その特色は同社にも息づいています。研修後、得た知識をどれだけ実務に還元できるかがカギとなるため、4つめのDeployが重要なのだと担当者は話してくれました。

　実は同社のウェーブ1人材における「P3ミドル」クラスの割合目標は、設立当初

よりも30％引き上げられています。先ほど説明した定期的なスキルアセスメントに加え、4Dサイクルを半期に一度回すことで設立当初の目標値をわずか3年で達成したため、パーセンテージを上げたのです。

そして、このランク付けは給与にも反映されます。スキルの習熟度が増せば増すほど、給与が上がる仕組みになっているのです。同社の場合、社員の給与は以下の3つにより構成されています。

> ① ライフプラン手当
> ② 基本給
> ③ SPA（スキルプレミアムアローワンス）

3番目のSPAがスキルの習熟度により変わる部分です。資生堂インタラクティブビューティーの場合、マーケットの報酬状況に対して競争力が保てるように処遇が設計されています。データサイエンス人材のような職種は、一般的にも高い報酬になる傾向があるため、SPAは高く設計されています。そのため、一般的な職種の人と比べると年収が50万円から100万円上がるようになっているのです。

ベンチャーでありながら、日本を代表するメーカーが母体、そして入社後にも自身を高めていける制度と、自分の持つスキルを正当に評価される仕組みを有していることがオファーレター承諾率の高さに繋がっているのではないでしょうか。

データサイエンスの活用について、3つのフェーズを見てきましたが、いずれのフェーズもデータサイエンティストの必要性を感じていることに変わりはありません。第3フェーズに至る企業、組織が増えれば世界における日本の競争力ももう少し上がるはずです。データサイエンティストのさらなる活躍に期待がかかります。

〈参考文献〉『化粧品の歴史 ―衛生からＱＯＬへ―』能﨑章輔
〈取材協力〉資生堂インタラクティブビューティー株式会社

各章執筆者

〈第1部〉手軽なデータ分析の実例

第1章

事例 「聖地」としての大津市 〜オープンデータを知る〜

- 中本 覚 (なかもと さとる)

  2023 年滋賀大学データサイエンス学部卒業。
  現在、日本ピラー工業株式会社勤務。

- 和泉 志津恵 (いずみ しづえ)

  2000 年広島大学大学院医学系研究科修了。医学博士。
  現在、滋賀大学データサイエンス学部教授。

第2章

事例 化粧水の分析 〜個票データと集計データなどを知る〜

- 新谷 優貴子 (しんたに ゆきこ)

  2022 年滋賀大学データサイエンス学部卒業。
  現在、株式会社 NTT ドコモ勤務。

第3章

事例 年齢とお茶の味覚の関係 〜箱ひげ図、対応分析を知る〜

- 幸田 遥花 (こうだ はるか)

  2022 年滋賀大学データサイエンス学部卒業。
  現在、滋賀県庁勤務。

- 植村 歩実 (うえむら あゆみ)

  2024 年滋賀大学データサイエンス学部卒業。
  現在、富士通株式会社勤務。

- 縄田 晃大 (なわた こうだい)

  2024 年滋賀大学データサイエンス学部卒業。
  現在、佐藤工業株式会社勤務。

- 吉田 康太朗 (よしだ こうたろう)

  2024 年滋賀大学データサイエンス学部卒業。
  現在、ソニーセミコンダクタソリューションズ株式会社勤務。

第4章

事例 生活時間の分析 〜可視化、主成分分析を知る〜

- 辻 開斗 (つじ かいと)

  2024 年滋賀大学データサイエンス学部卒業。
  現在、滋賀大学データサイエンス研究科博士前期課程在学中。

- 中西 風人（なかにし ふうと）

  2024 年滋賀大学データサイエンス学部卒業。
  現在、RIZAP テクノロジーズ株式会社勤務。

- 堀江 源輝（ほりえ げんき）

  2024 年滋賀大学データサイエンス学部卒業。
  現在、東京大学大学院学際情報学府在学中。

第5章

事例　観光スポットの人気を高める方策
　　　〜スクレイピング、テキスト解析、決定木分析を知る〜

- 加藤 慎也（かとう しんや）

  2020 年滋賀大学データサイエンス学部入学。
  現在、滋賀大学データサイエンス学部在学中。

- 井口 峻一（いぐち しゅんいち）

  2024 年滋賀大学データサイエンス学部卒業。
  現在、日本航空株式会社勤務。

- 渡邉 湖都（わたなべ こと）

  2024 年滋賀大学データサイエンス学部卒業。
  現在、トヨタ自動車株式会社勤務。

第6章

事例　経済発展と環境保護の関係 〜重回帰分析を知る〜

- 山﨑 大輔（やまざき だいすけ）

  2023 年滋賀大学データサイエンス学部卒業。
  現在、筑波大学人間総合科学学術院 博士前期課程在学中。

- 堀 兼大朗（ほり けんたろう）

  2017 年中京大学社会学研究科博士課程修了　社会学博士。
  現在、滋賀大学データサイエンス学部講師。

第7章

事例　Virtual YouTuber への投資 〜ロジスティック回帰分析などを知る〜

- 伊達 平和（だて へいわ）

  2014 年京都大学大学院教育学研究科単位取得満期退学　教育学博士。
  現在、滋賀大学データサイエンス学部准教授。

- 増井 恵理子（ますい えりこ）

  2005 年京都大学文学部卒業。
  2022 年滋賀大学データサイエンス研究科博士前期課程卒業。
  現在、滋賀大学データサイエンス研究科博士後期課程在学中。

- 岡本 康秀（おかもと やすひで）

  2021 年滋賀大学データサイエンス学部卒業。
  現在、株式会社シグマクシス勤務。

〈第2部〉本格的なデータ分析の実例

第8章

事例　救急車の最適配置 〜区間推定を知る〜

- 川井 明（かわい あきら）

  2008 年大阪大学情報科学研究科博士課程修了　情報学博士。
  現在、滋賀大学データサイエンス学部准教授。

- 鈴木 太朗（すずき たろう）

  2021 年龍谷大学農学研究科博士課程修了　食農科学博士
  現在、龍谷大学農学部講師。

- 田島 友祐（たじま ゆうすけ）

  2020 年電気通信大学情報理工学研究科博士課程修了　工学博士。
  現在、滋賀大学データサイエンス・AI イノベーション研究推進センター助教。

第9章

事例　ペットボトル茶の分析 〜統計的仮説検定を知る〜

- 小西 伶児（こにし れいじ）

  2016 年筑波大学理工学群社会工学類卒業後、株式会社マクロミル入社。
  2021 年滋賀大学データサイエンス研究科修士課程卒業。
  現在、株式会社エイトハンドレッド勤務。

第10章

企業・自治体のデータサイエンス活用の最前線

【協力】

- 宮本 さおり（みやもと さおり）／執筆

  ジャーナリスト。同志社女子大学卒業後、地方新聞社に記者として就職。夫の米国留学に帯同するため新聞記者から専業主婦に転身、アメリカにて 5 年間子育てに専念。帰国後、フリーランスの記者として執筆活動を再開。記者の鋭い嗅覚と母親としての経験を活かし、子育て、教育分野をフィールドに取材を続ける。東洋経済オンラインアワード 2020「ソーシャルインパクト賞」受賞。著書に『データサイエンスが求める「新しい数学力」』（日本実業出版社）、『知っておきたい超スマート社会を生き抜くための教育トレンド』（編・著、笠間書院）がある。

- 中村 力（なかむら ちから）／内容精査（公益財団法人日本数学検定協会）

  北海道大学大学院理学研究科修了。公益財団法人 日本数学検定協会 学習数学研究所研究員。日本数学検定協会において、「ビジネス数学検定」と「データサイエンス数学ストラテジスト」資格試験の立ち上げに全面的に関わった。主な著書に『完全ガイド！ 数学検定 1 級　出題パターン徹底研究』（森北出版）、『ビジネスで使いこなす「定量・定性分析」大全』（日本実業出版社）などがある。

［編著者］

滋賀大学データサイエンス学部

（しがだいがく でーたさいえんすがくぶ）

2017年4月に日本初のデータサイエンス学部として開設。文部科学省より「数理及びデータサイエンスに係わる教育強化」の拠点校6校（滋賀大学、北海道大学、東京大学、京都大学、大阪大学、九州大学）の一つとして選定される。企業や地方自治体との連携に積極的で、共同研究や学術指導等の連携実績は200を超える。2019年4月に修士課程を開設し、企業派遣の学生を毎年20名近く受け入れるなど、社会人のリスキリングにも積極的に取り組むその動向は注目されている。

この1冊ですべてわかる

データサイエンスの基本

2024年 9月 1日　　初版発行
2024年12月 1日　　第2刷発行

編著者　滋賀大学データサイエンス学部
　　　　©Shiga University, Faculty of Data Science 2024

発行者　杉本淳一

発行所　株式会社 日本実業出版社　東京都新宿区市谷本村町3-29 〒162-0845

　　　　編集部　☎03-3268-5651
　　　　営業部　☎03-3268-5161　　振　替　00170-1-25349
　　　　　　　　　　　　　　　　　https://www.njg.co.jp/

印 刷・製 本／中央精版印刷

ISBN 978-4-534-06121-8　Printed in JAPAN

下記の価格は消費税（10%）を含む金額です。

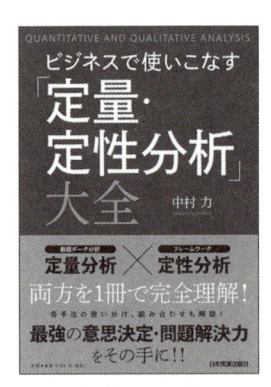

中村　力・著
定価 2970 円（税込）

ビジネスで使いこなす
「定量・定性分析」大全

本書は数値データに基づく「定量分析」、論理思考やシステム思考などのフレームワークによる「定性分析」の両方を紹介し、様々な視点で問題解決を行う手法を解説。それぞれの分析の使い分けや組み合わせを豊富な事例で解説。両方の分析を解説した初の書！

野球データでやさしく学べる
Python 入門
いきなり「グラフ作成」「顧客分析」ができる

東大野球部の 64 連敗ストップにアナリストとして貢献し、福岡ソフトバンクホークスでデータ分析を担当する著者が、Python をやさしく解説。プロ野球と大谷翔平選手のデータをもとに、ビジネスでも活きる「分析」基礎を挫折せず、楽しく学べる 1 冊！

齋藤　周・著
定価 2090 円（税込）

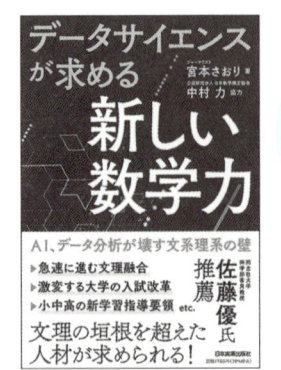

宮本さおり・著／中村 力・協力
定価 1760 円（税込）

データサイエンスが求める
「新しい数学力」

AI、データサイエンス、入試改革、新学習指導要領……求められるのは文系と理系という垣根を超えた数学力。データサイエンスの普及がそれを加速化させている。本書は数学の現在と未来を徹底した取材で伝える！ 最後に佐藤優氏に総論を語ってもらう。